润滑脂
全球专利进展

李 勇　程书田　杜森森　主编

Global
Patent
Developments
in
Lubricating
Grease

化学工业出版社
·北京·

内容简介

本书第 1 章系统阐述了全球八家知名润滑脂生产企业的润滑脂专利申请概况，借助 IPC 的六个子分类和 14 种稠化剂类别，深入剖析了这些企业的润滑脂专利特色及其优势发展方向。第 2 章简单介绍了十种润滑脂常规检测指标意义和测试步骤。第 3～5 章遴选 99 篇全球知名润滑脂制造公司专利进行了详细剖析，每类润滑脂均从技术难点、解决方案、关键原料特性、典型配方、制备方法、典型理化数据、产品应用领域、产品特点 8 个角度进行了分析。第 6 章对未来润滑脂的发展方向进行了展望。

图书在版编目（CIP）数据

润滑脂全球专利进展 / 李勇，程书田，杜森森主编.
北京：化学工业出版社，2025. 10. -- ISBN 978-7-122-
48822-0

Ⅰ. TE626.4-18

中国国家版本馆 CIP 数据核字第 2025VA2418 号

责任编辑：韩霄翠　仇志刚
责任校对：李雨晴
装帧设计：刘丽华

出版发行：化学工业出版社
　　　　　（北京市东城区青年湖南街 13 号　邮政编码 100011）
印　　装：涿州市殷润文化传播有限公司
710mm×1000mm　1/16　印张 19¼　字数 372 千字
2025 年 10 月北京第 1 版第 1 次印刷

购书咨询：010-64518888　　　　　售后服务：010-64518899
网　　址：http://www.cip.com.cn
凡购买本书，如有缺损质量问题，本社销售中心负责调换。

定　　价：148.00 元　　　　　　　　　版权所有　违者必究

润滑脂全球专利进展
编写人员名单

主　编　李　勇　中国石化润滑油有限公司润滑脂分公司　副研究员

程书田　中国石化润滑油有限公司　高级工程师

杜森森　中国铁道科学研究院集团有限公司金属及化学研究所　副研究员

副主编　周伟东　天津大学、无锡先进内燃动力技术创新中心　副研究员

陈光文　深圳职业技术大学　教授

杨宇森　北京化工大学　副教授

易　宁　北京白云新材科技有限公司　工程师

丁学强　国家电投集团科学技术研究院有限公司　高级工程师

其他参编人员

刘爱全　北京白云新材科技有限公司　工程师

杨洪滨　中国铁道科学研究院集团有限公司金属及化学研究所　研究员

张　新　国家电投集团科学技术研究院有限公司　研究员

前言 Preface

中国正逐步从知识产权引进大国向知识产权创造大国转变。中共中央、国务院印发的《知识产权强国建设纲要（2021—2035年）》明确要求，到2035年，我国知识产权综合竞争力跻身世界前列，知识产权制度系统完备，知识产权促进创新创业蓬勃发展，全社会知识产权文化自觉基本形成，全方位、多层次参与知识产权全球治理的国际合作格局基本形成，中国特色、世界水平的知识产权强国基本建成。

在石油产品中，润滑脂类产品产量虽然不大，仅占万分之几，却是国民经济各部门不可缺少的，具有重大经济价值的一类产品。本书第1章系统阐述了全球八家知名润滑脂生产企业的润滑脂专利申请概况，借助IPC的六个子分类和14种稠化剂类别，深入剖析了这些企业的润滑脂专利特色及其优势发展方向。结合笔者在工程机械、矿山、冶金、汽车、铁路、盾构机、风电、电动工具和航空等行业润滑脂应用理论知识和油料工作实际，对应用于上述领域的高性能润滑脂进行了简要阐述。第2章简单介绍了十种润滑脂常规检测指标意义和测试步骤。第3～5章遴选99篇全球知名润滑脂制造公司专利进行了详细剖析，每类润滑脂均从技术难点、解决方案、关键原料特性、典型配方、制备方法、典型理化数据、产品应用领域、产品特点8个角度进行了分析。第6章对未来润滑脂的发展方向进行了展望。

本书由中国石化润滑油有限公司润滑脂分公司李勇、中国石化润滑油有限公司程书田、中国铁道科学研究院集团有限公司金属及化学研究所杜森森担任主编，天津大学、无锡先进内燃动力技术创新中心周伟东、深圳职业技术大学陈光文、北京化工大学杨宇森、北京白云新材科技有限公司易宁、国家电投集团科学技术研究院有限公司丁学强担任副主编，参编人员还有铁道科学研究院金属与化学研究所杨洪滨、北京白云新材科技有限公司刘爱全、国家电投集团科学技术研究院有限公司张新。

感谢中国石化润滑油有限公司、中国铁道科学研究院集团有限公司金属及化学研究所、国家电力投资集团有限公司相关领导和同事在本书编写过程中给予的大力支持和帮助！本书适用于润滑油脂企业技术和管理人员学习参考，另外也可作为相关企业、科研机构油料和机械应用工程技术人员参考用书。鉴于作者编写经验尚浅，难免存在疏漏与不足，恳请广大读者不吝赐教，批评指正。

编者

2025年7月

Contents 目录

第 3 章
通用润滑脂专利
047

第4章
新能源汽车行业润滑脂专利
112

第5章
重工特种行业润滑脂专利

209 ————

第6章
未来润滑脂发展趋势
273

第1章
全球润滑脂专利分析

1.1
全球润滑脂专利情况

润滑脂是由一种或多种稠化剂分散在一种或多种液体润滑剂中而得到的半固态到固态物质，是具有非牛顿流体特征的润滑剂，俗称黄油。尽管到 2022 年全球润滑脂总产量才达到 119 万吨，但是润滑脂的应用领域却遍及从深海到太空、从家电到冶金工业、从普通民用机械到军事装备等各种类型的机械设备。润滑脂不仅应用领域广泛，还涉及化学、物理、摩擦学、流体力学等多种学科的知识，是典型的交叉科学。

一方面润滑脂的物态性质复杂，给润滑脂的研究带来困难；另一方面，润滑脂的广泛应用和复杂的知识体系，导致润滑脂相关的信息异常分散，这给润滑脂的研究与应用带来很大困难。随着计算机和网络的发展，信息的质量和数量以及获取信息的途径发生质的飞跃。现在通过网络，可以轻松地查阅到许多关于润滑脂的信息。

目前润滑脂国外专利主要检索平台包括：欧洲专利数据库、美国专利商标局专利数据库。其中欧洲专利数据库不仅可以检索欧洲各国（主要由英国、德国、法国、意大利、西班牙等国）的专利，而且可以检索美国、日本、中国和韩国的专利，还可以检索国际专利信息 PCT。利用欧洲专利局提供的专利检索工具和资源，可以方便地检索到几乎世界各国的专利。对于润滑脂的相关专利来说，涵盖了世界上润滑脂主要研发、生产地区的专利，而且欧洲专利局提供了同族专利列表，因此可以减少重复检索的概率，提高工作效率。欧洲专利局提供的专利资源检索非常方便，例如，一些较新的美国专利在欧洲专利数据库可以检索并下载，近年来欧洲专利局也提供中国专利。

由于各国将美国视为重要的知识产权应用国，因此很多国家都在美国申请专利。有多种途径可以查询中国专利，中国国家知识产权局作为专利审批及授权单位，是中国专利的管理者，也是其他网站专利资源的源头。因此利用中国国家知识产权局提供的检索工具就可以方便地检索到中国的专利。比较而言，美国检索方式以其灵活性著称，而欧洲专利局在 2023 年创下了专利申请量的新高，其中中国企业和发明者提交的申请数量较 2022 年增加了 8.8%。与此同时，中国正作为专利申请的热点地区，日益受到国际社会的重视，其他国家在中国申请的专利数量也在迅速增长。表 1-1 为全球润滑脂专利情况。

表 1-1　全球润滑脂专利（截止日期：2024.1.6）

项目		检索词（欧洲专利数据库）		
		grease and lithium	grease and urea	grease
检索范围		全世界	全世界	全世界
润滑脂相关专利数量/个	总量	3934	2143	26798
	中国	387	193	1160
	Sinopec(中国石化)	144	133	407
	Shell(壳牌)	164	121	291
	Mobil(美孚)	67	7	108
	Exxon(埃克森)	109	7	179
	Kyodo Yushi(日本协同)	221	229	294
	Klueber(德国克鲁勃)	22	23	40

1.2
全球知名润滑脂生产厂家专利分析

　　润滑是一项复杂的系统工程，涉及力学、化学、物理、仿真、材料、测试等众多学科知识。随着科学技术的进步，润滑脂也在迅猛发展。从润滑脂产业发展的历史来看，润滑脂工业面对的是全球市场而非区域性的市场。在润滑脂发展迅速的环境下，润滑脂市场战暗流汹涌。市场战的背后是资源战，而资源战的强有力支撑则是专利。专利作为知识产权成果的重要组成部分，不仅反映了技术的发展方向及水平，而且在衡量科技创新和产业进步方面发挥着关键作用。近年来，专利内容分析已逐渐成为国内外的研究热点。通过对专利的研究，可以发现每项技术或产业的发展脉络、重点发展方向、企业战略，从而推动技术创新研究，促进各项技术的发展与进步。鉴于润滑脂产业的复杂性，当前对于该领域专利技术的深入研究尚显不足，特别是在高端润滑脂产业的专利布局和风险管控方面，亟需更多研究和专业指导。因此，有必要探索竞争对手所拥有的专利，分析技术发展与专利布局，加强对润滑脂技术领域及方向等的把握，从而提升自身发展，把控前沿趋势，为中国润滑脂设计制造业及其知识产权发展战略提供指导。

1.2.1　研究方法

国家专利分类（IPC）将所有技术知识体系进行了不同层级的分割，除了将技术领域分为 8 个部分外，又分为多个大小类、大小组。润滑脂所涉及的技术广泛，本书基于不同层级的 IPC 分类号对专利进行分析，从而探索润滑脂领域中国石化（Sinopec）、壳牌（Shell）、埃克森美孚（ExxonMobil）、日本协同（Kyodo Yushi）、日本出光（Idemitsu Kosan）、德国克鲁勃（Klueber）、道康宁（Dow Corning）、雪佛龙（Chevron）的发展路线及重点方向。首先，在欧洲专利数据库中检索八家公司的专利申请情况，根据年度、数量等信息划分区间并提取不同区间大组层级 IPC 分类号，分析从建立之初到 2023 年的专利发展，探索润滑脂"先发者"和"后进者"的成长历程和经验。其次，提取小类层级的 IPC 分类号，综合八家公司的专利技术，分析八家公司共同关注的重点技术领域；同时，提取小组层级的 IPC 分类号，针对性深入挖掘分析八家公司的重点发展技术，发现其共性及差异性。最后综合给出润滑脂产业发展过程中的知识产权建议。

专利分类号 C10M 是指国际专利分类（IPC）中的一种分类，主要用于表示涉及润滑油、润滑剂和类似产品的发明。C10M 分类号下的专利文献主要涉及以下方面：①润滑油和润滑剂的制备方法和技术；②润滑油和润滑剂的成分和添加剂；③润滑油和润滑剂在各种工业领域的应用，如汽车、机床、船舶等；④润滑油和润滑剂的性能测试方法和设备；⑤润滑油和润滑剂的包装和储存；⑥废润滑油和废润滑剂的再生、处理和利用；⑦润滑油和润滑剂的生产、销售和贸易。

C10M 分类号在国际专利分类（IPC）中具有较高的实用价值，可以帮助专利申请人、发明人和专利代理人在检索和分析相关专利文献时，更加精确地找到与自身发明相关的技术资料。此外，C10M 分类号还可以为专利审查员、研究人员和企业家提供有关润滑油和润滑剂领域的专利信息，以便了解行业动态、把握市场机会和进行技术研发。需要注意的是，专利分类号并非唯一，同一发明可能涉及多个分类号。在实际应用中，要结合具体发明内容和相关技术领域，选择合适的分类号进行专利检索和分析。

1.2.2　八家公司专利申请总体趋势研究

根据欧洲专利数据库检索结果，从 1931 年～2024 年 1 月，中国石化在全球范围内申请专利 417 件。壳牌、埃克森美孚、日本协同、日本出光、德国克鲁勃、道康宁和雪佛龙的全球专利申请量分别为 291 件、311 件、294 件、91 件、

88 件、41 件和 43 件。其中，中国石化、壳牌、埃克森美孚（1999 年 10 月 30 日，埃克森和美孚合并成立埃克森美孚公司）、日本协同、日本出光公司专利申请趋势如图 1-1 所示。从图 1-1 中可以看出：20 世纪 50 年代之前，壳牌公司在全球的润滑脂专利占比最高；20 世纪 50～90 年代，壳牌公司和美孚公司在全球的润滑脂专利旗鼓相当同时占比也最高；20 世纪 90 年代到 21 世纪前十年，日本协同公司异军突起，在全球的润滑脂专利占比最高；2011～2014 年 13 年时间，中国石化公司异军突起，在全球的润滑脂专利占比最高。

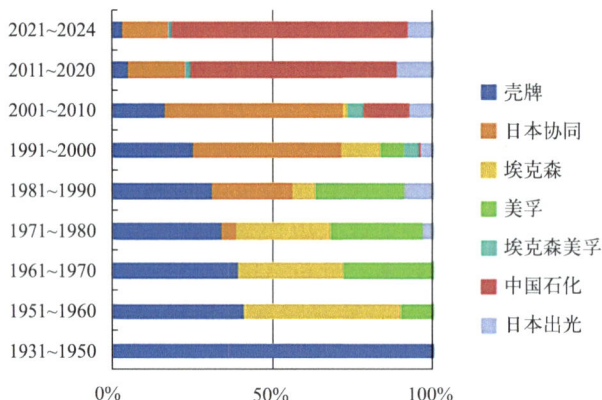

图 1-1　五家公司专利历年占比情况

1.2.3　八家公司专利申请 IPC 分类研究

根据《国际专利分类表》（IPC 分类）对专利方向进行划分，通过对专利数量及重点方向的分析，可以把握近年来润滑脂领域技术的发展方向。通过对八家公司近 1576 篇专利的检索统计分析（具体参阅附录 2❶），发现近年来八家公司在润滑脂润滑性、抗磨性、耐极压性、耐温极限、抗氧化性、耐腐蚀性等方面取得了广泛且深入的研究进展，并将其广泛应用于轴承等领域（具体参阅附录 1）。

图 1-2（a）显示，日本协同、中国石化和德国克鲁勃在润滑脂的极压抗磨性研究方面处于领先地位。图 1-2（b）表明，日本协同、日本出光和德国克鲁勃在润滑脂的耐温性研究上占据领先地位。图 1-2（c）显示，中国石化、日本出光和日本协同在润滑脂的抗氧化性研究上处于领先地位。图 1-2（d）显示，中国石化、日本协同和德国克鲁勃在润滑脂耐腐蚀性研究方面处于领先地位。图 1-3（a）显示，日本出光、日本协同以及德国克鲁勃公司在轴承行业的研究与开发方面处于领先地位，这得益于日本轴承行业的技术领先和产品质量的持续提升，以

---

❶　附录中未含中国石化的专利。

及克鲁勃公司在轴承润滑领域的创新解决方案和国际竞争力。图1-3（b）显示，日本出光、日本协同和德国克鲁勃在齿轮等行业研究方面处于领先地位。

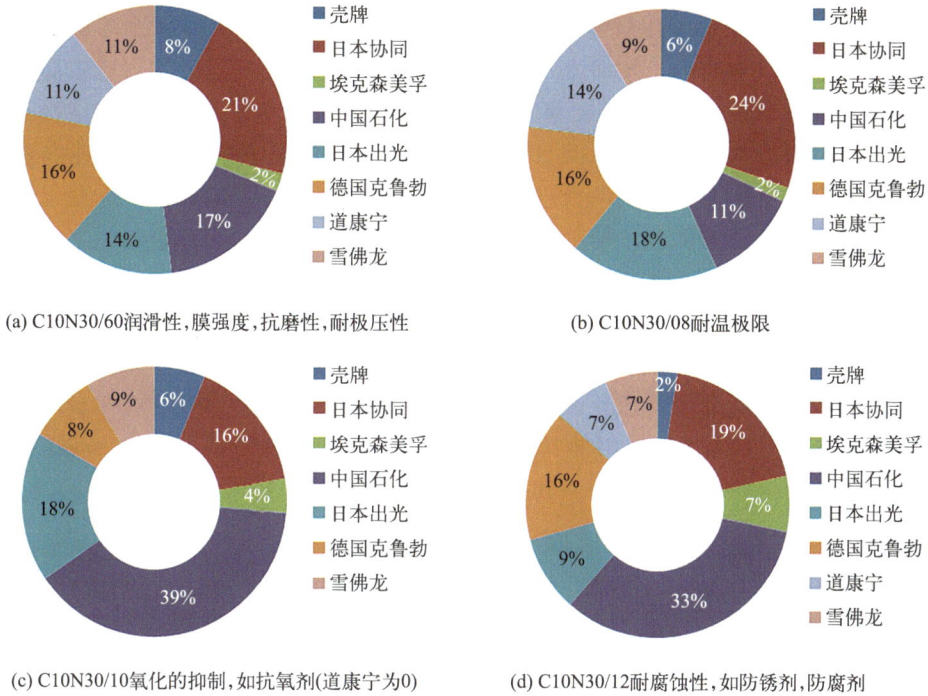

(a) C10N30/60润滑性,膜强度,抗磨性,耐极压性

(b) C10N30/08耐温极限

(c) C10N30/10氧化的抑制,如抗氧剂(道康宁为0)

(d) C10N30/12耐腐蚀性,如防锈剂,防腐剂

图1-2 八家公司申请专利IPC分类对比情况（一）

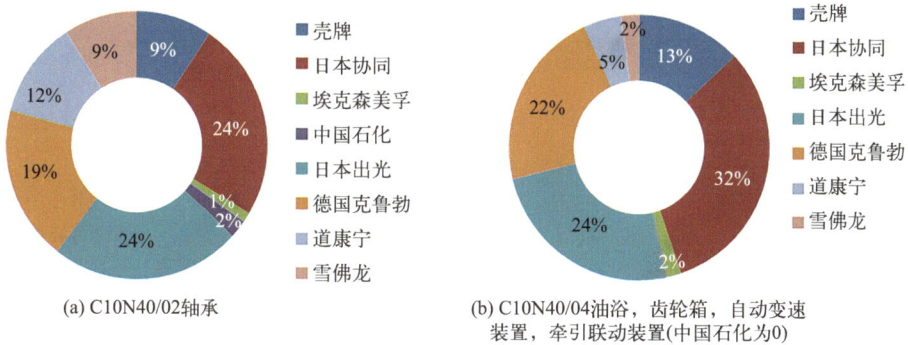

(a) C10N40/02轴承

(b) C10N40/04油浴,齿轮箱,自动变速装置,牵引联动装置(中国石化为0)

图1-3 八家公司申请专利IPC分类对比情况（二）

从图1-4（a）可以看出，日本出光、日本协同和德国克鲁勃以矿物油或脂肪油基料为特征的润滑组合物占比较高。从图1-4（b）可以看出，日本出光、日本协同和德国克鲁勃以非高分子有机化合物基料为特征的润滑组合物占比较高。从图1-5（a）可以看出，道康宁、日本协同和德国克鲁勃以高分子化合物基料为

特征的润滑组合物占比较高。从图 1-5（b）可以看出，日本出光、道康宁和德国克鲁勃以无机材料作增稠剂为特征的润滑组合物占比较高。从图 1-6（a）可以看出，日本协同和日本出光以除羧酸或其盐以外的非高分子有机化合物作增稠剂为特征的润滑组合物占比较高。从图 1-6（b）可以看出，日本出光、日本协同和德国克鲁勃以非高分子羧酸或其盐作增稠剂为特征的润滑组合物占比较高。从图 1-7（a）可以看出，道康宁、雪佛龙和德国克鲁勃以高分子化合物作增稠剂为特征的润滑组合物占比较高。图 1-7（b）显示，雪佛龙、中国石化和壳牌在润滑组合物中，采用了两种或两种以上不可或缺的化合物作为增稠剂，这些组合物占比显著。根据图 1-8（a）的数据，道康宁、日本协同和德国克鲁勃的润滑组合物中，无机材料作为添加剂的特征明显，且占比相对较高。从图 1-8（b）可以看出，日本协同、日本出光和雪佛龙以添加剂是含氧非高分子有机化合物为特征的润滑组合物占比较高。从图 1-9（a）可以看出，日本协同、日本出光和德国克鲁勃以含氮的非高分子有机化合物作为添加剂为特征的润滑组合物占比较高。图 1-9（b）揭示，日本协同、日本出光和壳牌的润滑组合物中，含硫、硒或碲的非高分子有机化合物作为添加剂，其占比处于较高水平。

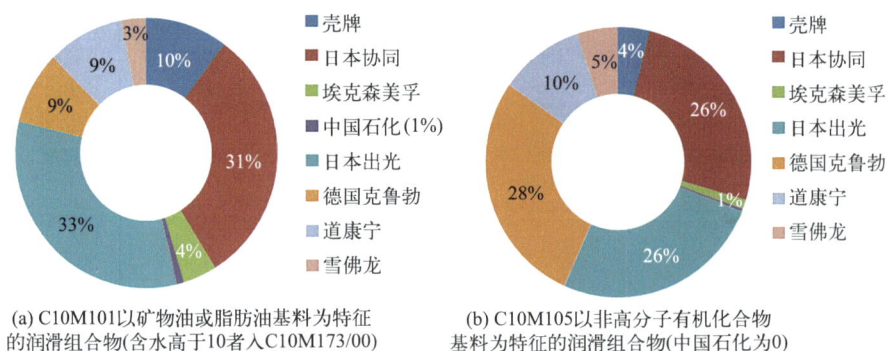

(a) C10M101以矿物油或脂肪油基料为特征
的润滑组合物(含水高于10者入C10M173/00)

(b) C10M105以非高分子有机化合物
基料为特征的润滑组合物(中国石化为0)

图 1-4　八家公司申请专利 IPC 分类对比情况（三）

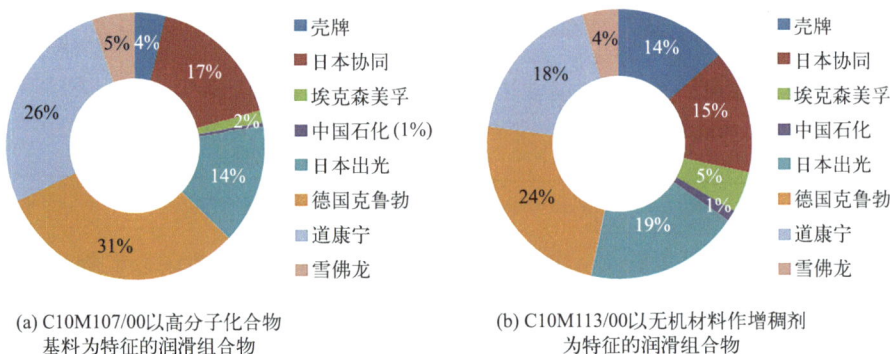

(a) C10M107/00以高分子化合物
基料为特征的润滑组合物

(b) C10M113/00以无机材料作增稠剂
为特征的润滑组合物

图 1-5　八家公司申请专利 IPC 分类对比情况（四）

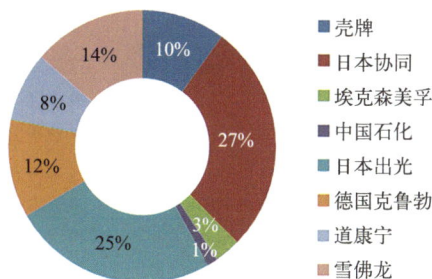

（a）C10M115以除羧酸或其盐以外的非高分子
有机化合物作为增稠剂为特征的润滑组合物

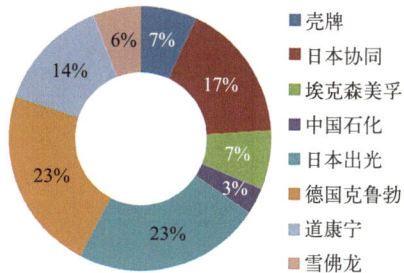

（b）C10M117以非高分子羧酸或其盐作
增稠剂为特征的润滑组合物

图 1-6　八家公司申请专利 IPC 分类对比情况（五）

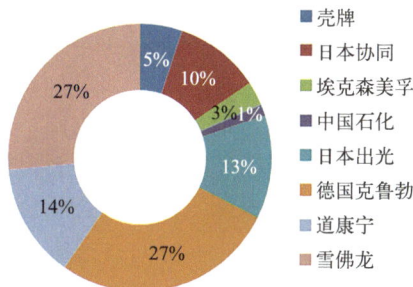

（a）C10M119以高分子化合物作增稠剂
为特征的润滑组合物

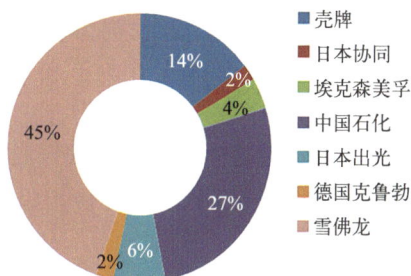

（b）C10M123以包含在C10M113/00~C10M121/00一个以上
大组中的两种或两种以上的化合物作增稠剂为特征的
润滑组合物，其中每种化合物都是必不可少的
（涂以有机化合物的无机材料如C10M113/16）（道康宁为0）

图 1-7　八家公司申请专利 IPC 分类对比情况（六）

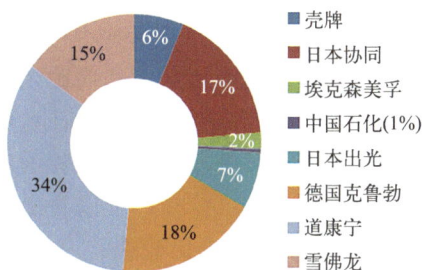

（a）C10M125以添加剂是无机材料
为特征的润滑组合物

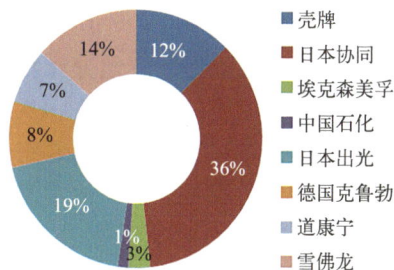

（b）C10M129以添加剂是含氧非高分子
有机化合物为特征的润滑组合物

图 1-8　八家公司申请专利 IPC 分类对比情况（七）

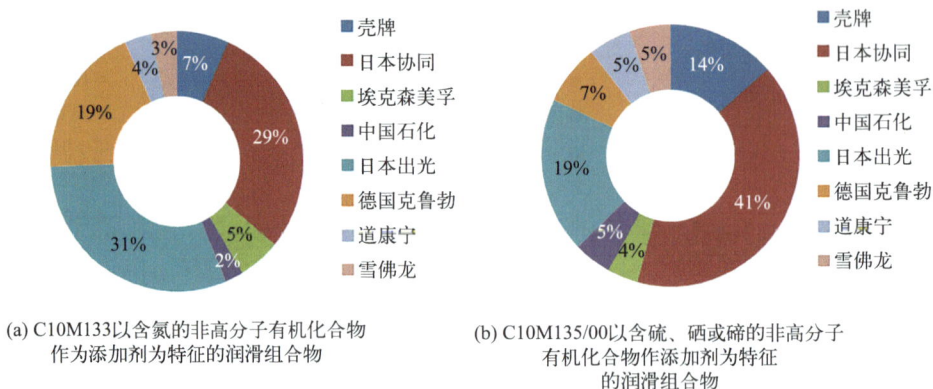

图例（两图相同）：
- 壳牌
- 日本协同
- 埃克森美孚
- 中国石化
- 日本出光
- 德国克鲁勃
- 道康宁
- 雪佛龙

(a) C10M133以含氮的非高分子有机化合物
作为添加剂为特征的润滑组合物

(b) C10M135/00以含硫、硒或碲的非高分子
有机化合物作添加剂为特征
的润滑组合物

图 1-9　八家公司申请专利 IPC 分类对比情况（八）

　　从图 1-10（a）可以看出，日本协同、日本出光和德国克鲁勃以含磷的非高分子有机化合物作为添加剂为特征的润滑组合物占比较高。从图 1-10（b）可以看出，日本协同、埃克森美孚和道康宁以不包含在 C10M127/00～C10M137/00 组中的元素的非高分子有机化合物作添加剂为特征的润滑组合物占比较高。从图 1-11（a）可以看出，日本协同、日本出光、道康宁和雪佛龙以一个以上大组中的两种或多种化合物的混合物作添加剂为特征的润滑组合物（这些化合物的每一种均是主要成分）占比较高。从图 1-11（b）可以看出，日本协同、道康宁和雪佛龙以含氧的高分子化合物作为添加剂为特征的润滑组合物占比较高。从图 1-12（a）可以看出，日本协同、日本出光和壳牌以结构未知或不完全确定的添加剂为特征的润滑组合物占比较高。图 1-12（b）显示，日本协同、日本出光和克鲁勃申请的专利中润滑脂的特征在于，它们从基料、增稠剂或添加剂中至少选取两类成分混合作为组分，构成润滑组合物，且这些成分均为主要成分。从图 1-13（a）可以看出，雪佛龙、日本出光和德国克鲁勃以纯粹物理性能指标为特征的润滑组合物（如所含的作用基料、增稠剂或添加剂的组分完全以某些特定物理性能数值为特征，即所含组分在物理上很明确，但对其化学本质未作明确说明或只作十分含糊说明）占比较高。从图 1-13（b）可以看出，中国石化、日本出光和克鲁勃在制备润滑组合物的专用方法领域（用对组分或整个润滑组合物的后处理进行其他类中所不包括的化学改性）占比较高。从图 1-14（a）可以看出，日本协同、日本出光和德国克鲁勃的基料和增稠剂混合物占比较高。从图 1-14（b）可以看出，德国克鲁勃、道康宁和雪佛龙的基料和添加剂混合物占比较高。从图 1-14（c）可以看出，日本协同、雪佛龙和中国石化的增稠剂和添加剂混合物占比较高。从图 1-15（a）可以看出，日本协同、日本出光和德国克鲁勃通过赋予润滑组合物特性的添加剂改进特定物理性能或化学性能（如多功能添加剂）占比较高。从图 1-15（b）可以看出，日本协同、日本出光和德国克鲁勃在润滑

组合物的特定用途或应用领域占比较高。从图 1-15 (c) 可以看出, 日本协同、日本出光和德国克鲁勃在被润滑材料所用润滑剂的形态特征方面占比较高。

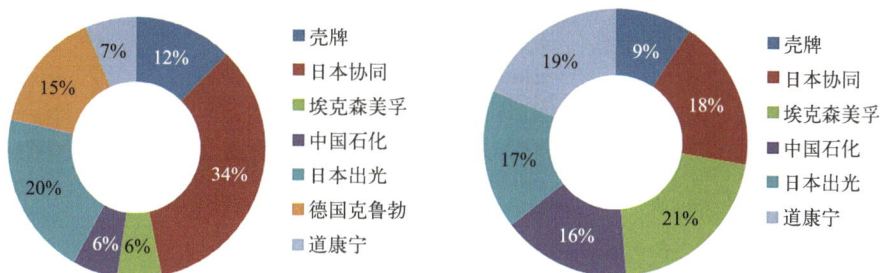

(a) C10M137/00以含磷的非高分子有机化合物
作为添加剂为特征的润滑组合物(雪佛龙为0)

(b) C10M139/00以不包含在C10M127/00~C10M137/00
组中的元素的非高分子有机化合物作为添加剂
为特征的润滑组合物(德国克鲁勃、雪佛龙为0)

图 1-10 八家公司申请专利 IPC 分类对比情况 (九)

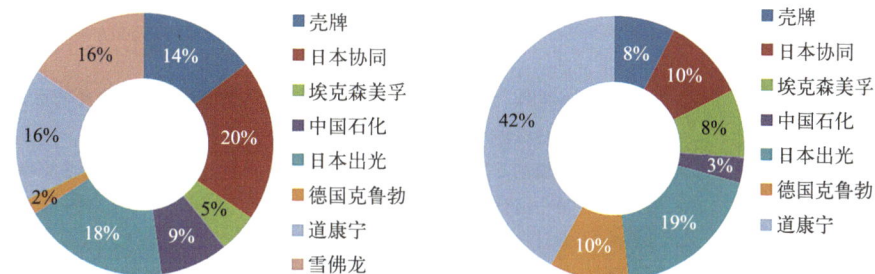

(a) C10M141以包含在C10M125/00~C10M139
一个以上大组中的两种或多种化合物的混合物
作添加剂为特征的润滑组合物,
这些化合物的每一种均是主要成分

(b) C10M145/00以含氧的高分子化合物
作添加剂为特征的润滑组合物
(氧化的烃入C10M143/18)(雪佛龙为0)

图 1-11 八家公司申请专利 IPC 分类对比情况 (十)

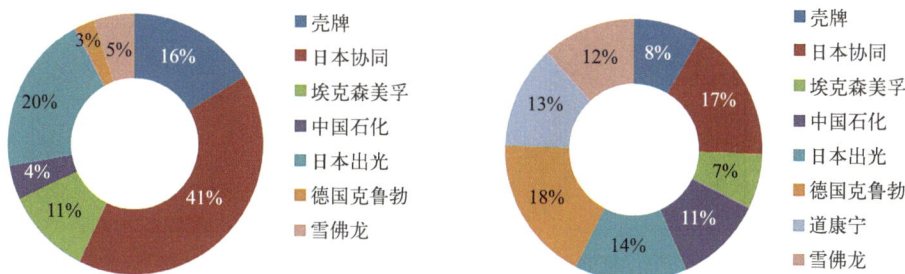

(a) C10M159以结构未知或不完全确定的添加剂
为特征的润滑组合物(链中碳原子少于30的,
结构未知或不完全确定的羧酸入C10M129/56)(道康宁为0)

(b) C10M169/00以从包括在前述各组中的基料、增稠剂
或添加剂中至少选择两类成分的混合物作组分为特征
的润滑组合物, 这些化合物的每一种均是主要成分

图 1-12 八家公司申请专利 IPC 分类对比情况 (十一)

图例：
- 壳牌
- 日本协同
- 埃克森美孚(2%)
- 中国石化(1%)
- 日本出光
- 德国克鲁勃
- 道康宁
- 雪佛龙

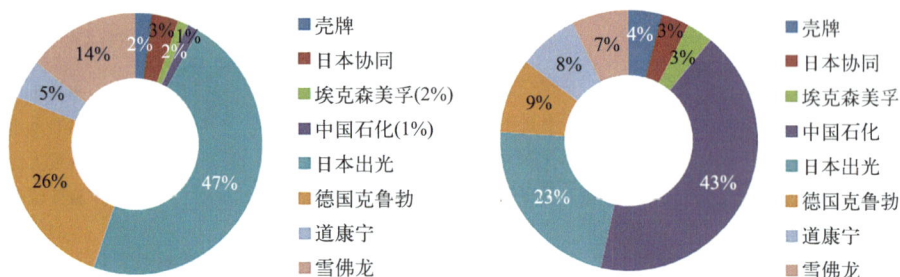

(a) C10M171纯粹以物理性能指标为特征的润滑组合物，如所含的作用基料、增稠剂或添加剂的组分完全是以它们某些特定的物理性能的数值为特征，即所含的组分在物理上很明确，但对其化学本质没有作明确说明或只作十分含糊的说明(化学上明确的组分入C10M101/00~C10M169/00；石油馏分入C10M101/02、C10M121/02、C10M159/04)

(b) C10M177/00制备润滑组合物的专用方法；用对组分的或整个润滑组合物的后处理进行其他类中所不包括的化学改性

图 1-13　八家公司申请专利 IPC 分类对比情况（十二）

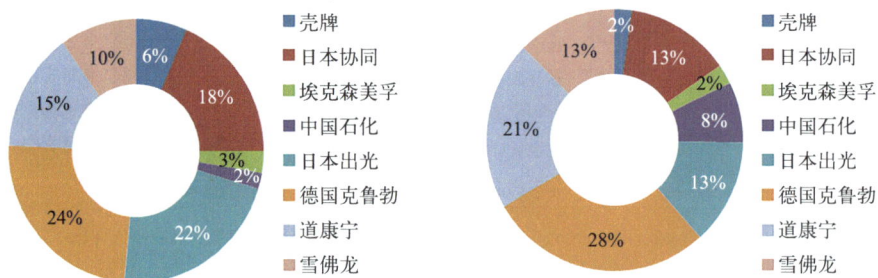

(a) C10M169/02基料和增稠剂的混合物

(b) C10M169/04基料和添加剂的混合物

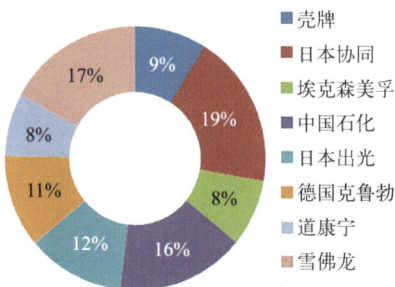

(c) C10M169/06增稠剂和添加剂的混合物

图 1-14　八家公司申请专利 IPC 分类对比情况（十三）

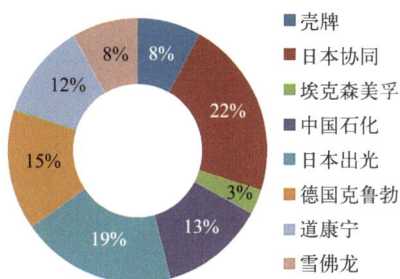

(a) C10N30用赋予润滑组合物特性的添加剂
改进特定的物理性能或化学性能，
如多功能的添加剂

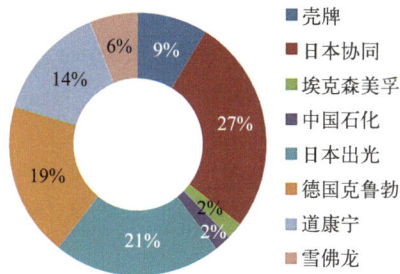

(b) C10N40/00润滑组合物的特定用途或应用

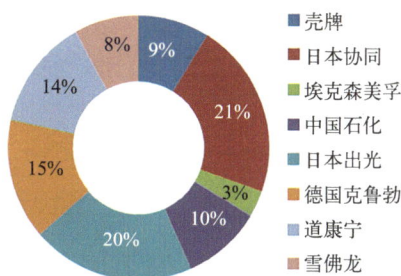

(c) C10N50/00被润滑的材料上所用润滑剂的形态

图 1-15　八家公司申请专利 IPC 分类对比情况（十四）

1.2.4　八家公司专利申请稠化剂分类研究

对八家公司申请的稠化剂专利进行分析。如图 1-16 所示，由全球八家润滑脂厂家复合锂专利占比可知，埃克森美孚和雪佛龙占比最高；如图 1-17 所示，由全球八家润滑脂厂家聚脲专利占比可知，日本协同占比最高；如图 1-18 所示，由全球八家润滑脂厂家磺酸钙专利占比可知，中国石化占比最高；如图 1-19 所示，由全球八家润滑脂厂家复合钙专利占比可知，中国石化、埃克森美孚和雪佛龙占比最高；如图 1-20 和图 1-21 所示，由全球八家润滑脂厂家膨润土专利占比可知，壳牌占比最高；如图 1-22 所示，由全球八家润滑脂厂家复合铝专利占比可知，埃克森美孚、克鲁勃和雪佛龙占比最高；如图 1-23 所示，全球八家润滑脂厂家硅脂专利占比可知，道康宁占比最高；如图 1-24 所示，由全球八家润滑脂厂家锂基脂专利占比可知，埃克森美孚和雪佛龙占比最高；如图 1-25 所示，由全球八家润滑脂厂家钙基脂专利占比可知，中国石化、埃克森美孚和雪佛龙占比最高；如图 1-26 所示，由全球八家润滑脂厂家锂钙脂专利占比可知，中国石化、埃克森美孚和雪佛龙占比最高；如图 1-27 所示，由全球八家润滑脂厂家钠基脂专利占比可知,中国石化、埃克森美孚和雪佛龙占比最高;如图 1-28 所示,由全球八家润滑脂厂家钡基脂专利占比可知,中国石化、埃克森美孚和雪佛龙占比最高;如图 1-29 所示,在全球八家润滑脂厂家中,镁基脂专利占比方面,埃克森美孚和雪佛龙占比最高。

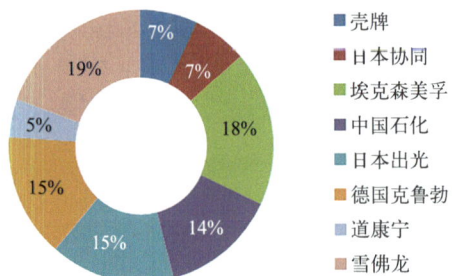

图 1-16 全球八家润滑脂厂家复合锂专利占比

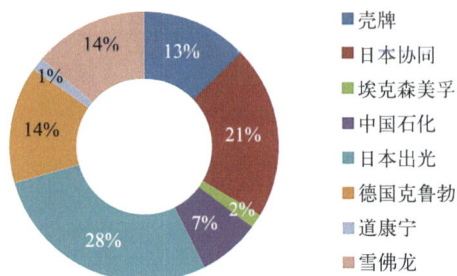

图 1-17 全球八家润滑脂厂家聚脲专利占比

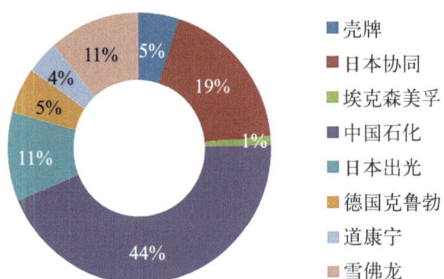

图 1-18 全球八家润滑脂厂家磺酸钙专利占比

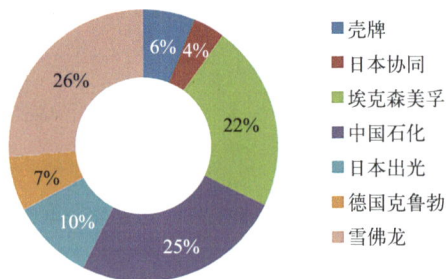

图 1-19 全球八家润滑脂厂家复合钙专利占比(道康宁为 0)

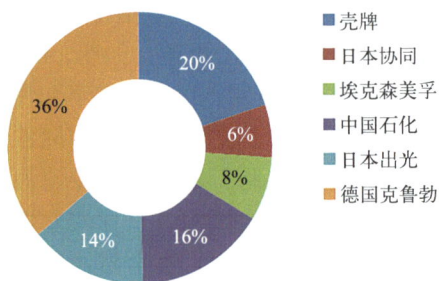

图 1-20 全球八家润滑脂厂家膨润土专利占比(道康宁、雪佛龙为 0)

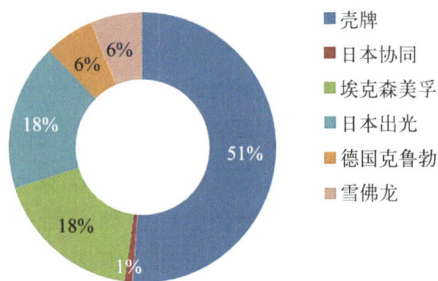

图 1-21 全球八家润滑脂厂家黏土专利占比(中国石化、道康宁为 0)

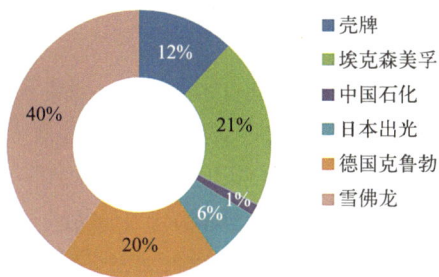

图 1-22　全球八家润滑脂厂家复合铝
专利占比（日本协同、道康宁为 0）

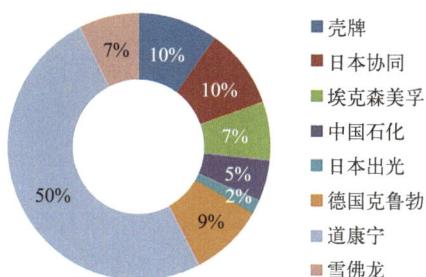

图 1-23　全球八家润滑脂厂家硅脂
专利占比

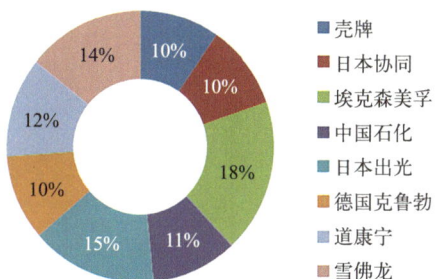

图 1-24　全球八家润滑脂厂家锂基脂专利占比

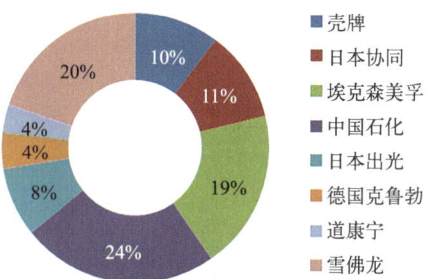

图 1-25　全球八家润滑脂厂家钙基脂专利占比

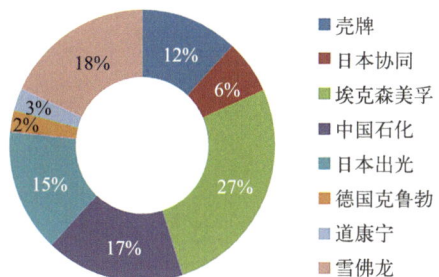

图 1-26　全球八家润滑脂厂家锂钙脂专利占比

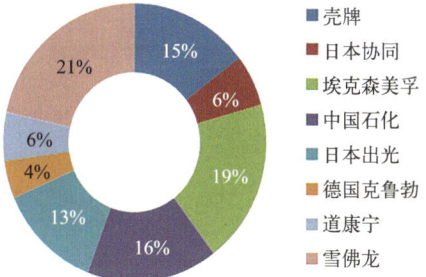

图 1-27　全球八家润滑脂厂家钠基脂专利占比

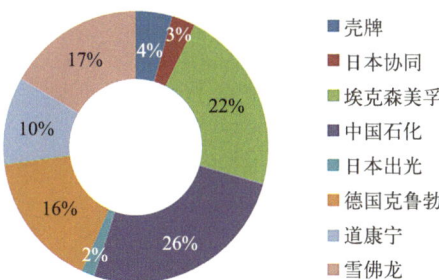

图 1-28　全球八家润滑脂厂家钡基脂专利占比

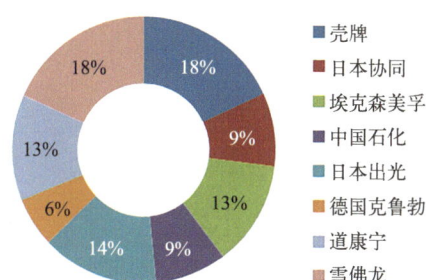

图 1-29　全球八家润滑脂厂家镁基脂专利占比

1.3
知名公司润滑脂专利进展简介

1.3.1 中国石化润滑脂专利

如图 1-30 所示，根据中国石化申请专利中润滑脂产品结构占比可知，钙和锂占比最高。根据图 1-31 专利 IPC 分类可知，中国石化专利 C10M169 占比最高，C10M177 占比位列第二。

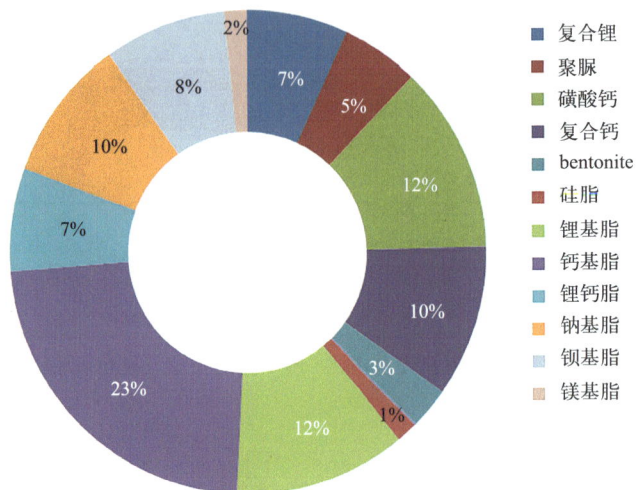

图 1-30　中国石化申请专利中润滑脂产品结构占比（CLAY 复合铝为 0）

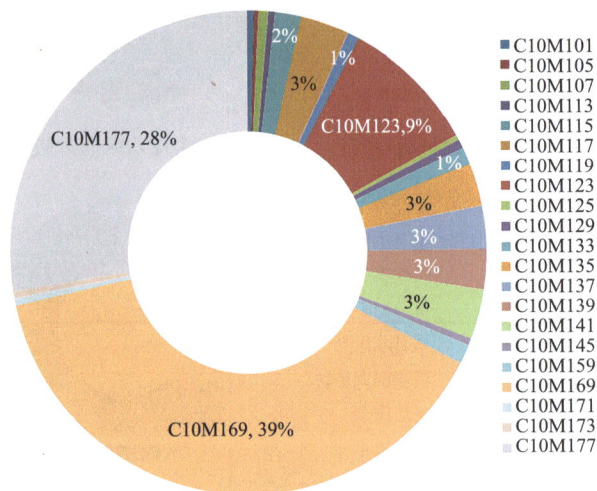

图 1-31　中国石化申请专利中润滑脂产品 IPC 分类占比（C10M175 为 0）

1.3.2 壳牌公司润滑脂专利

如图 1-32 所示，根据壳牌公司申请专利中润滑脂产品结构占比可知，产品结构较均衡，锂占比最高。根据图 1-33 专利 IPC 分类可知，壳牌公司专利 IPC 分类分布较均衡，C10M169 占比最高，C10M115 位列第二。

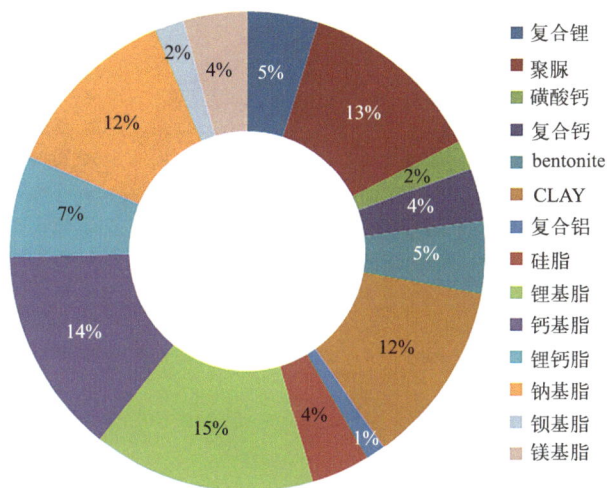

图 1-32　壳牌公司申请专利中润滑脂产品结构占比

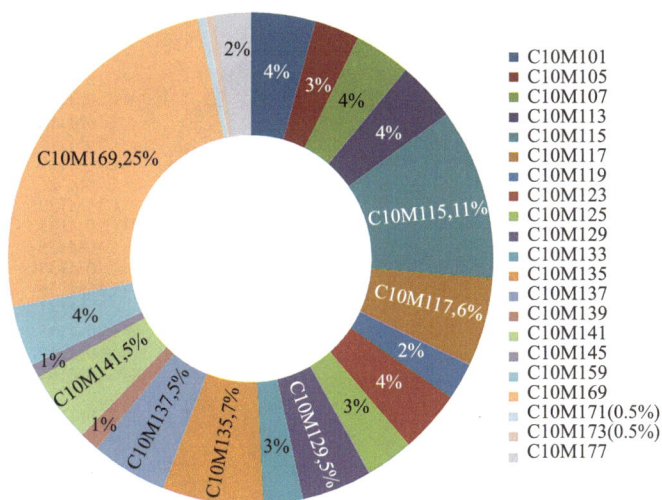

图 1-33　壳牌公司申请专利中润滑脂产品 IPC 分类占比（C10M175 为 0）

1.3.3 日本协同公司润滑脂专利

如图 1-34 所示，根据日本协同申请专利中润滑脂产品结构占比可知，聚脲占比最高。根据图 1-35 专利 IPC 分类可知，日本协同公司专利 IPC 分类较均衡，C10M169 占比最高，C10M115 位列第二。

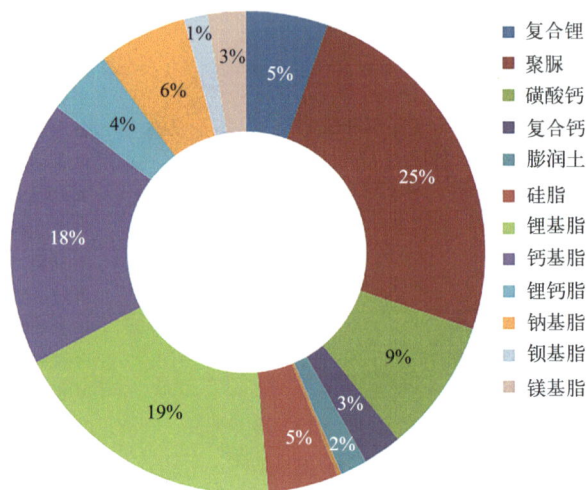

图 1-34 日本协同申请专利中润滑脂产品结构占比（黏土、复合铝为 0）

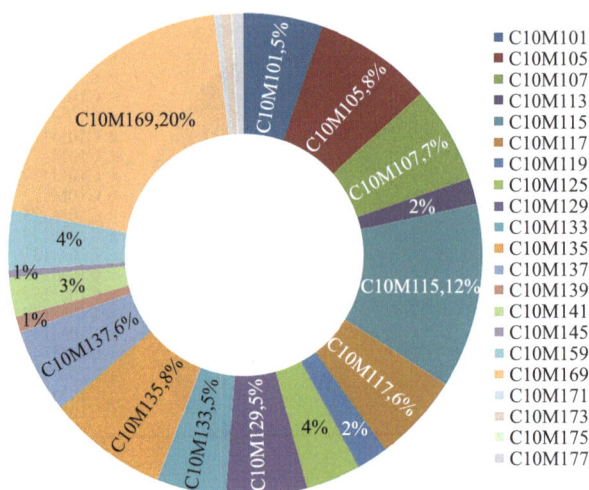

图 1-35 日本协同申请专利中润滑脂产品 IPC 分类占比（C10M123 为 0）

聚脲是一种高温润滑脂产品，据中国石油和化学工业联合会润滑脂专业委员会统计，聚脲润滑脂全球产量占润滑脂总量约 6%，日本润滑脂中聚脲占比达到

29%，为最高。中国占比 5%，低于全球水平。聚脲润滑脂具有优异的高温性能，同时为有机稠化剂，不受锂等矿产资源限制，有较大发展空间。聚脲润滑脂主要用于汽车万向节、高温轴承等领域。

1.3.4 日本出光公司润滑脂专利

如图 1-36 所示，根据日本出光申请专利中润滑脂产品结构占比可知，聚脲占比最高。根据图 1-37 专利 IPC 分类可知，日本出光公司专利 IPC 分类较均衡，C10M169 占比最高，C10M115 占比位列第二。

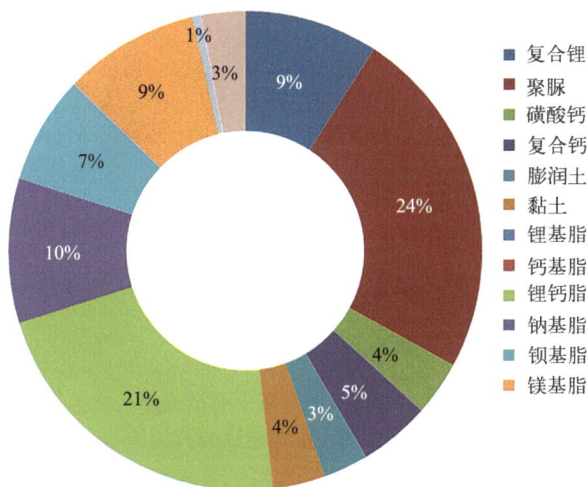

图 1-36　日本出光申请专利中润滑脂产品结构占比（复合铝、硅脂为 0）

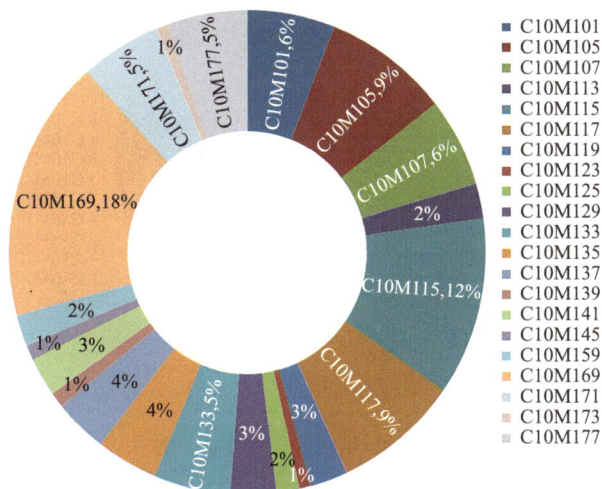

图 1-37　日本出光申请专利中润滑脂产品 IPC 分类占比（C10M175 为 0）

1.3.5　道康宁公司润滑脂专利

如图 1-38 所示，根据道康宁公司申请专利中润滑脂产品结构占比可知，硅脂占比最高。根据图 1-39 专利 IPC 分类可知，道康宁公司专利 IPC 分类较均衡，占比位列前三位的分别是 C10M169、C10M107、C10M125。

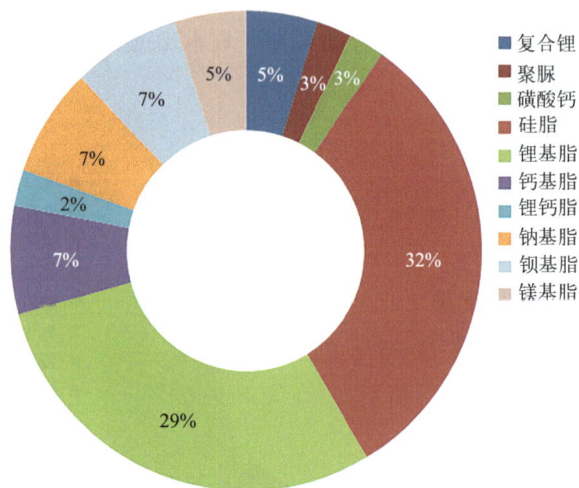

图 1-38　道康宁公司申请专利中润滑脂产品结构占比

（复合钙、膨润土、黏土、复合铝为 0）

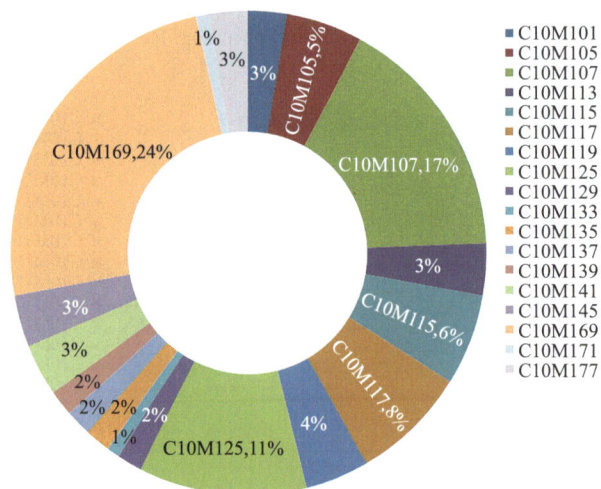

图 1-39　道康宁公司申请专利中润滑脂产品 IPC 分类占比

（C10M123、C10M159、C10M173、C10M175 为 0）

1.3.6 雪佛龙公司润滑脂专利

如图 1-40 所示，根据雪佛龙公司申请专利中润滑脂产品结构占比可知，锂、钙润滑脂占比最高。根据图 1-41 专利 IPC 分类可知，雪佛龙公司专利 IPC 分类分布较均衡，占比位列前三位的分别是 C10M169、C10M115、C10M119、C10M123。

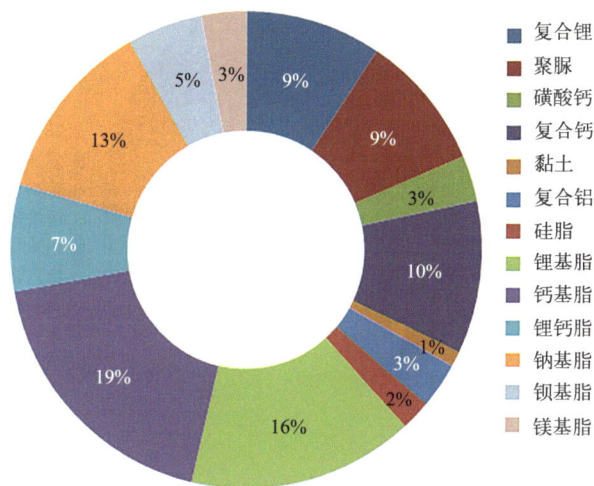

图 1-40　雪佛龙公司申请专利中润滑脂产品结构占比（膨润土为 0）

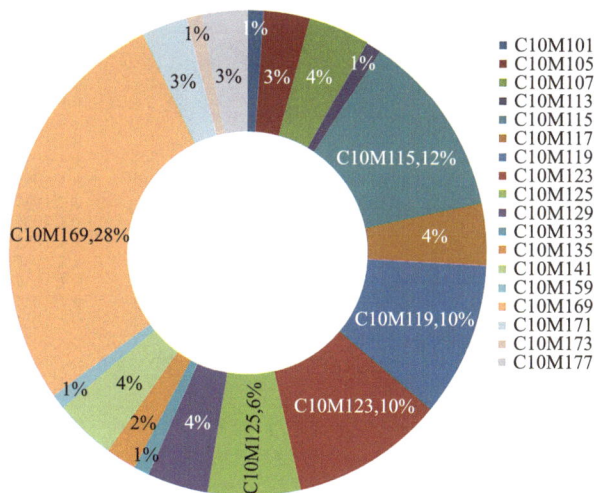

图 1-41　雪佛龙公司申请专利中润滑脂产品 IPC 分类占比
（C10M137、C10M139、C10M145、C10M175 为 0）

1.3.7　埃克森美孚公司润滑脂专利

如图 1-42 所示，根据埃克森美孚公司申请专利中润滑脂产品结构占比可知，锂、钙润滑脂占比最高。根据图 1-43 专利 IPC 分类可知，埃克森美孚公司专利 IPC 分类分布较均衡，C10M169 占比最高，C10M117 位列第二。

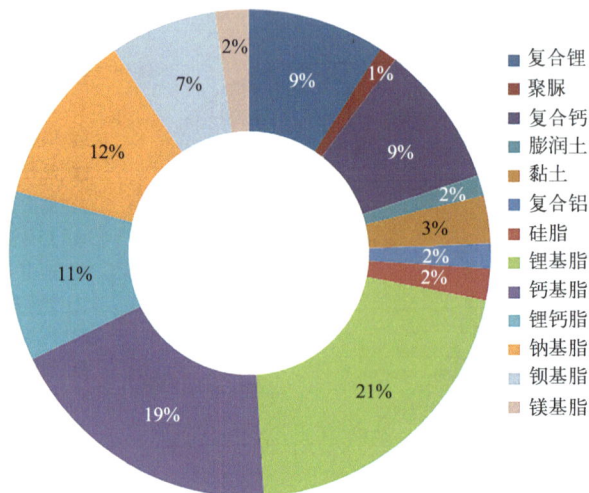

图 1-42　埃克森美孚公司申请专利中润滑脂产品结构占比（磺酸钙为 0）

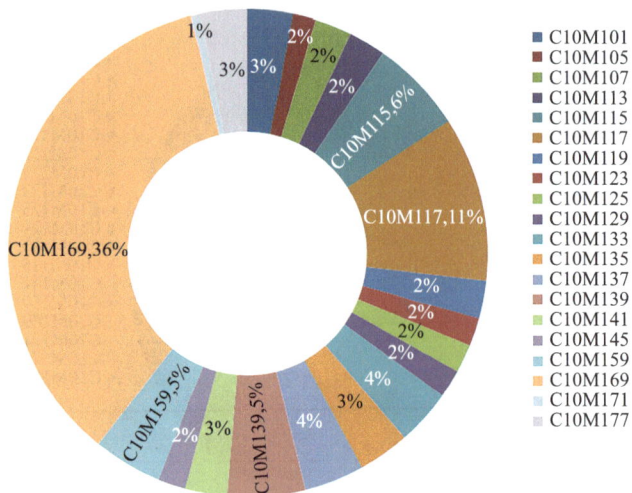

图 1-43　埃克森美孚公司申请专利中润滑脂产品 IPC 分类占比
（C10M173、C10M175 为 0）

1.3.8　克鲁勃润滑脂专利

如图 1-44 所示，根据克鲁勃公司申请专利中润滑脂产品结构占比可知，锂和聚脲润滑脂占比最高。根据图 1-45 专利 IPC 分类可知，德国克鲁勃公司专利 IPC 分类分布较均衡，占比位列前四位的分别是 C10M169、C10M107、C10M105、C10M117。

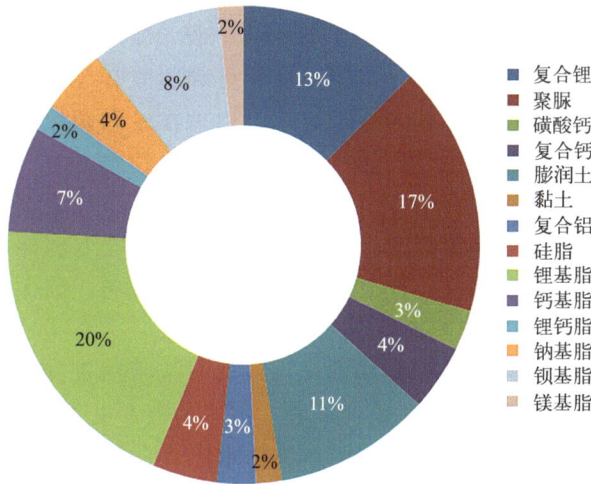

图 1-44　克鲁勃公司申请专利中润滑脂产品结构占比

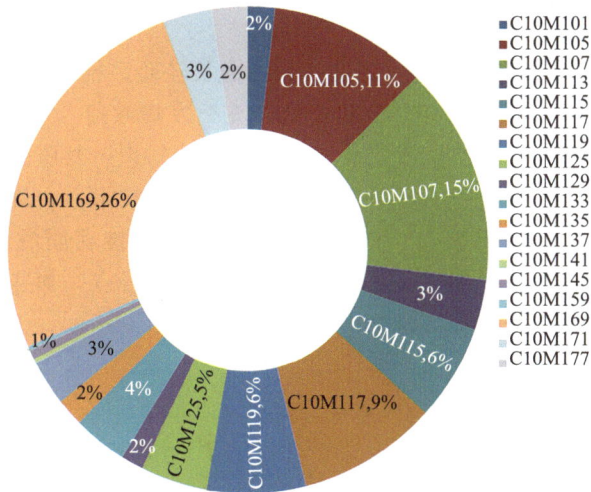

图 1-45　克鲁勃公司申请专利中润滑脂产品 IPC 分类占比
（C10M123、C10M139、C10M173、C10M175 为 0）

1.4
全球润滑脂专利分析思考

针对上述专利技术发展与布局分析，为有效提升中国润滑脂产业在全球的竞争力，促进中国润滑脂专利技术水平的提升，现提出以下对策建议，以期为中国润滑脂设计制造业及其知识产权战略提供参考。

① 加强专利技术规划布局　当前中国润滑脂处于快速成长的关键时期，应深入探究行业发展现状，以市场趋势为引领，结合企业实际情况，以长寿命、耐高温、耐高压、高速性能好、低温适应性好和超静音等关键特性为基础，针对新兴领域迅速把握机遇，实现弯道超车，力求在专利领域占据领先地位，并同步推进相关标准的制定工作。另外，需综合布局技术方向：在地域上，除深化国内专利网络外，在具有潜在竞争力的国家或地区布局关键性专利；在技术层面，需平衡大环境的发展需求，构建高效的技术组合专利体系，形成既具攻击性又具防御性的专利壁垒，同时拓宽基础专利的布局，确保在知识产权方面既能主动出击也能稳固防守。

② 催化高价值专利产生　短期内，可以通过技术引进的方式，以市场换技术，但同时需要开展基础知识的研究，独立自主是根本更是关键。针对复杂的润滑脂领域，划分系统及其分支，识别关键技术点，充分利用公开可用的专利文献，开展技术可行性分析，并深度挖掘高价值专利，开拓新方向，以点带面，从而构建润滑脂领域的专利技术地图。在该过程中，一方面实现关键核心技术的自主可控，另一方面形成自己的高价值高水平专利，提升中国润滑脂的专利技术水平，建立主动方的攻守局势。

③ 推动科技成果转移转化　借鉴优秀的成长经验，推动合作发展。形式上，积极开展多方合作，凝聚现有力量和资源，充分发挥政府与企业、企业与企业、企业与高校的强强联合，协同发展；机制上，深化知识产权服务，优化专利价值评估，建立高价值专利保护、成果转化及激励制度；技术上，推动通用技术的军民融合及基础问题的跨界整合，依托成熟的现有技术推动润滑脂技术的发展转化，并主动寻求与人工智能、大数据等新兴技术的融合点，加速各方产业和技术成果的转移转化，进而带动润滑脂产业的蓬勃发展。

1.5
高性能润滑脂发展概述

高性能润滑脂与现代化机械、高新技术装备的发展息息相关。科学技术的发展，使机械设备向大型、微型、高速、重载、真空、低温、超静音、超高精度

（纳米级）、自动化（数控）、智能化和成套化等方向发展，对于机械零部件与系统使用的润滑脂也提出了更高的要求。除此之外，能源和环境两大全球面临的共同问题对润滑剂的研究、生产和应用提出了新的要求。保护环境和节约能源是我们全人类共同的使命，我国经济正处于快速发展阶段，同时面临着化石燃料资源有限和环境保护要求日益严格的双重挑战。合理选择高性能润滑脂不仅能有效减少机械磨损和废弃物排放，从而保护环境，还能降低摩擦和能耗，达到节约能源的目的，对改善人类的生存环境具有重要意义。因此，在石油产品中，润滑脂类产品产量虽然不大，仅占万分之几，却是国民经济各部门不可缺少、具有重大经济价值的一类产品。

表 1-2 为八种全氟聚醚润滑脂和九种聚脲润滑脂应用于轴承等部位高温使用工况。表 1-3 为一种全氟聚醚润滑脂和一种锂基润滑脂应用于轴承等部位低温使用工况。表 1-4 为一种锂基润滑脂和三种聚脲润滑脂应用于轴承等部位超静音使用工况。表 1-5 为两种锂基润滑脂、一种复合钡基润滑脂和三种聚脲润滑脂应用于轴承等部位高速使用工况。表 1-6 为两种锂基润滑脂、一种复合锂基润滑脂和一种聚脲润滑脂应用于重工业轴承等部位重载使用工况。表 1-7 为一种复合钙基、两种特殊钙基润滑脂和一种复合钡基润滑脂应用于重工业轴承等部位潮湿环境下重载使用工况。表 1-8 和表 1-9 为一种复合锂基润滑脂、一种特殊钙基润滑脂和四种锂基润滑脂应用于特种行业轴承等部位使用工况。表 1-10 为一种全氟聚醚润滑脂、两种复合铝基润滑脂、一种膨润土润滑脂和一种复合钙基润滑脂应用于食品及制药行业轴承等部位使用工况。

表 1-2　高温润滑脂

名称	工作温度范围/℃	速度因子 NDm/(mm/min)	基础油黏度[①]/(mm²/s)	牌号	基础油/增稠剂	描述/应用
全氟聚醚润滑脂	−50～260	600000	195 34	2 号	PFPE/PTFE	优秀的防腐蚀保护性能；在极端变化的工作温度下实现长效润滑
全氟聚醚润滑脂	−40～260	300000	425 40	2 号	PFPE/PTFE	应用于高温轴承的长寿命润滑脂；非常好的防腐蚀保护性能；通过 NSFH1 认证，可以应用于食品加工行业
聚脲润滑脂	−20～220	300000	425 34	2 号	酯油 PFPE/聚脲固体润滑剂	混合型润滑脂，应用于低速大型滚动、滑动轴承和导轨的长效润滑；可以直接将脂应用于带有防腐蚀剂的表面上
全氟聚醚润滑脂	−50～200	1000000	115 26.5	2 号	PFPE/PTFE	具有高速度因子；与人造橡胶和塑料有极好的兼容性能
全氟聚醚和聚脲混合润滑脂	约 200	1000000	135 20	2T 号	PFPE，酯油/PTFE，聚脲	混合型润滑脂；适用于潮湿和有腐蚀性振动工况；多数情况下，可以直接将脂应用于带防锈油的表面

名称	工作温度范围/℃	速度因子 NDm/(mm/min)	基础油黏度① /(mm²/s)	牌号	基础油/增稠剂	描述/应用
聚脲润滑脂	−40～200	500000	405 40	1T 号	合成烃/聚脲	好的抗磨损、抗腐蚀保护性能；高载荷滚动、滑动轴承的最佳选择，如钢铁、水泥、造纸行业等
全氟聚醚润滑脂	−50～260	600000	195 34	2 号	PFPE/PTFE	优秀的防腐蚀保护性能；在极端变化的工作温度下实现长效润滑
全氟聚醚润滑脂	−40～260	300000	425 40	2 号	PFPE/PTFE	应用于高温轴承的长寿命润滑脂；非常好的防腐蚀保护性能；通过 NSF H1 认证，可以应用于食品加工行业
聚脲润滑脂	−20～220	300000	425 34	2 号	酯油 PFPE/聚脲、固体润滑剂	混合型润滑脂，应用于低速大型滚动、滑动轴承和导轨的长效润滑；可以直接将脂应用于带有防腐蚀剂的表面上
全氟聚醚润滑脂	−50～200	1000000	115 26.5	2 号	PFPE/PTFE	具有最高速度因子；与人造橡胶和塑料有极好的兼容性能
全氟聚醚和聚脲混合润滑脂	−40～200	1000000	135 20	2T 号	PFPE，酯油/PTFE，聚脲	混合型润滑脂，应用于长效润滑；适用于潮湿和有腐蚀性振动工况；多数情况下，可以直接将脂应用于带防锈油的表面
聚脲润滑脂	−40～200	500000	405 40	1T 号	合成烃/聚脲	好的抗磨损、抗腐蚀保护性能；高载荷滚动、滑动轴承的最佳选择，如钢铁、水泥、造纸行业等
聚脲润滑脂	−40～180	1000000	85 11	2T 号	酯油/聚脲	极佳的防腐蚀保护性能；特殊的添加剂能够保护轴承避免因振动、高温和高速引起的过早疲劳损伤；应用于机动车辆部件，如皮带张紧轮、发电机、离合器轴承
聚脲润滑脂	−40～180	1000000	85 11	2T 号	酯油/聚脲	应用于小电机，如风扇轴承和雨刷马达等；极佳的防腐蚀保护性能；特殊的添加剂能够保护轴承避免因振动、高温和高速引起的过早疲劳损伤
聚脲润滑脂	−30～180	1000000	59 8.8	1T 号	酯油/聚脲	应用于与 EPDM 橡胶材料兼容的长效润滑剂；应用于 ABS 系统的电机马达轴承
聚脲润滑脂	−40～180	700000	99 14	2 号	酯油/聚脲	优秀的防腐蚀保护性能和承受冲击负载的性能；应用于汽车离合器轴承
聚脲润滑脂	−40～160	500000	165 18	2 号	矿物油，合成烃/聚脲	适用于长效润滑场合，如电机马达轴承，车辆中的皮带轮轴承、水泵轴承、轮毂轴承等

① 本列上、下两个数据分别对应 40℃和 100℃黏度。

表 1-3 低温润滑脂

名称	工作温度范围/℃	速度因子NDm/(mm/min)	基础油黏度[①]/(mm²/s)	牌号	基础油/增稠剂	描述/应用
锂基润滑脂	−70～110	1000000	9.5 2.6	1T 号	酯油/锂皂	低温工况下的重载润滑脂;应用于超低启动力矩要求的汽车、通信、精密机械等行业的滚动、滑动轴承润滑
全氟聚醚润滑脂	−94～220	300000	95 25	2 号	PFPE/PTFE	在低温下的启动力矩小,高温下长效而且稳定;适用于汽车大灯转向调节系统、节气门轴承、废气再循环系统等

① 本列上、下两个数据分别对应 40℃和100℃黏度。

表 1-4 超静音润滑脂

名称	工作温度范围/℃	速度因子NDm/(mm/min)	基础油黏度[①]/(mm²/s)	牌号	基础油/增稠剂	描述/应用
聚脲润滑脂	−40～160	2000000	65 9.5	3 号	合成烃、酯油/聚脲	适用于垂直轴装配的高速或者外圈转动轴承;应用于风扇、吸尘器电机等家用电器和办公设备、电子产品、电机及机床主轴等
聚脲润滑脂	−45～180	1000000	77 9.5	2T 号	酯油/聚脲	适用于带双面防尘盖或密封圈的滚动轴承;应用于电机马达、风扇、空调系统和硬盘驱动的轴承
锂基润滑脂	−50～150	1000000	29 5	2T 号	酯油/锂皂基	适用于低温和低摩擦力矩;适用于精密仪器中微型密封轴承的终身润滑
聚脲润滑脂	−40～180	700000	105 11	2T 号	酯油/聚脲	适用于带双面防尘盖或密封膜的滚动轴承;应用于高温电机马达,汽车冷凝风扇等多种轴承

① 本列上、下两个数据分别对应 40℃和100℃黏度。

表 1-5 高速主轴润滑脂

名称	工作温度范围/℃	速度因子NDm/(mm/min)	基础油黏度[①]/(mm²/s)	牌号	基础油/增稠剂	描述/应用
锂基润滑脂	0～120	2300000	35 6	2 号	酯油/锂皂	适用于多类型的角接触轴承、滚柱轴承和陶瓷轴承;适用于水平、垂直和倾斜轴装配的轴承;适用于超高速轴承

名称	工作温度范围/℃	速度因子 NDm/(mm/min)	基础油黏度①/(mm²/s)	牌号	基础油/增稠剂	描述/应用
聚脲润滑脂	−50～120	2100000	27 5	3号	合成烃,酯油/聚脲	适用于高速主轴;特别适用于垂直或倾斜轴装配的轴承,也适用于水平轴装配机床主轴
聚脲润滑脂	−50～120	2000000	27 5	2T号	酯油,合成烃/聚脲	非常好的防水性能;优秀的防腐蚀保护性能;应用于机床中的高速主轴
聚脲润滑脂	−40～160	2000000	65 9.5	3号	合成烃,酯油/聚脲	适用于高温高速、垂直主轴或外圈旋转轴承
复合钡基润滑脂	−40～130	1000000	26 4.5	2号	矿物油,酯油,合成烃/复合钡皂	机床主轴润滑脂;多年来在诸多应用中得到良好的验证
锂基润滑脂	−50～120	1000000	19 3.5	2号	矿物油,酯油/锂皂	适用于低温下的低启动扭矩要求和高速工况下的滚动与滑动轴承;应用于机床主轴、启动马达、纺织锭子、电器元件锭子和电动工具等;仅适用于水平轴应用

① 本列上、下两个数据分别对应40℃和100℃黏度。

表 1-6　重工行业重载润滑脂

名称	工作温度范围/℃	基础油黏度①/(mm²/s)	牌号	基础油/增稠剂	描述/应用
锂基润滑脂	−10～150	1505 60	1号	矿物油/锂皂基,固体润滑剂	适用于重载、低速工况;应用于辊压机、球磨机和旋转式破碎机等
锂基润滑脂	−20～140	545 32	2号	矿物油/锂皂	适用于低速和中速工况;应用于回转炉、吊车车轮、挖掘机、锤式破碎机、热轧机工作辊及其他振动冲击载荷工况
复合锂基润滑脂	−30～140	135 15	2号	合成烃,矿物油/特殊锂皂,固体润滑剂	适用于重载或者振动工况下的滚动与滑动轴承;形成的保护层减少摩擦腐蚀;应用于汽车、航空、建筑机械、农业和林业机械
聚脲润滑脂	−40～160	155 16	2号	矿物油,合成烃/聚脲	优异的抗腐蚀性能和磨损防护性能;应用于汽车部件轴承,如水泵轴承、轮毂轴承、离合器轴承、风扇轴承等;应用于电机、干燥设备、纺织机械、造纸机械等设备中的滚动轴承

① 本列上、下两个数据分别对应40℃和100℃黏度。

表 1-7　重工行业适用于潮湿工况下的重载润滑脂

名称	工作温度范围/℃	基础油黏度[①]/(mm²/s)	牌号	基础油/增稠剂	描述/应用
复合钙基润滑脂	−40～160	405 40	1T 号	合成烃/复合钙皂	适用于高载荷和更高温度要求工况;极好的抗磨损、抗腐蚀性能,更好的抗水性能
特殊钙基润滑脂	−15～140	225 19	2T 号	矿物油/特殊钙皂	适用于潮湿工况下的高负载滚动轴承;中速场合下;应用于汽车、纺织工业湿处理机、纺纱机、输送系统、造纸机械、农用和建筑机械等
特殊钙基润滑脂	−10～140	505 31	2T 号	矿物油/特殊钙皂	适用于潮湿工况下的高载滚动轴承;适用于低速;应用于汽车、纺织工业湿处理机、纺纱机、输送系统、造纸机械、农用和建筑机械等
复合钡基润滑脂	−20～130	225 18	1T 号	矿物油/复合钡皂	抗热水;滚动和滑动轴承长效润滑脂;良好的抗压性能;适用于具有滑动摩擦运动的滚动轴承,以及在露天环境工况下运作的轴承

① 本列上、下两个数据分别对应 40℃和 100℃黏度。

表 1-8　特种行业适用于振动工况的润滑脂

名称	工作温度范围/℃	速度因子 NDm/(mm/min)	基础油黏度[①]/(mm²/s)	牌号	基础油/增稠剂	描述/应用
复合锂基润滑脂	−40～150	1000000	135 14	1 号	合成烃,矿物油/特殊锂皂	适用于重载下的滚动与滑动轴承;适用于微振动和振荡的工况;应用于风力发电机轴承等
特殊钙基润滑脂	−35～140	400000	135 15.5	2 号	合成烃,矿物油/特殊钙皂	适用于滚动轴承和线性运动导轨的长效和终身润滑;在振荡和微振动工况下有着良好的抗磨损性能;应用于汽车轮毂轴承、水泵轴承和机车轴承等
特殊锂基润滑脂	−30～140	300000	295 20	1 号	矿物油/特殊锂皂	适用于滚动和滑动轴承;适用于微振动和振荡的工况;良好的承载能力;良好的抗磨损性能;能够通过自动润滑系统泵送

① 本列上、下两个数据分别对应 40℃和 100℃黏度。

表 1-9　特种行业滚动轴承润滑脂

名称	工作温度范围/℃	速度因子NDm/(mm/min)	基础油黏度①/(mm²/s)	牌号	基础油/增稠剂	描述/应用
特殊锂基润滑脂	−40～160	1000000	49 7.6	2T 号	酯油,合成烃/特殊锂皂	良好的基础油释放性能,也适用于滚珠轴承;高低速多用途润滑脂;可应用于汽车张紧轮轴承、转向轴承和电机轴承等
特殊锂基润滑脂	−40～140	1000000	49 8	1T 号	合成烃/特殊锂皂	长效或终身润滑,应用于重载滚动轴承和滚珠丝杆,也适用于线接触或小幅摆动运动;成熟应用于汽车行业,如转向系统
锂基润滑脂	−50～150	600000	105 14.5	2 号	合成烃/锂皂	适用于有滑动摩擦运动的中大型滚动轴承;非常宽泛的工作温度范围,特别适用于低温

① 本列上、下两个数据分别对应 40℃和 100℃黏度。

表 1-10　食品及制药行业专用润滑脂

名称	工作温度范围/℃	速度因子NDm/(mm/min)	基础油黏度①/(mm²/s)	牌号	基础油/增稠剂	描述/应用
复合铝基润滑脂	−45～120	700000	35 6	1 号	合成烃,酯油/复合铝皂	适用于滑动摩擦工况;特别适用于低温工况;良好的防水性能;良好的抗腐蚀性能;良好的泵送性能,可用于中央润滑系统
膨润土润滑脂	−40～140	500000	69 10	2 号	合成烃,酯油/膨润土	良好的抗水性能;良好的抗腐蚀性能;适用于滚动轴承、关节轴承、千斤顶和凸轮盘的长效润滑
复合铝基润滑脂	−45～120	500000	155 22	1 号	合成烃/复合铝皂	优秀的低温性能;良好的抗磨损性能;由于良好的抗水性能,降低了出现腐蚀和早期轴承失效的可能性;适用于中等转速
复合钙基润滑脂	−35～120	500000	305 30	0T 号	合成烃/复合钙皂	良好的抗磨损性能和承载能力;良好的抗水性能和抗腐蚀性能;适用于滚动轴承、直线导轨的长效润滑,也适用于微位移工况;良好的泵送性能
全氟聚醚润滑脂	−40～260	300000	425 40	2 号	PFPE/PTFE	适用于高温滚动轴承的长效润滑;优秀的防腐蚀保护性能

① 本列上、下两个数据分别对应 40℃和 100℃黏度。

第2章
润滑脂评价关键技术

润滑脂作为一种关键的工业润滑剂，广泛应用于各类机械设备中。其稳定性和长效性直接关系到设备的运行效率和使用寿命。为了确保润滑脂在不同环境和工况下的可靠性能，多维度试验（如机械剪切、高温、压力、油分离、轴承寿命等）成为评估润滑脂质量的重要手段。机械剪切试验模拟了润滑脂在实际应用中的剪切应力，评估其纤维结构的稳定性和抗剪切能力。通过施加不同的剪切力和载荷，可以了解润滑脂在高负荷条件下的性能变化。例如，在汽车发动机或重型机械中，润滑脂需要承受持续的剪切力，因此该试验对于这些应用场景尤为重要。高温试验用于评估润滑脂在高温环境下的抗氧化能力和热稳定性。通过将润滑脂置于高温箱中，并设定不同温度梯度（如 120℃、150℃、180℃），记录其性能变化。例如，钢铁厂轧机轴承在高温环境下工作，选择耐高温的润滑脂可以显著延长其使用寿命。压力试验模拟了润滑脂在高压条件下的表现，评估其抗压能力和密封性能。通过施加不同压力（如 1.0～2.0MPa），测试润滑脂在高压系统中的流动性和承载能力。例如，在液压系统中，润滑脂需要在高压下保持良好的润滑效果，防止泄漏和磨损。油分离试验用于评估润滑脂在长时间使用过程中基础油的流失情况。测量润滑脂在特定时间段内的油分离量，可有效评估其稳定性状况。例如，在风力发电机齿轮箱中，油分离过多会导致润滑不足，影响设备正常运行。轴承寿命试验是检测润滑脂在高温、高压等严苛环境下耐久性与抗老化性能的关键手段。通过模拟实际应用中的工作环境，可以全面了解润滑脂在长时间运行中的表现。通过对润滑脂进行多维度试验，可以全面评估其在不同环境和工况下的表现，确保其在实际应用中的可靠性和长效性。这些试验不仅奠定了润滑脂研发与生产的科学基础，同时也为用户在选取合适润滑脂产品时提供了不可或缺的参考依据。下面重点选取 10 个润滑脂关键检测项目进行简要介绍。

2.1
工作锥入度

试验名称：锥入度测定。

试验方法：国内标准 GB/T 269《润滑脂和石油脂锥入度测定法》；国际标准 ASTM D217《润滑脂锥入度标准试验方法》。

（1）指标意义

工作锥入度是衡量润滑脂稠度的重要参数，国家标准号为 GB/T 269，直接反映了润滑脂的物理特性。通过测量标准锥体在规定时间内沉入润滑脂样品中的深度，可以评估润滑脂的软硬程度。这一测试对于确保润滑脂在不同工况下的适用性至关重要，广泛应用于各类机械设备的润滑选择。润滑脂的稠度等级不仅依据 NLGI 标准进行分类，而且对于确定润滑脂的适用场景和后续性能测试提供了关键的基础数据。例如，在选择适合特定应用的润滑脂时，锥入度作为衡量润滑脂流动性和稠度的重要指标，能够帮助工程师确保润滑脂在预期的工作温度和速度范围内提供足够的润滑效果。特别是在涉及宽温度范围和复杂工况的机械设备中，选择适当稠度的润滑脂可以显著提高设备的运行效率和使用寿命，降低维护成本和故障风险。表 2-1 为润滑脂不同等级选型依据。

（2）试验步骤

① 样品预处理　将润滑脂样品置于（25±0.5）℃的恒温箱中静置 24h，以消除运输或储存过程中产生的应力松弛。采用铜制刮刀，将样品仔细填充至标准锥入度杯内（容积为 250mL，内径为 ϕ65mm），确保样品表面平整光滑，无任何气泡或毛刺。这一过程有助于确保样品在测试时具有均匀的物理状态，从而提高测量结果的准确性。对于含有纤维结构的特殊润滑脂，需沿同一方向填充以减少取向性误差。

② 测量工具校准　选用符合精度要求的锥入度仪，锥体重量为（150.0±0.05）g，锥角为 30°±0.5°。每日试验前用标准硬度块（如 NIST SRM 2850）进行校准，允许误差范围为 ±0.1mm。校准步骤是确保仪器精确性和可靠性的关键，能够有效预防设备误差带来的测量偏差。此外，定期检查锥入度仪的传感器和机械部件，确保其长期稳定运行。

③ 下沉过程控制　释放锥体时确保其自由下落，避免机械振动干扰。下沉时间被严格限定在（5.0±0.1）s 的范围内，任何超时情况均需重新进行测试。三次平行试验的极差应≤3mm，否则需检查样品的均匀性。凭借对下沉时间的严格把控和测试过程的重复性控制，确保了测试结果的高度一致性和可重复性。每次测试后，记录详细的实验条件和数据，以便后续分析和比对。

表 2-1　润滑脂不同等级选型依据

等级	锥入度范围	选型依据
000 号	445~475	适用于低压大流量系统,要求管路直径≥12mm。这类润滑脂具有极低的稠度,能够确保在大流量条件下良好的流动性,特别适合需要持续润滑的大型设备。其低稠度特性使得润滑脂能够在复杂的管道系统中顺畅流动,减少阻力,提高润滑效率。此外,这种润滑脂还适用于其他需要高流量、低压力润滑的场合
0 号	355~385	适用于低温流动性需求的场景,供脂压力≤0.5MPa。这种级别的润滑脂在低温环境下仍能保持较好的流动性,特别适合极端寒冷环境下的设备使用。它能够有效防止因温度过低导致的润滑脂硬化,确保设备在低温条件下的正常运行。此外,这种润滑脂也适用于其他需要低温性能的场合,如冷藏库中的传送带系统或冷冻设备
1 号	310~340	适用于中低压系统,供脂压力 0.5~1.0MPa。这种级别的润滑脂具有适中的稠度,能够在保证良好流动性的同时提供一定的承载能力。这些设备通常在户外工作,环境条件多变,因此需要一种能够在不同温度下都能保持稳定性能的润滑脂
2 号	265~295	适用于中压系统,供脂压力 1.0~1.5MPa。这是最常见的润滑脂等级之一,适用于大多数常规机械设备。其适中的稠度能够在保证良好润滑效果的同时,提供足够的承载能力,适用于日常维护和保养
3 号	220~250	适用于高承载需求的场景,供脂压力≥2.0MPa。这类润滑脂具有较高的稠度,能够在高压条件下提供出色的抗磨性能,特别适合重型机械的手动加注润滑。其高稠度特性有助于在高负荷工作环境下形成稳定的油膜,保护关键部件免受磨损

2.2
滚筒安定性测试

试验名称：高温/水分安定性试验。

试验方法：国内标准 SH/T 0122《润滑脂滚筒安定性测定法》；国际标准 ASTM D1831《润滑脂滚筒安定性标准试验方法》。

（1）指标意义

滚筒安定性测试，依据 SH/T 0122—1992，通过测定润滑脂在滚筒试验机上工作后的稠度变化，评估其在高温和有无水分条件下的机械剪切安定性。该测试通过将润滑脂样品置于滚筒中，在设定温度下滚动一定时间后，测量其锥入度的变化。锥入度是衡量润滑脂稠度的重要参数，其变化反映了润滑脂在高温和水分作用下的结构变化。此测试有助于了解润滑脂在长期高温和潮湿环境中的稳定性和使用寿命。它不仅用于检测润滑脂在高温环境中的物理特性变化，还特别关注其在水分存在时的表现。这对于涉及高温和潮湿环境的机械设备尤为重要，如风力发电机、矿山机械等。选择具有良好滚筒安定性的润滑脂能够大幅提升设备的可靠性和耐用性，进而减少维护成本和降低故障风险。

（2）试验步骤

滚筒参数设定：滚筒内径 ϕ130mm，长度 200mm，内置 ϕ6.6mm 钢球 3 个。转速设定为干态测试（165±5）r/min，湿态测试（加水）（150±5）r/min。

水分控制方法：注水量自设，使用微量注射器精准添加。测试后需用卡尔费休法测定实际含水率，误差≤0.3%，以确保水分含量的准确性。精确控制水分含量对于评估润滑脂在潮湿环境中的表现至关重要。

锥入度变化分析：合格阈值为干态 $\Delta P \leqslant$30mm，湿态 $\Delta P \leqslant$45mm。若 ΔP 超标，需用 SEM 观察皂纤维是否水解断裂，进一步分析失效原因。通过对比剪切前后的锥入度变化，可以准确评估润滑脂在高温和水分作用下的结构变化。例如，如果润滑脂在湿态测试中表现出较大的锥入度变化，可能表明其皂基结构在水分作用下发生了分解，影响了润滑效果。

2.3
动态防锈测试

试验名称：动态防锈测试。

试验方法：国内标准 SH/T 0700—2000；国际标准 IP 220《润滑脂动态防锈试验方法》。

（1）指标意义

动态防锈测试用于评估润滑脂在振动和潮湿环境下的防锈性能。该测试模拟了实际工况下的复杂环境，如舰船甲板机械、港口设备等。在这些条件下，通过测定润滑脂对金属表面的保护效果，我们能够评估其抗锈蚀能力。例如：

① 舰船甲板机械　这类设备长期暴露在高湿度和振动环境中，润滑脂需要具备优秀的动态防锈性能，以确保在恶劣环境下的长期稳定运行。

② 港口设备　如起重机、龙门吊等，这些设备经常在户外工作，容易受到雨水、湿气和振动的影响，采用具备优异动态防锈性能的润滑脂，能够显著提升设备的可靠性和耐用性。它不仅用于确定润滑脂的防锈能力，还为后续的其他性能测试提供了基础数据。例如，在选择适合特定应用的润滑脂时，防锈性能可以帮助工程师判断润滑脂是否能够在预期的工作环境中提供足够的保护效果。此外，动态防锈测试还可以揭示润滑脂在不同环境条件下的物理特性变化，为优化配方提供科学依据。

（2）试验步骤

① 样品准备　将润滑脂样品均匀涂抹在标准试件上，确保涂抹均匀，厚度

一致，且无气泡产生。试验轴承（加脂量约 20g），转速为（80±5）r/min，轴承型号为 SKF 双列向心轴承 1306/236725，加入蒸馏水或合成海水 20mL。

② 测试条件　将涂有润滑脂的试件置于动态防锈试验机中，模拟实际工况下的振动和水接触。具体操作如下：

a. 环境设置。使用恒温恒湿箱设定规定温度和相对湿度，确保环境条件稳定。

b. 振动模拟。通过动态防锈试验机模拟实际工况中的振动情况，确保试件充分暴露于振动和潮湿环境中。

c. 时间控制。严格控制测试时间为 48～96h，根据具体应用需求选择合适的测试时长，确保试件充分暴露于恶劣环境中。

③ 观察与记录　在测试过程中，定期检查轴承表面的状态，记录任何锈蚀或腐蚀迹象。利用光学显微镜或高精度的扫描电子显微镜（SEM）进行细致分析，以确保测试结果的精确无误。具体操作如下：

a. 初步检查。用肉眼初步检查试件表面是否有明显的锈蚀或腐蚀痕迹。

b. 显微镜分析。使用光学显微镜或扫描电子显微镜（SEM）对试件表面进行放大观察，记录微观锈蚀情况。

c. 图像记录。拍摄详细的显微照片，作为后续分析和比对的依据。

④ 数据处理　根据腐蚀程度对轴承进行评级，如表 2-2 所示。三次平行试验的极差应≤1 级，否则需检查样品均匀性和设备状态。具体操作如下：

a. 评级标准。根据 GB/T 5018，制定详细的锈蚀评级标准，确保评级的一致性和可重复性。

b. 数据分析。计算三次平行试验的平均值和极差，确保数据的一致性和可靠性。

c. 异常处理。如果极差超过 1 级，需重新检查样品的均匀性和设备的工作状态，必要时重新进行试验。

表 2-2　评级标准

锈蚀级	锈蚀度
0	无锈蚀
1	肉眼能观察到的直径在 1mm 以下的斑点不超过 3 个
2	小面积锈蚀，锈蚀面积占表面积 1% 以下
3	锈蚀面积占表面积 1%～5%
4	锈蚀面积占表面积 5%～10%
5	锈蚀面积占表面积 10% 以上

2.4
四球机试验

试验名称：四球机试验。

试验方法：国内标准 GB/T 12583《润滑剂极压性能测定法（四球法）》；国际标准 ASTM D2596《润滑脂极压性能的标准试验方法（四球法）》。

(1) 指标意义

四球机试验是一种常用的极压抗磨性能测试方法，通过在四个钢球之间施加逐渐增加的负荷，直到润滑脂失效为止，并记录其最大承载负荷（即 PB 值）、烧结负荷（即 PD 值）以及综合磨损值（ZMZ）。这一测试方法能够全面评估润滑脂在高负荷条件下的承载能力和抗磨性能，适用于需要承受高负荷和冲击载荷的机械设备，如齿轮箱、轴承等。

(2) 试验步骤

① 样品准备　将润滑脂样品均匀涂抹在四个标准钢球上，确保厚度一致且无气泡。使用铜制刮刀将表面刮平，以确保润滑脂分布均匀，无不平整现象。具体操作如下：

a. 试样选择。选用符合标准的钢球，确保其表面光滑且无氧化层。

b. 涂脂工艺。将润滑脂样品均匀涂抹至钢球表面，厚度控制在 0.5～1.0mm，避免气泡或局部堆积。

c. 静置处理。涂脂完成后，将钢球在室温下静置 2h，以消除操作应力，并促进润滑脂与钢球表面的充分融合。

② 测试参数

a. 最大无卡咬负荷（PB 值）。指润滑脂在不发生卡咬的情况下所能承受的最大负荷。表 2-3 为用于判断 PB 点的 P-D 补偿（1＋5%）。

b. 烧结负荷（PD 值）。指润滑脂在发生烧结（即金属间直接接触并粘连）时的负荷。

c. 综合磨损值（ZMZ）。指在一定负荷下，润滑脂对钢球表面磨损程度的综合评价指标。

表 2-3　用于判断 PB 点的 P-D 补偿（1＋5%）

P/N(kgf)	98(10)	127(13)	157(16)	196(20)	235(24)
D 补偿(1＋5%)/mm	0.22	0.24	0.26	0.28	0.29
P/N(kgf)	274(28)	314(32)	353(36)	392(40)	441(45)
D 补偿(1＋5%)/mm	0.32	0.33	0.34	0.35	0.37

P/N(kgf)	190(50)	549(56)	618(63)	696(71)	785(80)
D 补偿(1+5%)/mm	0.38	0.40	0.41	0.43	0.44
P/N(kgf)	883(90)	981(100)	1098(112)	1236(126)	1373(140)
D 补偿(1+5%)/mm	0.46	0.48	0.50	0.52	0.54
P/N(kgf)	1569(160)	1765(180)	1961(200)		
D 补偿(1+5%)/mm	0.57	0.59	0.62		

③ 测试条件　将四个钢球置于四球机试验装置中，施加逐渐增加的负荷，直到润滑脂失效为止。记录其最大承载负荷（PB 值）、烧结负荷（PD 值）和综合磨损值（ZMZ）。测试过程中保持温度为室温，转速为 1200r/min。具体操作如下：

a. 环境设置。确保测试环境温度为室温（20～25℃），湿度适中，避免外界因素干扰。

b. 负荷控制。通过精确的负荷控制系统，逐步增加负荷，每次增加幅度为200N，直至润滑脂因物理剪切和化学反应导致失效。

c. 转速控制。设定转速为 1200r/min，确保测试条件的一致性。

④ 观察与记录　在测试过程中，需定期检查钢球表面的状况，详细记录可能出现的磨损或卡咬迹象，以确保数据的完整性。利用光学显微镜或扫描电子显微镜（SEM）进行微观分析，确保测试结果的精确性。具体操作如下：

a. 初步检查。用肉眼初步检查钢球表面是否有明显的磨损或卡咬痕迹。

b. 显微镜分析。使用光学显微镜或扫描电子显微镜（SEM）对钢球表面进行放大观察，记录微观磨损情况。

c. 图像记录。拍摄显微照片，作为后续分析和比对的依据。

⑤ 数据处理　根据测试结果进行评级。三次平行试验的极差应≤10N，否则需检查样品均匀性和设备状态。

⑥ 数据分析　计算三次平行试验的平均值和极差，确保数据的一致性和可靠性。若极差超过 10N，需重新检查样品的均匀性和设备工作状态，必要时重新试验。

(3) 四球试验与 ANSYS 有限元分析相结合

润滑脂四球试验是一种广泛应用于评估润滑脂极压性能的经典方法，其核心指标之一是 PD 值，它反映了润滑脂在高负荷条件下的抗磨损能力。为了进一步提升对润滑脂性能的理解，并将其研究成果更好地应用于实际工程场景，可以将四球试验的 PD 值与现代计算工具 ANSYS 有限元分析技术相结合，通过多尺度关联建模实现协同应用。

具体而言，这一结合过程可以从以下几个方面展开。

① 建立 ANSYS 有限元接触模型　基于四球试验中实测得到的接触压力数据，可以在 ANSYS 软件中构建一个精确的三维接触模型。该模型需要考虑多个关键因素，例如摩擦副材料的弹性模量、泊松比以及表面粗糙度等物理特性。此外，还需要定义润滑脂在接触区域内的分布状态，包括润滑膜厚度和流变行为。这些参数可以通过实验测量或参考相关文献获得，从而确保模型的准确性。

② 输入润滑脂流变参数及边界条件　润滑脂作为一种复杂的半固态物质，其流变特性对于接触压力的分布有着重要影响。因此，在 ANSYS 有限元分析中，必须准确地输入润滑脂的剪切强度、屈服应力以及其他相关的流变学参数。同时，还需要设定合理的边界条件，例如加载速度、温度场分布以及外部环境的影响（如湿度）。这些细节能够显著提高仿真结果的可靠性。

③ 验证与校准仿真模型　利用四球试验的实际测量数据，可以对 ANSYS 有限元模型进行验证与校准。例如，通过比较模拟得到的压力分布与实验结果的一致性，调整模型中的某些假设或参数设置，直至两者达到良好的匹配程度。这种闭环反馈机制不仅有助于提高模型的预测精度，还可以揭示一些难以通过单一实验手段直接观察到的现象，例如微观尺度上的应力集中效应。

④ 定量分析与优化设计　通过上述方法，ANSYS 有限元分析与四球试验的结合能够实现对润滑脂性能的深入定量分析。

a. 润滑膜压力分布。可以清晰地展示润滑膜在不同工况下的压力变化规律，帮助工程师了解润滑脂如何有效分散接触力。

b. 应力集中区域。识别出可能引发失效的关键部位，为改进摩擦副结构提供指导。

c. 失效阈值。确定润滑脂在极端条件下的承载极限，从而为其实际应用提供科学依据。

最终，这种跨尺度研究方法为润滑脂的极压性能优化开辟了新的途径。研究人员不仅可以从宏观层面评估润滑脂的整体表现，还可以深入探讨其微观机理，进而开发出更高效、更耐用的新型润滑材料。这种方法尤其适用于航空航天、汽车工业以及重型机械等领域，这些领域对润滑脂的性能要求极为苛刻，而传统的单一测试方法往往难以满足需求。

总之，通过将润滑脂四球试验的 PD 值与 ANSYS 有限元分析技术相结合，不仅可以弥补传统实验方法的不足，还能为润滑脂的研发与应用提供更加全面的技术支持。这不仅是理论研究的进步，更是工程技术发展的必然趋势。

2.5
梯姆肯试验机法（OK 值测试）

试验名称：梯姆肯试验机法（OK 值测试）。

试验方法：国内标准 NB/SH/T 0203《润滑脂承载能力的测定　梯姆肯法》；国际标准 ASTM D2509《润滑脂负荷性能的测试方法（梯姆肯法）》。

（1）指标意义

梯姆肯试验机法用于评估润滑脂在高负荷条件下的承载能力和抗磨损性能。通过施加逐渐增加的负荷，直到润滑脂失效为止，记录其最大承载负荷（OK值）。这一测试对于需要承受高负荷和冲击载荷的机械部件尤为重要，如齿轮箱、轴承等。在工业生产与机械设备运行中，良好的极压抗磨性是润滑脂的关键性能之一。它能够在高负荷工况下形成特殊保护膜，减少金属表面的磨损，延长齿轮等机械部件的使用寿命。这些部件在高负荷条件下工作，选择具有良好极压性能的润滑脂可以显著提高其使用寿命，减少维护成本。此外，该测试还能为选择适用于其他高负荷环境的润滑脂提供依据，例如，冶金设备所需的润滑脂必须具备出色的抗磨损性能，以适应高温高压的严苛工作环境。选择具有良好极压性能的润滑脂可以显著提高设备的可靠性和耐用性，减少故障率和维护成本。

（2）试验步骤

① 样品准备　将润滑脂样品均匀涂抹在梯姆肯试验机的标准试片上，确保厚度一致且无气泡。使用铜制刮刀刮平表面，避免不均匀现象。具体操作如下：

a. 试样选择。选用符合标准的试片，确保其表面光滑且无氧化层。

b. 涂脂工艺。将润滑脂样品均匀涂抹至试片表面，厚度控制在 1～2mm，避免气泡或局部堆积。

c. 静置处理。涂脂后的试片需在室温下静置 2h，消除操作应力，确保润滑脂与试片充分接触。

② 测试条件　在规定的试验条件下，使用梯姆肯试验机测量润滑脂的承载能力。通过逐渐增加负荷直至润滑脂失效，记录下未引起刮伤或卡咬的最大负荷，即 OK 值。测试过程中保持温度为室温，转速为 800r/min。具体操作如下：

a. 环境设置。确保测试环境温度为室温 [（24±6）℃]，湿度适中，避免外界因素干扰。

b. 负荷控制。通过精确的负荷控制系统，逐步增加测试负荷。

c. 试验时间。10min±15s。

d. 转速控制。设定转速为 800r/min，确保测试条件的一致性。

③ 观察与记录　在测试过程中，定期检查试片表面的状态，记录任何磨损

或失效迹象。使用光学显微镜或扫描电子显微镜（SEM）进行详细分析，确保结果的准确性。具体操作如下：

a. 初步检查。用肉眼初步检查试片表面是否有明显的磨损或失效痕迹。

b. 显微镜分析。使用光学显微镜或扫描电子显微镜（SEM）对试片表面进行放大观察，记录微观磨损情况。

c. 图像记录。拍摄详细的显微照片，作为后续分析和比对的依据。

④ 数据处理　根据 OK 值进行评级。三次平行试验的极差应≤10N，否则需检查样品均匀性和设备状态。

⑤ 数据分析　计算三次平行试验的平均值和极差，确保数据的一致性和可靠性。如果极差超过 10N，需重新检查样品的均匀性和设备的工作状态，必要时重新进行试验。

2.6
SRV 摩擦试验

试验名称：SRV 摩擦试验。

试验方法：国内标准 SH/T 0721《润滑脂摩擦磨损性能测定　高频线性振动试验机（SRV）法》；国际标准 ASTM D5707《用高频线性振荡（SRV）试验机测量润滑脂摩擦和磨损特性的标准试验方法》、ASTM D5706《振动试验机法》。

（1）指标意义

SRV 摩擦试验是一种评估润滑脂微动磨损性能的方法，通过在高接触压力下施加高频振动，模拟实际工况中的微动磨损情况。该测试方法能够全面评估润滑脂在高频振动和高负荷条件下的抗磨损性能，适用于需要承受微动磨损的机械设备，如风电偏航轴承、精密仪器等。选择具有良好微动磨损性能的润滑脂可以显著提高其使用寿命，减少维护成本。

（2）试验步骤

① 样品准备　将润滑脂样品均匀涂抹在标准试片上，确保厚度一致且无气泡。使用铜制刮刀刮平表面，避免不均匀现象。具体操作如下：

a. 试样选择。选用符合标准的试片，确保其表面光滑且无氧化层。

b. 涂脂工艺。将润滑脂样品均匀涂抹至试片表面，厚度控制在 $0.5\sim1.0\text{mm}$，避免气泡或局部堆积。

c. 静置处理。涂脂后的试片需在室温下静置 2h，消除操作应力，确保润滑脂与试片充分接触。

② 测试条件　将涂有润滑脂的试片置于 SRV 摩擦试验机中，设定接触压

力、振幅、频率和测试周期，模拟实际工况下的微动摩擦情况。

③ 观察与记录 在测试过程中，定期检查试片表面的状态，记录任何磨损或失效迹象。使用光学显微镜或扫描电子显微镜（SEM）进行详细分析，确保结果的准确性。具体操作如下：

a. 初步检查。用肉眼初步检查试片表面是否有明显的磨损或失效痕迹。

b. 显微镜分析。使用光学显微镜或扫描电子显微镜（SEM）对试片表面进行放大观察，精确测量磨痕直径。

c. 图像记录。拍摄详细的显微照片，作为后续分析和比对的依据。

④ 数据处理 根据磨痕直径进行评级。三次平行试验的极差应≤100μm，否则需检查样品均匀性和设备状态。

⑤ 数据分析 计算三次平行试验的平均值和极差，确保数据的一致性和可靠性。如果极差超过100μm，需重新检查样品的均匀性和设备的工作状态，必要时重新进行试验。

(3) SRV 试验与 ANSYS 有限元分析的协同应用

润滑脂 SRV 摩擦试验数据与 ANSYS 有限元分析的协同应用可通过多物理场耦合建模实现。具体结合路径包含以下四个关键步骤。

① 试验数据参数化提取 在 SRV 往复摩擦试验中，通过高精度传感器实时采集接触压力、摩擦系数动态变化曲线及温度场数据。特别需要提取三个核心参数：稳态阶段的平均摩擦系数 μ、摩擦副接触区域的应力分布模式以及摩擦温升梯度。这些数据经过滤波处理后，可转化为 ANSYS 有限元分析所需的边界条件参数集。

② 接触动力学模型构建 基于 ANSYS Workbench 平台建立三维接触模型时，需重点配置以下模块：在 Transient Structural 模块中定义摩擦副几何特征（球-平面接触半径）；材料库中导入试验材料的弹塑性本构模型（包含应变硬化参数）；接触属性设置界面摩擦系数 μ 的时变函数（引用 SRV 试验曲线）；热力耦合模块加载温度边界条件（初始温度与试验温升数据匹配）。

③ 多场耦合仿真验证 通过以下对比验证实现模型校准：动态摩擦力矩波形对比（仿真与试验波形相位比对）；磨痕形貌匹配度分析（使用 SEM 图像与仿真应力云图进行空间分布比对）；能量耗散率验证（试验测得的热功率与仿真焦耳热输出比对）。

④ 性能预测与优化 经校准的模型可拓展应用于：

a. 极端工况模拟（如瞬时过载200％工况下的摩擦突变预警）；

b. 润滑膜失效机理研究（识别边界润滑向混合润滑转变的临界载荷）；

c. 材料表面改性评估（通过修改模型中的涂层弹性模量参数预测耐磨性提升效果）；

d. 该集成方法使润滑剂选型验证周期缩短 40%，并通过仿真提前识别出传统试验中难以发现的次表面应力集中现象。这种虚实结合的技术路径正在成为润滑性能评估新范式。

2.7
低温转矩测试

试验名称：低温转矩测试。

试验方法：国内标准 SH/T 0338《滚珠轴承润滑脂低温转矩测定法》；国际标准 ASTM D1478《滚珠轴承润滑脂低温扭矩的标准试验方法》。

(1) 指标意义

低温转矩测试用于评估润滑脂在低温条件下的流动性和启动性能。该测试通过测量润滑脂在低温环境下的启动转矩和运转转矩，来评估其在低温条件下的润滑效果。良好的低温性能可以确保机械设备在寒冷环境下的正常启动和运行，避免因润滑不良导致的故障，适用于极寒环境下的机械设备，如冷藏运输车辆、极地科考设备等。此外，该测试还可以帮助选择适合其他低温环境的润滑脂，如冷冻设备使用的润滑脂需要具备优异的低温流动性，以应对极端的工作条件。如果润滑脂的低温性能不足，会导致启动困难和润滑不良，增加维护成本和停机时间。

(2) 试验步骤

① 样品准备　将润滑脂样品均匀涂抹在标准轴承上，确保厚度一致且无气泡。使用铜制刮刀将表面刮平，确保无不均匀现象。具体操作如下：

a. 试样选择。选用 6204 轴承，确保其表面光滑且无氧化层。

b. 涂脂工艺。将润滑脂样品均匀涂抹至轴承表面，厚度控制在 0.5～1.0mm，避免气泡或局部堆积。

c. 静置处理。涂脂后的轴承需在室温下静置 2h，以消除操作应力，保证润滑脂与轴承充分融合。

② 测试条件　将涂有润滑脂的轴承置于符合 SH/T 0338 标准的低温转矩测试仪中，设定温度范围为常温至 -73℃，并逐渐降低温度至 -50～-20℃。在每个温度点施加特定的拧紧扭矩，测量启动转矩和运转转矩。具体操作如下：

a. 环境设置。确保测试环境温度逐步降低，从室温降至 -50～-20℃ 范围内，每次变化幅度为 10℃，确保温度变化平稳。

b. 温度控制。在每个温度点停留足够时间（通常为 2h），以确保样品完全达到热平衡状态。

c. 扭矩施加。在每个温度点施加固定扭矩，记录启动转矩和运转转矩，确保数据准确无误。

③ 观察与记录　在测试过程中，检查轴承的启动和运转 $[(1\pm0.05)r/min]$ 情况，详细记录任何异常现象。具体操作如下：

a. 初步检查。用肉眼初步检查轴承是否有明显的卡滞或异常噪声。

b. 图像记录。拍摄详细的显微照片，作为后续分析和比对的依据。

④ 数据处理　根据启动转矩和运转转矩进行评级，三次平行试验的极差应 $\leqslant10\%$，否则需检查样品均匀性和设备状态。

⑤ 数据分析　计算三次平行试验的平均值和极差，确保数据的一致性和可靠性。如果极差超过 10%，需重新检查样品的均匀性和设备的工作状态，必要时重新进行试验。

2.8
热重分析（TGA）

试验名称：热重分析（TGA）。

试验方法：国内标准 GB/T 27761—2011《热重分析仪失重和剩余量的试验方法》；国际标准 ASTM E1131《热重分析标准试验方法》。

（1）指标意义

热重分析（TGA）是一种热分析技术，通过精确测量样品在受控温度变化下的质量变化，来评估润滑脂在高温条件下的热稳定性。通过 TGA 分析润滑脂在不同温度下的质量变化曲线，可以了解其在高温环境中的分解和挥发特性，从而评估其热稳定性。良好的热稳定性对于延长润滑脂的使用寿命至关重要，它有助于减少因高温引起的性能下降和失效风险。例如，润滑脂在高温环境下能够保持其基本性能，如稳定的黏度、氧化安定性和抗腐蚀性，这对于需要长期在高温环境下工作的机械设备，如工业炉、涡轮机等，是至关重要的。

选择具有良好热稳定性的润滑脂可以确保其正常运行，减少故障率和维护成本。

此外，通过相关测试，可以筛选出适用于极端高温环境的润滑脂，例如航天器使用的导热脂，它必须具备优异的热稳定性，以确保在极端工作条件下，如高达 1000℃以上的温度，仍能保持其性能，从而保障航天器关键部件的正常运作。

（2）试验步骤

① 样品准备　需将润滑脂样品均匀铺展于热重分析仪的样品盘内，保证样品量恰到好处且表面平坦无凹凸。使用铜制刮刀刮平表面，避免不均匀现象。具体操作如下：

a. 试样选择。选用符合标准的样品盘，确保其材质不会与润滑脂发生反应。

b. 涂脂工艺。将润滑脂样品均匀涂抹至样品盘中，厚度控制在 0.5～1.0mm，避免气泡或局部堆积。

c. 静置处理。涂脂后的样品需在室温下静置 2h，消除操作应力，确保润滑脂与样品盘充分接触。

② 测试条件　将样品盘置于热重分析仪中，设定温度范围为室温～600℃，升温速率为 10℃/min。测试时需维持氮气环境，确保测试结果不受空气中杂质干扰。具体操作如下：

a. 环境设置。确保测试环境温度从室温逐步升至 600℃，每次升温速率为 10℃/min，确保温度变化平稳。

b. 气氛控制。使用高纯度氮气作为保护气体，流速为 50mL/min，确保样品在无氧环境中进行测试，避免氧化干扰。

c. 时间控制。严格控制测试时间，确保每个温度点的数据充分稳定。

③ 观察与记录　在测试过程中，实时监测样品的质量变化，记录任何失重现象。使用光学显微镜或扫描电子显微镜（SEM）进行详细分析，确保结果的准确性。具体操作如下：

a. 初步检查。用肉眼初步检查样品是否有明显的失重或形态变化。

b. 显微镜分析。使用光学显微镜或扫描电子显微镜（SEM）对样品表面进行放大观察，记录任何分解或挥发迹象。

c. 图像记录。拍摄详细的测试过程照片和显微照片，作为后续分析和比对的依据。

④ 数据处理　根据样品的质量损失百分比进行评级。三次平行试验的极差应≤1%，否则需检查样品均匀性和设备状态。

⑤ 数据分析　计算三次平行试验的平均值和极差，确保数据的一致性和可靠性。如果极差超过 1%，需重新检查样品的均匀性和设备的工作状态，必要时重新进行试验。

2.9
轴承寿命试验

试验名称：轴承寿命试验。

试验方法：国内标准 SH/T 0428—2008《高温下润滑脂在球轴承中的寿命测定法》；国际标准 ASTM D3336《高温下滚珠轴承中润滑脂使用寿命的标准试验方法》。

（1）指标意义

轴承寿命试验的结果对于评估润滑脂在高温环境下的性能至关重要。通过该试验，可以了解润滑脂在不同工况下的抗磨损和抗氧化性能，从而为机械设备的选择和维护提供科学依据。例如，ASTM D3336测试通过提高操作强度以加速润滑脂的老化过程，从而测试润滑脂的高温性能。SKF ROF＋测试和DIN 51821测试也是评估润滑脂高温性能的有效方法。具体来说：

① 抗磨损性能　通过观察轴承的磨损情况，评估润滑脂在高温条件下的抗磨损能力。具备卓越抗磨损性能的润滑脂能显著降低轴承磨损，从而有效延长设备的使用寿命。

② 抗氧化性能　通过监测润滑脂在高温条件下的氧化程度，评估其抗氧化性能。抗氧化性能优良的润滑脂能够在高温环境下保持稳定的物理和化学性质，防止因氧化引起的性能下降。

③ 长期稳定性　通过长时间的测试，评估润滑脂在高温环境下的长期稳定性。具备出色长期稳定性的润滑脂能在长期运行过程中持续保持优异的润滑性能，确保设备稳定运转。

综上所述，轴承寿命试验不仅是评估润滑脂性能的重要手段，也是保障机械设备在高温环境下可靠运行的关键措施。通过严格的试验流程和科学的数据分析，可以为工业生产和设备维护提供有力支持。

（2）试验步骤

① 样品准备　选择6204型号的标准深沟球轴承，确保轴承尺寸和材质符合标准要求。具体操作如下：

a. 试样选择。选用标准的6204型号深沟球轴承，确保其尺寸和材质一致。

b. 涂脂工艺。将润滑脂样品均匀涂抹至轴承内部，避免气泡或局部堆积，确保润滑脂分布均匀。

c. 静置处理。涂脂后的轴承需在室温下静置2h，消除操作应力，确保润滑脂与轴承充分接触。

② 测试条件　将轴承安装在专用测试台上，设定转速为10000r/min，温度为100℃。在测试过程中，保持负荷与转速恒定，以模拟实际工况下高温高速的运行环境。具体操作如下：

a. 环境设置。确保测试环境温度湿度适中，避免外界因素干扰。

b. 转速控制。设定转速为10000r/min，确保转速稳定且均匀分布。

c. 负荷控制。施加轴向载荷22N和径向载荷67N。

d. 时间控制。严格控制测试时间，确保每个测试点的数据充分稳定。测试温度在149℃以下时轴承运转21.5h，停2.5h（同时停热降温）；测试温度在149℃以上时轴承运转20h，停4h（同时停热降温）。

③ 观察与记录　在测试过程中，定期检查轴承的运行状态，记录任何异常现象。通过振动传感器和温度传感器，对轴承的振动和温度变化进行监测，确保

测试数据的准确性。具体操作如下：

　　a. 初步检查。用肉眼初步检查轴承是否有明显的卡滞或异常噪声。

　　b. 振动检测。使用高精度振动传感器实时监测轴承的振动情况，确保数据准确无误。

　　c. 温度监测。使用温度传感器实时监测轴承的温度变化，确保数据准确无误。

　　d. 图像记录。拍摄详细的测试过程照片和曲线图，作为后续分析和比对的依据。

　　④ 数据处理　根据轴承的失效时间进行评级。三次平行试验的极差应≤10%，否则需检查样品均匀性和设备状态。

　　⑤ 数据分析　计算三次平行试验的平均值和极差，确保数据的一致性和可靠性。如果极差超过10%，需重新检查样品的均匀性和设备的工作状态，必要时重新进行试验。数据分析应结合图表和统计工具，以直观展示数据的变化趋势和差异。

(3) 润滑脂寿命失效讨论

　　润滑脂寿命通常以失效概率（如L10或L50）对应的小时数表示，但这种数值仅适用于特定测试条件，无法全面反映润滑脂的一般寿命特性。不同测试平台和条件下的结果可能差异显著。基于"阿伦尼乌斯温度"和"润滑脂寿命因子（GLF）"的模型，用于量化润滑脂寿命能力。该模型具有普适性，可在任何常用测试平台上应用，如FE9、ROF及其改进版本ROF＋。此外，模型与现有轴承寿命评估方法具有相似性，能够更准确地预测润滑脂在实际应用中的表现。

　　GLF定义为润滑脂在特定条件下提供长寿命的能力，其值与润滑脂质量直接相关。润滑脂寿命受多种因素影响，包括温度、载荷和速度。温度对寿命的影响可通过阿伦尼乌斯方程描述，每升高15℃，寿命通常减少一半。载荷和速度的影响则分别表现为指数关系和反比关系。此外，润滑脂体积也会影响寿命，通常建议填充轴承自由体积的30%左右以达到最佳效果。

　　润滑脂寿命的结束由其无法继续润滑轴承的时间点决定。如果氧化是唯一的降解机制，则润滑脂寿命将是确定的；但在其他降解机制共同作用下，这一过程变得更加随机。这归因于润滑脂流动的不均匀性，以及非线性流变学和三相流动（空气、润滑脂和出油）的影响。启动条件的微小变化也可能导致显著差异。因此，为了准确测量润滑脂寿命，需要运行多个轴承以确保数据的可靠性。

　　在实际应用中，润滑脂/轴承应在设计或选择的应用条件下长期运行。然而，这种方法会导致过长的检测时间，因此通常采用加速测试法。加速测试通常在高温条件下进行（但不能过高），随后将结果外推至真实环境。显然，只有当测试条件导致与实际环境中预期相同的失效模式时，这种方法才有效。如果润滑脂失效仅由氧化引起，则寿命蔓延较小（高温布尔斜率较低），此时 L10 较为准确。而在实际温度下，由于其他降解机制的作用，寿命蔓延更大。相比 L10，L50 的测试精度更高，并随测试样本数量增加而提升。通常情况下，一个测试包含 5 次失效，因此 L50 被用作润滑脂寿命的测量指标。

FE9 测试装置已在 DIN 51821 中标准化，使用角接触球轴承 7206，在纯轴向载荷 $F_a=6000N$ 和温度 $T=140℃$ 下以 6000r/min 运行。此外，还存在更高的温度测试条件。FE9 有两种变体：开式轴承（变体 A）和屏蔽轴承（变体 B）。由于屏蔽轴承更为常用且更适合润滑脂寿命测试。

ROF 试验装置尚未标准化，但它是第二常用的润滑脂寿命试验台，并已升级为 ROF＋。ROF 使用标准深沟球轴承 6204-2Z/C3，在轴向载荷 $F_a=0.1kN$ 和径向载荷 $F_r=0.05kN$ 下加载。ROF＋配置允许更高的负载（径向载荷可达 0.9kN，轴向载荷可达 1.1kN），并在 ROF 条件下兼容。与 FE9 类似，ROF＋和 FE9 均可在不同（受控）温度下运行。在单独测试中，5 个轴承运行至失效，ROF＋还包括 5 个额外的悬挂轴承。

ASTM D3336（POPE 测试）与 ROF 非常相似，使用的轴承和速度接近（6204，10000r/min），但测试条件随时间变化，且使用较多润滑脂（$3.2cm^3$ 相对于 ROF 的约 $1.4cm^3$）。

磨合过程可能影响润滑脂寿命。某些润滑脂对磨合更为敏感，这与其搅动/通道/清除特性有关。

每个润滑脂都有一个安全运行的温度范围，低温极限（LTL）由润滑脂硬度决定，高温极限（HTL）由增稠剂结构不可逆松散点决定。润滑脂寿命预测窗口较窄，仅在符合模型物理原理的条件下有效。低温性能限制（LTPL）由油分离停止的温度决定，高温性能限制（HTPL）由润滑脂基质失去保持油能力或过度泄漏的温度决定。

LTPL 和 HTPL 之间的温度范围称为"绿色区域"，在此区域内润滑脂寿命可根据机械和化学降解预测。润滑脂寿命遵循阿伦尼乌斯行为。测试时应确保温度处于绿色区域内，避免润滑机制偏离正常条件。阿伦尼乌斯温度可通过两个寿命测试计算得出。润滑脂寿命与无量纲载荷呈指数关系。润滑脂寿命与速度几乎成反比关系。

2.10
ANSYS 仿真分析

ANSYS 是一款功能强大的有限元分析（FEA）软件，广泛应用于润滑脂的力学仿真和性能预测。ANSYS 在润滑脂研究中的应用包括以下内容。

① 应力应变分析　通过建立润滑脂的三维模型，ANSYS 可以模拟润滑脂在不同工况下的应力应变分布，评估其抗剪切能力和热稳定性。

② 流变特性预测　利用 ANSYS 的流体动力学模块，可以预测润滑脂在剪切过程中的流动行为，优化其流变特性。例如，通过模拟不同剪切速率下的黏度变化，可以指导润滑脂配方的设计。

③ 寿命预测　结合韦布尔分布模型，ANSYS 可以预测润滑脂在长期使用中的寿命，为设备维护计划提供科学依据。

这些技术不仅能够深入解析润滑脂的微观结构和化学组成，还能全面评估其在不同工况下的摩擦学性能，为高性能润滑脂的研发提供了强有力的支持。

第**3**章
通用润滑脂专利

3.1
概述

3.1.1 近年来全球润滑脂产量

根据 2021 年的全球润滑脂市场调研，全球共有 263 个润滑脂生产企业参与了产量调查。中国有 73 个生产企业参加了 2021 年全球润滑脂产量的调查工作。统计结果表明，2021 年，全球润滑脂产量略高于 2020 年，达到 1.186×10^6 t；中国润滑脂总产量为 4.512×10^5 t，比 2020 年高 27494.322t；在中国，6 家外资企业生产的润滑脂总量达到了 3.823×10^4 吨，相较于 2020 年增长了 3050.506t，创下了历史新高。

3.1.2 全球润滑脂结构

按稠化剂、基础油类型统计的 2019～2021 年全球润滑脂产量及其比例结果见表 3-1。按稠化剂结构，润滑脂可划分为铝基润滑脂、复合铝基润滑脂、水化钙基润滑脂、无水钙基润滑脂、磺酸盐复合钙基润滑脂、复合钙基润滑脂、锂基润滑脂、复合锂基润滑脂、钠基润滑脂、其他金属盐皂基润滑脂、聚脲基润滑脂、膨润土润滑脂和其他非皂基润滑脂。润滑脂常用的基础油可分为矿物油、合成油、半合成油、生物质油。由表 3-1 可以看出，全球锂基/复合锂基润滑脂所占比例约为 70%，无水钙基润滑脂占比呈现上升趋势。全球润滑脂仍以矿物油为主，全球矿物油润滑脂所占比例为 87% 左右；生物质油润滑脂在全球所占比例低于 1%。

表 3-1　2019～2021 年全球润滑脂产量及其比例

项目	供应润滑脂基础油产量/t			所占比例/%		
	2021 年	2020 年	2019 年	2021 年	2020 年	2019 年
铝基润滑脂	1598.449	1131.224	3038.164	0.135	0.10	0.25
复合铝基润滑脂	42790.857	36300.353	39131.220	3.61	3.26	3.24
水化钙基润滑脂	30241.983	29536.098	52635.646	2.55	2.65	4.36
无水钙基润滑脂	99719.166	79012.581	67346.708	8.41	7.10	5.58
磺酸盐复合钙基润滑脂	50047.583	44966.493	44575.696	4.22	4.04	3.69
复合钙基润滑脂	8808.075	8233.532	10672.06	0.74	0.74	0.885
锂基润滑脂	579183.605	567743.59	601760.835	48.82	50.99	49.87
复合锂基润滑脂	240051.994	222798.166	243152.021	20.23	20.01	20.15
钠基润滑脂	3932.93	3076.739	4806.961	0.33	0.28	0.40
其他金属盐皂基润滑脂	16066.352	10650.0	12935.632	1.355	0.96	1.07
聚脲基润滑脂	70515.816	70507.501	74643.819	5.94	6.33	6.19
膨润土润滑脂	24127.814	22037.486	26880.261	2.03	1.98	2.23
其他非皂基润滑脂	19316.129	17368.113	25143.344	1.63	1.56	2.085
合计	1186400.753	1113361.946	1206722.367	100	100	100

项目	供应润滑脂基础油产量/t			所占比例/%		
	2021 年	2020 年	2019 年	2021 年	2020 年	2019 年
矿物油	886646.871	817902.661	867212.248	87.66	87.84	86.59
合成油	63467.453	56494.602	74357.874	6.28	6.07	7.42
半合成油	50707.784	48885.814	51277.002	5.01	5.25	5.12
生物质油	10586.475	7853.872	8668.741	1.05	0.84	0.87
按照基础油分类合计	1011408.583	931136.949	1001515.865	100	100	100

3.1.3　润滑脂关键原材料市场分析

锂是一种重要的金属元素，在储能、电动汽车和无线设备中有着广泛的应用。锂化合物还被广泛应用于玻璃、搪瓷、陶瓷工业、润滑脂、医药产品以及铝生产等多个领域。由于锂在大多数应用中无法被替代，预计锂的年需求量将稳步增长 8%～11%。此外，据预测，电动汽车产量的增加将成为锂需求增长的主要驱动因素。根据《2021～2027 年中国锂矿行业市场研究分析及发展趋势预测报告》显示，自 2000 年以来，全球锂产量整体呈增长趋势。特别是 2015 年之后，随着新能源汽车行业的快速发展，全球锂产量显著增长，2016～2018 年三年间锂产量增长率高达 150%。2015 年，电池行业锂消费占全球锂总消费量的 35%，成为锂消费的最大领域。

可交易产品生产中最重要的锂化合物为 Li_2CO_3，2015 年市场份额达 46%。次要但日益重要的是 LiOH（19%）。这两种锂化合物占据了约 2/3 的市场份额。

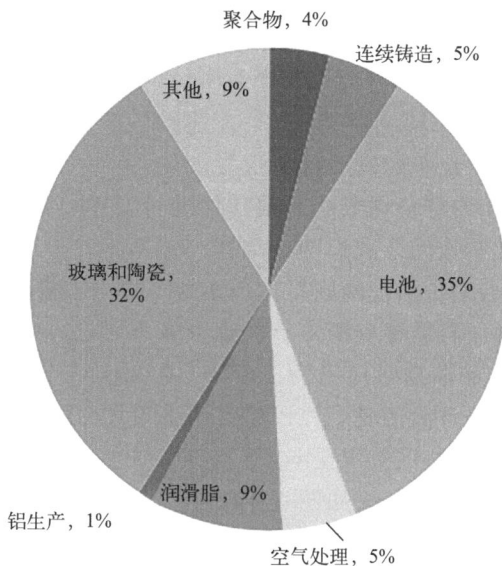

图 3-1　锂的应用领域

锂的应用范围很广。绝大多数每年提取的锂（35%）用于电池消耗，其次是玻璃和陶瓷应用（32%）。其他重要应用包括润滑脂，占 9% 的份额，连续铸造和空气处理各占 5%，聚合物生产占 4%，铝生产占 1%。进一步的工业应用（9%）包括消毒、有机合成、建筑、制药、合金和醇酸树脂等其他次要最终用途（图 3-1）。

随着全球主要国家和地区"碳中和"目标的确定，新能源汽车、电化学储能等行业迅猛发展，锂资源在电池领域的应用比例持续攀升，至 2021 年已高达 74%，而其在润滑脂领域的份额则相应缩减，这一趋势在全球及中国锂基润滑脂占比的持续下滑数据中得到了印证。

锂资源主要分布在南美"锂三角"，其中玻利维亚、阿根廷和智利三国的锂资源量占全球的 60% 左右。根据美国地质调查局的统计，2021 年全球锂资源总量为 8860 万吨，其中玻利维亚、阿根廷和智利的锂资源储量分别为 2100 万吨、1900 万吨和 980 万吨，分别占比约 23.7%、21.4% 和 11.1%。此外，澳大利亚和美国也是锂资源储量较大的国家，分别占全球锂资源的 19.9% 和 10.2%。中国在全球锂资源储量中占比 5.7%，位列第六。

从供应角度看，2021 年全球锂资源供给量约为 10 万吨。2020 年全球锂资源供给以矿石锂为主的大洋洲占据供应主体，而以盐湖锂为主的南美地区仅占全球总产量的 28%。我国盐湖锂资源储量占比超过 80%，主要集中于青海和西藏，其中位于青海的察尔汗盐湖储量最大。但我国大部分盐湖卤水品位低、镁锂比高，开采难度较大，与中国市场的需求预期相比，锂资源仍显匮乏。

在"双碳"目标下，我国新能源汽车得以快速发展，按照《新能源汽车产业发展规划（2021～2035 年）》，2025 年我国新能源汽车销售量要达到乘用车总销售量的 20%。2021 年全球新能源汽车销量 650 万辆，同比增长 108%；中国新能源汽车销售 352 万辆，同比增长 166%，连续 7 年保持全球第一。氢氧化锂/碳酸锂的价格与新能源汽车的发展密切相关。

在 2016～2018 年的涨价周期中，碳酸锂的价格中枢约为 14.5 万元/吨，此轮涨价的逻辑在于政策推动导致短期冶炼端产能不足，进而引发锂盐价格上涨。而 2020 年下半年开启的价格上涨则是由下游需求主导，新能源车的爆发性增长带来上游锂资源短缺。目前锂资源库存较低，预计 2026～2027 年全球锂总需求量为 1796～2045kt，而同期供应量为 2095～2389kt，未来几年内，锂市场将处于震荡期。因此，可以预见的是，锂市场将面临较大的波动。截至 2022 年年底，碳酸锂/氢氧化锂现货价格已暴涨至 60 万元/吨。2024 年以来，锂价格回落至 10 万元/吨以内，价格波动较大（如图 3-2 所示）。根据生意社大宗榜数据显示，2022 年 1 月 1 日国内工业级氢氧化锂企业均价为 216666.67 元/吨，截至 12 月 22 日均价 553333.31 元/吨，年内涨幅达 155.38%。这一显著的价格上涨导致锂基润滑脂成本显著增加，例如，氢氧化锂价格每增加 1 万元，锂基润滑脂成本将增加 120 元。至 2022 年末，锂基润滑脂成本较 2020 年增加 6000 元/吨，对行业造成重大影响。国内外润滑脂制造企业应对策略不同。

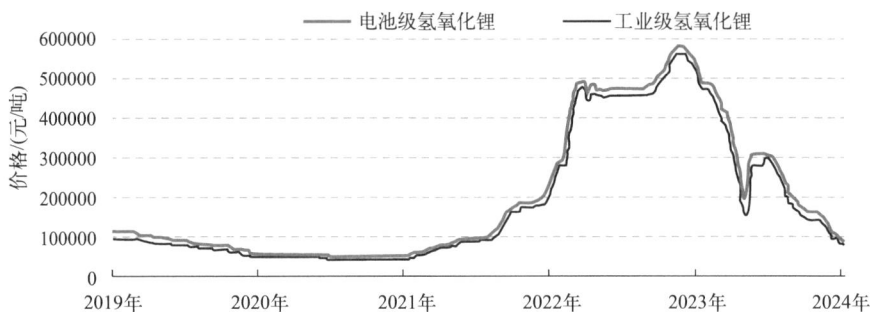

图 3-2　氢氧化锂价格变化趋势

3.1.4　润滑脂稠化剂结构调整初探

2020 年全球锂基润滑脂所占比例为 50.99%，氢氧化锂价格约 5 万元/吨，2022 年氢氧化锂价格涨至 48 万元/吨，造成锂皂润滑脂的成本大幅上涨，全球锂基润滑脂所占比例下降至 48.82%。

从我国"双碳"目标看，新能源汽车、电化学储能领域的高速发展已经成为事实，并将成为未来工业发展的重点领域之一，其对锂资源的需求量以及价格容忍度都是润滑脂行业无法比拟的。尤其是通用型锂基润滑脂大多应用于低端制造业或一般工业用途，受使用成本限制，大幅涨价产业链较难接受，因此未来寻找替代锂系列润滑脂成为当下以及未来几年的工作重点。

3.2
通用锂钙润滑脂专利

3.2.1 特殊锂基润滑脂

(1) 技术难点

随着机械技术（例如汽车或电气设备）的进步，工作条件需适应更高的温度，且在设备小型化、轻量化及提升输出功率方面的要求日益严格。因此，为满足高温环境下设备性能改善的需求，研究人员开发了具有高滴点和优异热稳定性的润滑脂组合物，以应对高温应用中对润滑脂性能的严苛要求。

除需在高温下性能卓越外，润滑脂还需满足对人体安全、生产环境负担小等需求。为此，需开发符合这些要求的润滑脂。使用锂复合皂或脲作为增稠剂的润滑脂组合物展现出优异的滴点和耐热性能。

以锂皂基为增稠剂的润滑脂组合物包含单羧酸锂盐、芳香族二元酸锂盐和脂肪族二元酸锂盐的复合物，其滴点高于普通锂基润滑脂，且适用温度范围更广。然而，锂作为锂基润滑脂的主要原料，也广泛用于其他领域，未来可能面临资源短缺或成本上升的风险。此外，复合锂润滑脂存在生产工艺复杂、反应需分两阶段进行导致耗时较长的问题。

聚脲润滑脂虽可长期耐高温使用，但其原材料胺类化合物（如苯胺）具有剧毒，生产时需采取特殊防护措施，存在安全隐患。从安全性和环保角度考量，以锂皂或脲为增稠剂的润滑脂组合物并非理想选择，且生产成本较高。

以钙皂为增稠剂的润滑脂，其滴点和耐热性通常低于锂基、复合锂基或脲基润滑脂，难以满足当前工况需求。高滴点钙复合润滑脂采用含二元酸与脂肪酸钙盐的钙皂作为增稠剂，但存在增稠剂用量不足时稠度难以保持、原材料二元酸（如对苯二甲酸）形态受限等问题，且对苯二甲酸需在120℃高温下引入生产环节。

(2) 解决方法

通过添加特定高级脂肪酸、低级脂肪酸及芳香族单羧酸，结合锂皂与钙皂，开发出一种热稳定性优异、滴点高、剪切稳定性良好且轴承寿命长的润滑脂组合物。该配方可解决上述问题，其性能等同于或优于锂皂/脲基润滑脂。

（3）关键原料特性

① 增稠剂

- 氢氧化钙：纯度 96.0% 的特级试剂。
- 氢氧化锂：纯度 98.0% 的氢氧化锂一水合物特级试剂。
- 硬脂酸：C18 直链烷基饱和脂肪酸，纯度 95.0% 的特级试剂。
- 山嵛酸：C22 直链烷基饱和脂肪酸，纯度 99.0% 的试剂。
- 苯甲酸：纯度 99.5% 的特级试剂。
- 对甲基苯甲酸：对位甲基取代的苯甲酸，纯度 98.0% 的特级试剂。
- 乙酸：C2 烷基脂肪酸，纯度 99.7% 的特级试剂。
- 丁酸：C4 烷基脂肪酸，纯度 98.0% 的特级试剂。
- 甲酸：C1 烷基脂肪酸，纯度 98.0% 的特级试剂。

② 基础油

- 基础油 A：1 类石蜡基矿物油（脱蜡溶剂精制），100℃动力黏度 11.25mm²/s，黏度指数 97。
- 基础油 B：4 类聚 α-烯烃，100℃动力黏度 6.34mm²/s，黏度指数 136。
- 基础油 C：3 类高度加氢精制石蜡基矿物油，100℃动力黏度 7.603mm²/s，黏度指数 128。
- 基础油 D：3 类费托合成 GTL 油，100℃动力黏度 7.77mm²/s，40℃动力黏度 43.88mm²/s，黏度指数 148。

（4）典型润滑脂配方（表 3-2）

表 3-2　典型特殊锂基润滑脂配方　　　　单位：%（质量分数）

物料名称	实施例					
	1	2	3	4	5	6
氢氧化钙	3.56	4.81	3.97	3.97	3.92	3.59
氢氧化锂	0.23	0.30	0.23	0.23	0.50	0.22
硬脂酸	11.15	14.14	—	—	—	—
山嵛酸	—	—	10.13	10.13	12.82	12.12
苯甲酸	0.96	—	1.79	1.79	2.14	2.24
对甲基苯甲酸	—	1.75	—	—	—	—
乙酸	3.10	3.80	3.15	3.15	3.13	—
丁酸	—	—	—	—	—	2.85
甲酸	—	—	—	—	—	—
基础油 A	81.00	75.20	80.73	20.73	77.49	78.98

物料名称	实施例					
	1	2	3	4	5	6
基础油 B	—	—	—	20.00	—	—
基础油 C	—	—	—	20.00	—	—
基础油 D	—	—	—	20.00	—	—
总量	100.00	100.00	100.00	100.00	100.00	100.00

（5）制备方法

基础油 A、硬脂酸、苯甲酸和乙酸，在润滑脂制造容器中混合，所述混合物加热到 90℃ 并溶解。接下来，将预先溶解和分散在适量蒸馏水中的氢氧化钙和氢氧化锂装入所述容器。在这时，各种羧酸与所述氢氧化钙和氢氧化锂经历皂化反应，在所述基础油中缓慢形成皂，所生成的产物进一步加热和脱水以形成润滑脂增稠剂。完成脱水之后，所述润滑脂加热到高于 200℃ 的温度，彻底搅拌和混合，并冷却至室温。此后，使用三辊式磨机以获得具有适当稠度的均匀润滑脂。

（6）典型锂基润滑脂理化数据（表 3-3）

表 3-3　典型特殊锂基润滑脂理化数据

测试项目	实施例					
	1	2	3	4	5	6
锥入度/0.1mm	255	236	225	240	269	259
滴点/℃	>260	>260	>260	>260	>260	221
氧化安定性试验(99℃,100h)/kPa	15	20	15	10	15	20
滚动安定性试验(室温,24h)/0.1mm	310	318	240	277	302	320
轴承寿命测试(150℃)/h	520	400	620	660	480	420

（7）产品应用领域

适用于一般机械设备的滚动轴承和滑动轴承及其他摩擦部位的润滑，锂基润滑脂具有高滴点和优异的剪切稳定性，表现出长轴承寿命。其耐高温性能和抗剪切性使其成为在高温环境下工作的理想选择，同时，良好的耐水性和机械稳定性确保了在各种工作条件下的高效润滑。

（8）产品特点

该产品由特定高级脂肪酸、特定低级脂肪酸和特定芳族单羧酸锂-钙皂稠化精制矿物油，加抗氧、防锈等添加剂制成，可取代钙基、钠基、锂基和聚脲润滑脂。产品适用于多种润滑方式，1 号润滑脂可用于集中润滑系统，2、3 号润滑脂可用于手工注脂方式。通用性强，具有优良的机械安定性和氧化安定性；良好的抗水淋性和防锈性，可应用在潮湿及与水接触的机械部件上。

3.2.2　特殊钙基润滑脂

（1）技术难点

① 随着工程技术（如车辆和电子设备领域）的持续发展，各类设备已逐步实现小型化、轻量化且功率输出显著提升，同时操作温度范围扩大，工况条件更加严苛。因此，现代设备对润滑脂提出了更高要求，需要其在高温环境下具备改良性能，开发具有高滴点及优异热稳定性的润滑脂组合物成为重要研究方向。通过改进锂皂或脲类增稠剂制备的复合锂基润滑脂组合物，其滴点可超过260℃，展现出卓越的耐热性能。

② 锂络合皂基润滑脂相较于传统锂基润滑脂具有更高的滴点与更宽泛的使用温度范围，其成分包含脂肪族单羧酸锂盐、芳香族二元酸锂盐和脂肪族二元酸锂盐。值得注意的是，锂资源不仅广泛应用于润滑脂领域，新能源等其他产业对锂的需求也持续增长。随着全球锂需求激增，业界对锂资源可持续性的担忧加剧，可能导致市场价格波动。此外，锂络合润滑脂的生产工艺需分步进行两类脂肪酸反应，存在流程复杂、耗时较长的技术瓶颈。

③ 脲基润滑脂（尤其是采用聚脲稠化剂的产品）在高温工况下可提供长效稳定润滑。因其不含金属离子，有效避免了金属催化作用对基础油的影响，从而具备优异的高温稳定性和轴承耐久性。实验数据显示，聚脲润滑脂在160℃环境下可长期稳定运行，甚至能在200℃下用于中负荷轴承时保持性能。但需特别指出，其原料中苯胺等胺类化合物具有高毒性，生产过程需执行严格的安全防护措施。

④ 从滴点与耐热性角度评估，钙基润滑脂虽具备良好的耐水性和剪切安定性，但其耐热性明显不足——典型滴点范围为75～100℃，且在高温条件下易发生稠度衰减。相较之下，锂基润滑脂（特别是12-羟基硬脂酸锂皂稠化型）具有更高的滴点与更优异的机械安定性，可适应更宽温度范围与严苛工况。因此，钙基润滑脂已难以满足现代工业对润滑性能的进阶需求。

⑤ 钙络合润滑脂采用高级脂肪酸与低级脂肪酸的钙络合皂作为增稠剂，旨在满足高性能润滑需求。其中，以二元酸与脂肪酸钙盐为增稠剂的配方可实现高滴点特性。然而，该体系存在显著技术局限：当增稠剂添加量不足时，难以维持理想稠度；且特定原料（如对苯二甲酸）的引入需在120℃高温条件下完成，导致工艺复杂化。特别是对苯二甲酸的应用限制，进一步制约了该类型润滑脂的发展。

（2）解决方法

通过使用含有特定的高级脂肪酸、特定的低级脂肪酸和特定的芳香族脂肪酸的钙皂。其中具有 18～22 个碳原子的取代或未取代的直链高级单脂肪酸、具有取代或未取代的苯环的芳香族单脂肪酸和具有 2～4 个碳原子的直链饱和低级单脂肪酸被用作钙络合皂中的脂肪酸。润滑脂的滴点通常在 180℃ 以上，甚至可达320℃，这表明其具有高滴点特性，能够维持合适的稠度，即使在增稠剂用量较低的情况下也能保持良好的高温性能。与锂基润滑脂和脲基润滑脂相比，实现了安全、环保和低成本的效果。

（3）关键原料特性

① 增稠剂

- 氢氧化钙：特级，纯度 96.0％。
- 硬脂酸：在烷基链内具有 18 个碳原子的直链饱和脂肪酸，纯度 95.0％。
- 油酸：在烷基链内具有 18 个碳原子的直链不饱和脂肪酸，纯度约 60.0％。
- 二十二烷酸：在烷基链内具有 22 个碳原子的直链饱和脂肪酸，纯度 99.0％。
- 苯甲酸：特级，纯度 99.5％。
- 对甲苯酸：特级，在对位上具有甲基的苯甲酸，纯度 98.0％。
- 乙酸：特级，具有 2 个碳原子的烷基脂肪酸，纯度 99.7％。
- 丙酸：特级，具有 3 个碳原子的烷基脂肪酸，纯度 98.0％。
- 丁酸：特级，具有 4 个碳原子的烷基脂肪酸，纯度 98.0％。

② 基础油

- 基础油 A：矿物油，运动黏度，在 100℃ 下 $11.25mm^2/s$，黏度指数 97。

（4）典型润滑脂配方（表 3-4）

表 3-4　典型润滑脂配方　　　　　　单位:％（质量分数）

项目	实施例						
	1	2	3	4	5	6	7
氢氧化钙	3.99	3.99	4.33	3.57	4.32	2.16	1.30
硬脂酸	10.88		10.87	10.22			
油酸		10.88					
二十二烷酸					9.66	4.83	2.89
苯甲酸	1.00	1.00		2.69	1.95	0.98	0.59
对甲苯酸			1.00				
乙酸	3.48	3.48	3.42		3.42	1.71	1.03
丁酸				2.70			
全部增稠剂	19.35	19.35	19.62	19.18	19.35	9.68	5.81
基础油 A	80.65	80.65	80.38	80.82	80.65	90.32	94.19
组成总计	100.00	100.00	100.00	100.00	100.00	100.00	100.00

（5）制备方法

将基础油作为原材料和硬脂酸、乙酸和苯甲酸置于润滑脂生产罐内并加热到 90℃，使罐内物质充分熔融。接下来，将事先溶解或分散在蒸馏水中的适量氢氧化钙加入罐内。此处脂肪酸和氢氧化钙发生皂化反应，从而在基础油内逐渐生成皂，随后加热以完成脱水并形成润滑脂增稠剂。在完成脱水之后，将温度升高至 200℃，通过剧烈搅拌进行混合，随后让混合物冷却至室温。然后使用三辊研磨机获得具有适当稠度的均匀润滑脂。

（6）典型润滑脂理化数据（表 3-5）

表 3-5　典型润滑脂理化数据

测试项目	实施例						
	1	2	3	4	5	6	7
颜色	浅黄色	浅黄色	浅黄色	浅黄色	浅黄色	浅黄色	浅黄色
锥入度/0.1mm	247	288	307	271	242	374	408
稠度等级	No.3	No.2	No.1.5	No.2	No.3	No.0	No.00
滴点/℃	>260	>260	>260	211	>260	>260	241
蒸发损失/%	3.95	3.33	3.37	3.34	3.90	5.12	6.54

（7）产品应用领域

适用于一般机械设备的滚动轴承和滑动轴承及其他摩擦部位的润滑，具有高滴点和优异的剪切稳定性。

（8）产品特点

该产品采用特定高级脂肪酸、特定低级脂肪酸和特定芳香族单羧酸钙皂稠化精制矿物油，并添加了抗氧化和防锈等添加剂。根据 GB/T 7323—2019 标准，该润滑脂的滴点至少为 180℃，确保了其在高温条件下的稳定性和适宜的稠度。产品适用于多种润滑方式，实施例 1 中润滑脂可用于集中润滑系统，实施例 2、3 中润滑脂可用于手工注脂方式。产品通用性强，具有优良的机械安定性和氧化安定性；良好的抗水淋性和防锈性，可应用在潮湿及与水接触的机械部件上。

3.2.3　锂基润滑脂

（1）技术难点

① 润滑的主要目的是分离相互之间作相对运动的固体表面，以最大程度减少摩擦和磨损。润滑脂用于有重压存在的地方，该处不希望有油从轴承流淌或是接触面的运动不连续因而难以在轴承中保持住隔离膜。由于设计的简化、密封需

求的降低以及维护成本的减少，润滑脂在电机滚珠轴承和滚柱轴承、家用电器、汽车轮轴承、机床以及飞机附件的润滑中，几乎成为了首选。

② 二硫化钼与某些二烷基二硫代磷酸锌相组合，比单独使用这两种添加剂时的磨损更大。很明显，这种相反的作用会使这样的添加剂组合对于降低摩擦水平失去有效性。

（2）解决方法

使用组合的二硫化钼和二硫代磷酸金属盐，再加入环烷酸锌，可提升低摩擦性能。这种组合在掺入润滑脂并用于等速接头时，可使接头在低温下运行，同时实现车辆驱动轴的恒定装配角设计，并/或缩小接头尺寸。

（3）关键原料特性

① 增稠剂

• 9.15% 氢化蓖麻油，1.12% LiOH·H_2O，以 6～7℃/min 的速度冷却。

• 9% 氢化蓖麻油，1.3% LiOH·H_2O，以 1℃/min 的速度冷却。

② 基础油

• P：MVIN 170（80%），HVI 170（5%），HVI 105（15%）。

• Q：HVI 160B（75%），HVI 650（25%）。Shell 公司以"HVI"或"MVIN"牌号出售的矿物基础油。

③ 添加剂

• ZNDTP（1）：二（4-甲基-α-戊基）二硫代磷酸锌。

• ZNDTP（2）：二异丁基二硫代磷酸锌。

• K：Manchem 8% Zn（60% 环烷酸锌，40% 矿油）。

• X：PAN（苯基 α-萘胺）。

• 工业级环烷酸锌。

• 二硫化钼。

（4）典型润滑脂配方（表 3-6）

表 3-6　典型润滑脂配方　　　　　　单位：%（质量分数）

项目	实施例							
	1	2	3	4	5	6	7	8
锂基脂增稠剂	9	9	9	9	9	9	9	9
矿物基础油	余量	余量	余量	余量	余量	余量	余量	余量
二硫化钼	3	3	3	3	3	3	3	3
ZNDTP(1)	1	1	1	1	2	1	3	—
ZNDTP(2)	—	—	—	—	—	1	—	1.2

项目	实施例							
	1	2	3	4	5	6	7	8
工业级环烷酸锌	2.0	0.5	1.0	4.0	2.0	2.0	2.0	2.0
K	1.2	0.3	0.6	2.4	1.2	1.2	1.2	1.2
苯基 α-萘胺	0.5	0.5	0.5	0.5	0.5	0.5	0.5	0.5

(5) 制备方法

向冷基础油中的氢化蓖麻油或氢化蓖麻油脂肪酸中加入 LiOH·H_2O 和水（1 份 LiOH·H_2O：5 份水）的浆液，并在密封的高压釜中将混合物加热至 150℃，从而制备锂皂润滑脂 A、B。排放出蒸汽后，继续加热至 220℃，冷却反应物并进行均质化处理。

(6) 典型润滑脂理化数据（表 3-7）

表 3-7　典型润滑脂理化数据

项目	实施例							
	1	2	3	4	5	6	7	8
摩擦系数(300N,100℃)	0.046	0.054	0.048	0.073	0.068	0.073	0.070	0.049

所有的摩擦测定均使用 Optimol Instruments 公司的往复式 SRV 摩擦测试仪，测试结构是用一个 10mm 的球置于一平的磨光表面上。以负荷（200～500N）和温度（40～100℃）范围改变测试条件，整个试验使用的往复频率为 50Hz，行程为 1.5mm。在固定的测试条件下操作 2h 后记录摩擦系数。

(7) 产品应用领域

用于等速万向节（如球笼式等速万向节）的润滑脂润滑。

(8) 产品特点

该产品采用硬脂酸锂稠化精制矿物油并加有抗氧防锈剂、二硫化钼、二硫代磷酸金属盐和环烷酸锌等添加剂制成，可以在很大程度上降低摩擦系数。

3.2.4 低成本润滑脂

(1) 技术难点

近年来，社会经济的快速发展带动了汽车工业的进步，改善了人们的生活。随着消费能力的提升，消费者在选择和购买汽车时，汽车内部气味也成为消费者评价汽车舒适性的重要感官指标之一。然而，在汽车内饰中，润滑脂作为不可或缺的材料，往往带有一定的气味，这不仅可能引发汽车内部空气污染问题，还会在一定程度上削弱消费者的感官享受。即便有一些润滑脂可能气味较低，但却价格昂贵。因此，改进现有润滑脂的制备工艺显得尤为重要。

（2）解决方法

该方案采用成本低廉的原料，制备周期短，所需最高温度低，从而有效降低了润滑脂的生产成本，使得最终产品价格更加实惠。有利于以较低成本在符合润滑脂其他性能指标的同时减少润滑脂的气味、降低汽车内部等空间空气污染的风险。

（3）关键原料特性

① 增稠剂　由十二氢基硬脂酸、硬脂酸、PTFE、二氧化硅、壬二酸、氢氧化锂反应制得。

② 基础油

- PAO 1300/40：40℃黏度 1300mm^2/s。
- PAO 400/40：40℃黏度 400mm^2/s。

③ 添加剂

- 抗氧剂：二辛基二苯胺。
- 抗氧化剂：2,6-二叔丁基苯酚。
- 防锈剂：磺酸钙。
- 防锈剂：癸二酸钠。

（4）典型润滑脂配方（表3-8）

表3-8　典型润滑脂配方　　　　　　单位:%（质量分数）

物料名称	实例1	实例2	实例3	实例4	对比例1	对比例2
十二羟基硬脂酸	14.38	6.1		6.1	15	6.1
硬脂酸			8.5			
PTFE			4			
二氧化硅				4		
壬二酸		3.1		3.2		3
氢氧化锂	2.12	2.3	1.5	2.1	2.2	2.3
PAO	81.4	86.7	83.6	84.1	80.8	86.7
二辛基二苯胺	2	2		1	2	2
2,6-二叔丁基苯酚			2			
磺酸钙	1.5				1.5	
癸二酸钠		1.5	1.5	1		1.5

（5）制备方法

① 锂基润滑脂制备　将反应釜中的聚 α-烯烃（PAO）加热升温至 90～95℃。将十二羟基硬脂酸溶于 PAO 中，搅拌均匀。在 90～95℃缓慢加入一水合氢氧化锂的水溶液，恒温搅拌大约 30min，进行皂化反应，得到中间产物。关闭反应釜的通气阀，进行缓慢的抽气，将釜内压力降低到 −0.2～0.3bar（1bar＝10^5Pa），在 100～105℃搅拌 1～2h，对中间产物除水。在此期间，需定期取样检测样品的水含量，以监控反应釜内的水汽状况，直至水含量降至 0.02%（质量分数）以下，方可获得中间产物。在中间产物中加入抗氧化剂、PAO，降低温度到 60℃以下，加入防锈剂，搅拌均匀，混合得到润滑脂。制备时间共计 6～7h，其间最高温度为 105℃。

② 复合锂润滑脂制备　将反应釜中的 PAO 加热升温至 100～110℃，将十二羟基硬脂酸、壬二酸两种有机酸溶于 PAO 中，搅拌均匀。在 105～110℃缓慢加入一水合氢氧化锂的水溶液，恒温搅拌大约 30min，进行皂化反应，得到反应产物。关闭反应釜的通气阀，进行缓慢的抽气，将釜内压力降低到 −0.2～0.3bar，在 105～110℃搅拌 1～2h，除水。取样后检测样品的水含量，并观察釜内水汽状况，待水含量达到 0.03%（质量分数）时，即可获得中间产物。将抗氧化剂及 PAO 加入中间产物中，待温度降至 60℃以下后，再加入防锈剂并搅拌均匀，最终混合得到润滑脂。制备时间共计 6～7h，其间最高温度为 110℃。

（6）典型润滑脂理化数据（表 3-9）

表 3-9　典型润滑脂理化数据

测试项目	示例 1	示例 2	示例 3	示例 4	对比例 1	对比例 2
工作锥入度/0.01mm	316	340	336	320	265	282
铜片腐蚀(100℃,24h)	1	1	1	1	1	1
EMCOR 腐蚀	0	0	0	0	0	0
流压/mbar①	625	425	525	650	875	700
挥发损失/%	1.5	1.4	2	1.6	1.3	1.5
滴点/℃	214	250	213	250	189	250
分油率(100℃,30h)/%	2.5	2.8	2.5	1.8	3.5	2.2
分油率(40℃,168h)/%	3.1	3.5	3.5	2.2	3.5	3
静态抗水(90℃,3h)	1	0	1	0	0	0
四球烧结/N	1200	2100	1400	2200	1500	1800
气味测试(VS-00.28-L-06021)	2.7	2.4	2.7	2.5	3.5	3.3
气味测试(VDA270)	2.8	2.5	2.8	2.7	3.7	3.7

① 1mbar＝100Pa。

（7）产品应用领域

应用于汽车内饰等部位的润滑。

（8）产品特点

该产品采用脂肪酸锂皂稠化精制矿物油，加入抗氧剂、防锈剂等添加剂制成，使该产品有利于以较低成本在使润滑脂符合其他性能指标的同时，减少润滑脂的气味、降低汽车内部等空间内空气污染的风险等。

3.2.5 复合锂基润滑脂制备工艺研究

（1）技术难点

虽然已通过连续皂化法工艺制备若干简单的锂基润滑脂，但采用壬二酸或二甲基壬二酸作为络合剂的连续皂化法制备的锂复合润滑脂仍表现出较差的结构稳定性，机械效率、十万次剪切测试结果也不理想。

（2）解决方法

连续润滑脂制造工艺是皂化材料与皂化区中的金属碱水溶液在皂化反应温度和高于大气压的压力条件下反应，生成皂化反应产物。反应温度需低于皂液溶化温度。皂化反应产物经减压装置处理，使其中的水分瞬间蒸发。随后，产物通过换热器加热至脱水温度，并进入脱水区生成脱水皂化产物。脱水皂化反应产物的一部分通过剪切阀循环回路进行处理，以对其中包含的皂进行预处理。然后将润滑油添加到回收的脱水皂化反应产物中以制备润滑脂产物。

（3）关键原料特性

① 增稠剂 复合锂基润滑脂。

② 基础油 40℃黏度为105cSt。

③添加剂 极压添加剂、抗氧化剂、防锈添加剂、缓蚀剂、染料、抗磨添加剂、聚合物、固体润滑剂等。

（4）典型润滑脂配方（表 3-10）

表 3-10　典型润滑脂配方

物料名称	加入量（质量分数）/%
100cSt(40℃)聚 α-烯烃	26.536
6cSt(40℃)聚 α-烯烃	54.312
一水氢氧化锂	3.008
12-羟基硬脂酸	13.248
二元酸络合剂	2.897

（5）典型润滑脂试验条件（表 3-11）

表 3-11　典型润滑脂制备工艺

温度	数值	单位
1 号热交换器	145～200	℃
反应器	145～200	℃
2 号热交换器	175～200	℃
闪蒸室	175～200	℃
压力		
反应器背压阀	500～1500	kPa
闪蒸室循环阀	100～1500	kPa
2 号热交换器背压阀	100～1000	kPa
剪切阀压力	0～2000	kPa

连续润滑脂工艺注入点位置示意如图 3-3 所示。

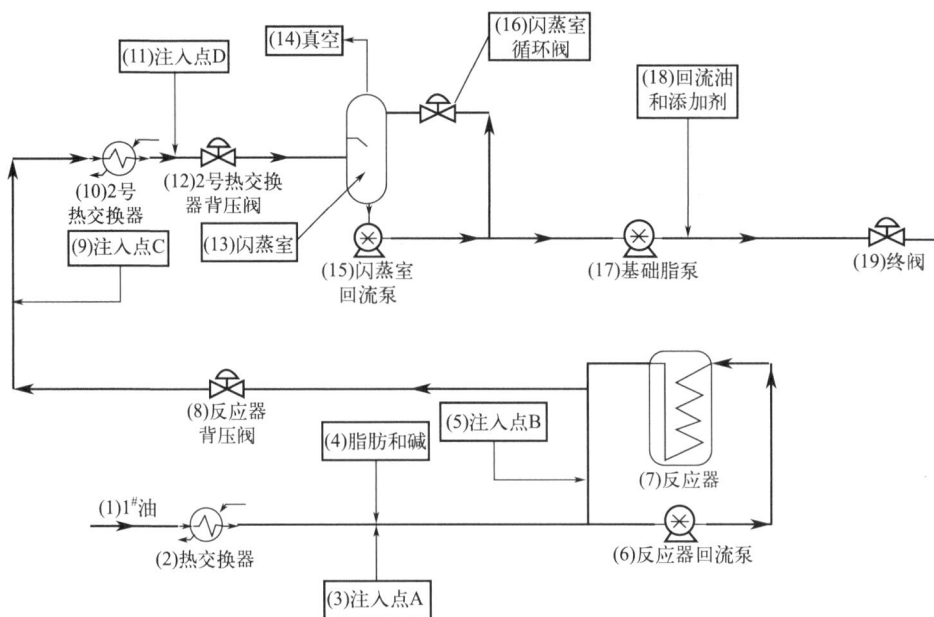

图 3-3　连续润滑脂工艺注入点位置示意图

（6）制备方法

将二羧酸、摩尔比 1：10～1：5 的 C12～C24 羟基脂肪酸、锂碱及润滑油混合物连续引入反应区，加热至 121～177℃。反应区处于足以使水保持液态的压力下。反应区亦处于足以在反应物间获得充分接触且足以在一段时间内实现基本完全反应以形成锂络合皂的混合条件下。从反应区连续引出产物。随后将额外润滑油引入具有足够流动性的体系中进行循环。接着将润滑脂混合物连续导入脱水区。将脱水区温度维持在 162～218℃ 范围内，绝对压力控制在 101.35～68.35kPa（表压）。混合物通过循环管路和剪切阀从脱水区底部循环至顶部，剪切阀压降控制在 68.9～1034.2kPa（g）。从脱水区连续抽出产物，经冷却后加入相关添加剂，制成成品润滑脂组合物。

（7）典型润滑脂理化数据（表3-12）

表3-12 典型润滑脂理化数据

物料名称	注入点	不工作锥入度/0.1mm	工作锥入度/0.1mm	差值	滚筒安定性	滴点/℃
二甲基壬二酸(C9)	A	311	341	30	50	＞300
二甲基壬二酸(C9)	B	337	343	6	46	＞300
二甲基壬二酸(C9)	C	317	343	26	36	＞300
二甲基壬二酸(C9)	D	太稀无法测试				
二甲基己二酸(C6)	A	219	209	－10	28	260
二甲基己二酸(C6)	B	219	203	－16	22	262
二甲基己二酸(C6)	C	227	223	－4	18	280
二甲基己二酸(C6)	D	335	333	－2	30	249
二甲基戊二酸(C5)	A	235	227	－8	26	246
二甲基戊二酸(C5)	B	237	221	－16	12	280
二甲基戊二酸(C5)	C	239	233	－6	16	294
二甲基戊二酸(C5)	D	351	341	－10	16	218
二甲基丁二酸(C4)	A	235	223	－12	18	208
二甲基丁二酸(C4)	B	229	219	－10	20	206
二甲基丁二酸(C4)	C	225	217	－8	32	208
二甲基丁二酸(C4)	D	265	261	－4	16	214
二甲基己二酸/二甲基戊二酸(90%/10%,质量分数)	A	238	234	－4	16	246
二甲基己二酸/二甲基戊二酸(90%/10%,质量分数)	B	250	237	－13	10	251
二甲基己二酸/二甲基戊二酸(90%/10%,质量分数)	C	240	237	－3	14	262
二甲基己二酸/二甲基戊二酸(90%/10%,质量分数)	D	358	556	－2	24	216

（8）产品应用领域

适用于钢铁行业的轧机、轧辊滚动轴承的集中润滑，也可用于矿山、机械、交通运输等轴承的润滑。

（9）产品特点

产品由复合锂皂稠化聚 α-烯烃合成油并加入优质添加剂经特殊工艺制成，具有更加优良的结构稳定性。

3.2.6　复合钙基润滑脂

3.2.6.1　复合钙基润滑脂（一）

（1）技术难点

① 随着机械技术的进步，润滑环境变得越来越恶劣，对高温下性能改善的需求日益增长，因此需要开发出满足这一要求的润滑脂。

② 锂复合润滑脂比锂基润滑脂具有更宽的工作温度范围。然而，由于锂资源是锂基润滑脂的原料，近期需求增加可能导致未来供应不稳定或成本大幅上升。

③ 脲基润滑脂作为高温润滑脂被广泛应用，但其生产过程中使用的某些原料具有剧毒，因此在制备时需要特别注意安全处理。

④ 钙复合润滑脂因其特性备受青睐——仅需少量增稠剂即可维持适当稠度。但随着市场需求持续增长，提高润滑脂剪切稳定性的需求变得愈发迫切。

（2）解决方法

开发构成高供应稳定性、高环境相容性和耐热性的润滑脂组合物的材料。在由高级脂肪酸、低级脂肪酸和芳香酸构成的钙复合增稠剂的组分中进一步引入特定的羧酸，可以解决剪切稳定性（软化）问题。

（3）关键原料特性

① 增稠剂原材料

• 氢氧化钙：纯度为 96.0% 的特级试剂。

• 硬脂酸：C18 直链烷基饱和脂肪酸，纯度为 95.0% 的特级试剂。

• 乙酸：含有 2 个碳原子的羧酸，纯度为 99.7% 的特级试剂。

• 酒石酸：含有 4 个碳原子的直链二羧酸，纯度为 99.0% 的特级试剂。

• 己二酸（肥酸）：含有 6 个碳原子的直链二羧酸，纯度为 99.5% 的特级试剂。

• 壬二酸（杜鹃酸）：含有 9 个碳原子的直链二羧酸，纯度为 80.0% 或以上的特级试剂。

• 癸二酸（皮脂酸）：含有 10 个碳原子的直链二羧酸，纯度为 98.0% 或以上的特级试剂。

• 二十碳二酸（廿烷二酸）：含有 20 个碳原子的直链二羧酸，纯度为 75.0% 或以上。

苯甲酸等。

② 基础油

• 基础油 A：石蜡基矿物油，其 100℃ 下的运动黏度为 $11.25\,\mathrm{mm^2/s}$，黏度指数为 97。

• 基础油 B：环烷烃矿物油，其 100℃ 下的运动黏度为 $10.71\,\mathrm{mm^2/s}$，黏度指数为 30.34。

• 基础油 C：GTL 油，其 100℃ 下的运动黏度为 $7.77\,\mathrm{mm^2/s}$，黏度指数为 148。

（4）典型润滑脂配方（表 3-13）

表 3-13　典型润滑脂配方　　　　　单位：%（质量分数）

物料名称	实例 1	实例 2	实例 3	实例 4	实例 5	实例 6	实例 7	实例 8	实例 9	实例 10
氢氧化钙	3.52	3.87	3.52	1.86	1.24	3.52	3.52	2.90	3.52	2.64
硬脂酸	9.29	10.22	9.29	4.93	3.29	9.29	9.29	7.65	9.29	6.97
乙酸	2.88	3.17	2.88	1.52	1.01	2.88	2.88	2.37	2.88	2.16
苯甲酸	1.31	1.44	1.31	0.69	0.46	1.31	1.31	1.08	1.31	0.98
氢氧化钙	0.99	0.43	1.01	3.70	4.71	0.85	0.80	1.60	0.53	0.76
酒石酸	2.01									
肥酸		0.87	1.99	7.30	9.29					1.49
杜鹃酸						2.15				
皮脂酸							2.20	4.40		
廿烷二酸									2.47	
基础油 A	80.00	80.00	80.00	80.00	80.00	80.00	80.00	40.00	80.00	85.00
基础油 B								20.00		
基础油 C								20.00		
总量	100.00	100.00	100.00	100.00	100.00	100.00	100.00	100.00	100.00	100.00

（5）制备方法

在容器中加热基础油和羧酸（二羧酸除外），并溶解内容物。接下来，将预先溶解并分散在适量蒸馏水中的氢氧化钙加入容器中。此时，各种羧酸与氢氧化钙发生皂化反应，在基础油中缓慢形成皂类，进一步对所得产物加热并脱水。随后，在容器中混合作为二羧酸的酒石酸，并同时向容器中加入溶解并分散在蒸馏水中的氢氧化钙。然后将混合物皂化脱水，形成润滑脂增稠剂。脱水完成后，将润滑脂加热至200℃，充分搅拌混合，冷却至室温。此后，使用三辊研磨机以获得具有2.5号稠度的均匀润滑脂。

（6）典型润滑脂理化数据（表3-14）

表3-14　典型润滑脂理化数据

测试项目	实例1	实例2	实例3	实例4	实例5	实例6	实例7	实例8	实例9	实例10
锥入度/0.1mm	248	267	281	305	341	265	254	305	315	342
NLGI等级	2.5号	2号	2号	1号	0.5号	2号	2号	1号	1号	0.5号
滴点/℃	>260	>260	>260	>260	>260	>260	>260	>260	>260	>260
滚筒安定性差值（24h）/0.1mm	34	11	26	28	13	2	8	29	68	5

（7）产品应用领域

该润滑脂组合物在剪切稳定性方面极佳，可以用于一般使用的机器、轴承、齿轮等，并且在苛刻条件下（例如在高温条件下）表现出优异的性能。例如，该润滑脂组合物可以用于汽车中各部件的润滑，如发动机外围设备包括启动器、交流发电机和各种执行器，动力系统包括螺旋桨轴、恒速接头（CVJ）、轮毂轴承和离合器，电力转向（EPS）、制动单元、球接头、门铰链、转向节、冷却风扇电机、制动助力器等。此外，该润滑脂组合物还可以用于建筑机械中的各种高温/重载部件，如电铲、推土机和起重机、钢铁工业、造纸工业、林业机械、农业机械、化工厂、发电设施、干燥炉、复印机、铁路车辆、无缝管道的螺纹接头等。该组合物也可以用于硬盘轴承、塑料润滑、墨盒润滑脂等。

（8）产品特点

产品采用特定高级脂肪酸、特定低级脂肪酸、特定芳香族单羧酸和特定二元羧酸复合钙皂稠化精制矿物油，加有抗氧、防锈等添加剂制成，润滑脂的滴点至少为260℃，具有较高的滴点且剪切稳定性极佳。

3.2.6.2 复合钙基润滑脂（二）

（1）技术难点

① 随着机械技术的进步，润滑工况已变得更加严苛，提高高温性能的需求日益增加，因此正在寻求满足这些要求的润滑脂。

② 锂基复合润滑脂具有比普通锂基脂更宽的使用温度范围，但近期对原料锂的需求持续攀升，且存在未来供应可能出现不确定性或价格剧烈波动的隐忧。

③ 尿素润滑脂虽广泛用作耐热润滑脂，但其原料中含有剧毒物质，在生产

过程中需格外谨慎。

④ 钙复合增稠剂由高级脂肪酸（如硬脂酸）、低级脂肪酸和芳族羧酸三种组分与氢氧化钙反应制得。当采用硬脂酸作为高级脂肪酸组分时，润滑脂易在高温下软化，导致轴承寿命缩短，且难以实现理想的流动特性，尤其在低温工况下表现欠佳。

（2）解决方法

在含有特定钙复合皂的润滑脂组合物中，精心选择特定成分作为形成钙复合皂的高级脂肪酸之一，并精确设定高级脂肪酸中含有特定成分的质量比例，可以显著提高轴承的使用寿命。例如，复合钙基润滑脂因其优异的润滑性能和耐高温性能，特别适用于重载和高温环境下的润滑应用。此外，复合钙基润滑脂还具有良好的低温特性，使其在宽温度范围内具有稳定的润滑功能。

（3）关键原料特性

① 增稠剂原材料

- 氢氧化钙：特级纯度 96.0%。
- 硬脂酸：C18 直链烷基饱和脂肪酸，特级纯度 95.0%。
- 山嵛酸：C22 直链烷基饱和脂肪酸，特级纯度 99.0%。
- 苯甲酸：特级纯度 99.5%。
- 乙酸：碳数为 2 的烷基脂肪酸，特级纯度 99.7%。

② 基础油 基础油 A：链烷烃矿物油，100℃运动黏度为 $11.25mm^2/s$，黏度指数为 97。

（4）典型润滑脂配方（表 3-15）

表 3-15　典型润滑脂配方　　　　单位：%（质量分数）

物料名称	实施例 1	实施例 2	实施例 3	比较例 1
$Ca(OH)_2$	4.04	4.01	3.94	4.10
硬脂酸	7.13	5.54	3.24	10.30
山嵛酸	3.20	4.80	7.20	
乙酸	3.20	3.21	3.23	3.21
苯甲酸	1.46	1.46	1.47	1.46
基础油 A	80.97	80.98	80.92	80.93
总计	100.00	100.00	100.00	100.00

（5）制备方法

将基础油 A 与硬脂酸、山嵛酸、苯甲酸和乙酸混合在润滑脂制备釜中，将其加热至 90℃以溶解内容物。然后将预先溶解并分散在适量蒸馏水中的氢氧化钙引入釜中。此时氢氧化钙与羧酸进行皂化反应，并在基础油中逐渐形成皂。通过进一步加热完成脱水，从而形成润滑脂增稠剂。脱水完成后，将润滑脂加热至200℃以上，充分搅拌混合后，冷却至室温。最后通过三辊研磨机处理，获得均匀润滑脂。

（6）典型润滑脂理化数据（表3-16）

表3-16 典型润滑脂理化数据

项目	实施例1	实施例2	实施例3	比较例1
0次锥入度/0.1mm	224	222	227	238
工作锥入度/0.1mm	229	226	228	245
NLGI等级	3号	3号	3号	3号
滴点/℃	>260	>260	>260	>260
低温锥入度差值（−20℃）/0.1mm	109	117	123	126
轴承寿命（140℃）/h	460	480	480	360

（7）产品应用领域

此润滑脂广泛应用于常规机器、轴承及齿轮，同时在极端条件下亦能展现卓越性能。例如，它可以令人满意地用于汽车发动机外围设备，如启动器、交流发电机和各种执行器部件、螺旋桨轴、等速万向节（CVJ）、车轮轴承和动力传动系统部件（如离合器），以及如电动助力转向系统（EPS）、制动装置、球形接头、门铰链、手柄、冷却风扇电机和制动膨胀器的润滑。此外，它还可以用于受到高温和高负荷的部位，例如电铲、推土机、汽车起重机等建筑机械，以及钢铁工业、造纸工业、林业工业、农业机械、化工厂、发电站、干燥炉、复印机、铁路车辆等领域，还包括无缝管螺纹接头等部件。还有一些其他应用，例如硬盘轴承用途、塑料润滑用途和筒式润滑脂。

（8）产品特点

产品采用特定高级脂肪酸、特定低级脂肪酸和特定芳族单羧酸复合钙皂稠化精制矿物油，加有抗氧、防锈等添加剂制成。润滑脂的滴点至少为260℃，具有较高的滴点、较长的轴承寿命，并且具有良好的低温特性。

3.2.7 功能复合锂基润滑脂

（1）技术难点

润滑脂是机械设备正常运转及材料制造加工过程中必要的工作介质。随着工业技术的发展，机械的负载和转速都大大提高，一旦发生润滑失效，便会导致运动副大幅磨损，寿命急速缩短，甚至引发大型设备的重大事故，因此，为了提高设备持续运行的可靠性，对设备中的润滑脂进行监测是非常有必要的。在实际生产和工作中，由于润滑脂特殊的半流体状态，目前像润滑油一样在线监测润滑脂的使用状态存在相当大的难度，只能采用离线监测等手段，导致分析周期长，响应速度慢，不利于设备的高效利用。

（2）解决方法

克服现有技术存在的润滑脂在线监测困难问题，提供一种可自我预警的润滑脂及其制备方法和应用。

（3）关键原料特性

① 增稠剂　复合锂基润滑脂，由12-羟基硬脂酸、壬二酸、一水氢氧化锂反应合成。

② 基础油　PAO 4：100℃黏度为 $3.9mm^2/s$。

③ 添加剂　氧化指示剂：四苯基吡咯。

（4）典型润滑脂配方（表3-17）

表3-17　典型润滑脂配方　　　　　　单位：％（质量分数）

项目	实施例1	对比例1	实施例2	实施例3
基础油	87	—	88	90
基础油的运动黏度(100℃)/(mm²/s)	3.9	—	5.8	10
稠化剂	10	—	11	8
氧化指示剂	0.96	0	0.82	0.87
抗氧剂	1	1	1.2	1.52
极压抗磨剂	1.94	1.94	1.54	1.95
油性剂	0.1	0.1	0.09	0.1

（5）制备方法

先将502g基础油与89.21g 12-羟基硬脂酸和28.19g壬二酸加入制脂釜中，搅拌均匀，升温至85℃加入氢氧化锂水溶液（其中含一水氢氧化锂24.75g、水202g）进行皂化反应120min，生成锂皂和锂盐；继续升温至120℃进行脱水反应，升温至210℃进行高温炼制10min，加入518g基础油降温到110℃加入12.1g 2,6-二叔丁基对甲酚、23.47g二烷基二硫代氨基甲酸盐、1.27g苯并三氮唑脂肪胺、11.62g氧化指示剂，搅拌均匀，通过三辊机研磨3次成脂。

（6）典型润滑脂理化数据（表3-18）

表3-18　典型润滑脂理化数据

项目	实施例1	对比例1	实施例2	实施例3
滴点/℃	299	297	301	285
锥入度/0.1mm	275	277	280	299
钢网分油(100℃,24h)/%	1.9	1.8	2.0	2.5

（7）产品应用领域

适用于钢铁行业的轧机、轧辊滚动轴承的集中润滑，也可用于矿山、机械、交通运输等轴承的润滑。

（8）产品特点

产品精选复合锂金属皂稠化深度精制基础油，并巧妙融入抗氧、防锈及抗磨极压等多种高效添加剂，通过独特工艺精心打造而成。①卓越的高温性能，即便在极端高温或高环境温度下，润滑脂亦能稳定不流失，持续保护轴承及摩擦副，从而显著延长轴承在高温环境下的使用寿命；②良好的耐压抗磨性能，满足高负荷或有一定冲击负荷机械设备的轴承润滑；③优良的氧化安定性，保证润滑脂在使用过程中有较长使用寿命；④优良的流动性，保证润滑脂的泵送性。通过引入四芳基取代吡咯，可通过荧光的变化，来判断在用润滑脂已经开始发生氧化，需要予以更换，获得了可自我预警的润滑脂，实现了润滑脂寿命的快速判定。

3.2.8　混合复合锂聚脲润滑脂

（1）技术难点

树脂成形品用作各种设备零件。其中，聚缩醛树脂（缩醛树脂）的成形品在力学性能和成形性等方面具有优异的特性。由于这些特性，缩醛树脂的成形品广泛用于家用电器和电气或电子产品等。润滑脂主要用于平面轴承、滚动轴承或滑动部分。所使用的润滑脂是根据其使用条件来选择的。为了改善润滑脂的润滑性和其与滑动部材料的相容性，已提出通过不同基础油、增稠剂和添加剂的选择方案。另一方面，摩擦特性会因滑动部分的材料等条件不同而有所差异。所使用的润滑脂可能对某些材料造成劣化。因此，在选择润滑脂时，需考虑滑动部材料的兼容性，以确保选用具有最适宜组成的润滑脂。

（2）解决方法

可以通过含有组分 A～C 的润滑脂组合物来获得，其中当所述润滑脂组合物包含硫系极压剂时，基于组合物的总量，硫系极压剂的含量为 0.05%～2.5%（质量分数）以下。即使在高温条件下也不会导致与其接触的树脂劣化。

（3）关键原料特性

① 增稠剂

- 尿素系增稠剂：二苯甲烷二异氰酸酯和环己胺的反应产物。
- 锂复合物增稠剂：12-羟基硬脂酸锂和壬二酸的反应产物。

② 基础油

- 矿物油 1：运动黏度 36.8mm^2/s（40℃）。
- 矿物油 2：运动黏度 86.6mm^2/s（40℃）。

- 矿物油 3：运动黏度 22.7mm^2/s（40℃）。

③ 添加剂

- MoDTC：二辛基多硫化物。

- 其他添加剂：2,6-二叔丁基苯酚、二烷基二苯胺、苯并三唑化合物、噻二唑化合物、磷酸三甲苯酯。

（4）典型润滑脂配方（表 3-19）

表 3-19　典型润滑脂配方　　　　　　　　　　　单位：质量份

项目	实施例 1	实施例 2	实施例 3	实施例 4	实施例 5	实施例 6	实施例 7
矿物油 1	50	50	50	50	50	50	50
矿物油 2	20	20	20	20	20	20	20
矿物油 3	30	30	30	30	30	30	30
尿素	—	14	—	—	—	—	—
锂复合物	11	—	2.2	16.5	11	11	11
MoDTC	1	1	1	1	—	0.1	0.5
二辛基多硫化物	1	1	1	1	1	1	1
其他添加剂	2.7	2.7	2.7	2.7	2.7	2.7	2.7

（5）制备方法

尿素系增稠剂：二苯甲烷二异氰酸酯和环己胺的反应产物。

锂复合物增稠剂：12-羟基硬脂酸锂和壬二酸的反应产物。

按照不同的配合比例，将增稠剂、基础油和添加剂混合均匀，用以制备各种试验所需的润滑脂。

（6）典型润滑脂理化数据（表 3-20）

表 3-20　典型润滑脂理化数据

项目	实施例 1	实施例 2	实施例 3	实施例 4	实施例 5	实施例 6	实施例 7
缩醛树脂的质量变化（105℃，168h）/%	+0.1	+0.1	+0.1	+0.1	+0.2	+0.1	+0.15
极压性/N	3923	2452	2452	3089	3923	3923	4903
铜片腐蚀（100℃，24h）	合格	合格	合格	合格	合格	合格	合格
工作锥入度/0.1mm	311	318	448	280	321	317	323

评估缩醛树脂的质量变化：制备 2mm 厚、40mm 长且 20mm 宽的缩醛树脂试验片，将各类型润滑脂涂覆于试验片表面。在 105℃ 条件下加热涂覆润滑脂的试验片 168h。加热后去除润滑脂，测定加热前后试验片的质量变化。增重率在

0%～0.2％范围内的样品被判定为未发生劣化的缩醛树脂。

（7）产品应用领域

应用于汽车、火车和航空器等运输机械。应用于洗衣机、冰箱和真空清洁器等家用电器和钟表或照相机等精密测量设备的滑动部分。在此类设备中包含树脂材料的轴承、齿轮、表面、带、接头、凸轮等。

（8）产品特点

产品采用有机聚脲稠化剂稠化精制油，并加有抗氧、防锈等高性能添加剂精制而成，在高温条件下也不会导致与其接触的树脂劣化。

3.2.9 稀土金属润滑脂

（1）技术难点

在皂基润滑脂中，锂与复合锂由于性能优良，同时生产工艺简洁且成熟，最受各国润滑脂行业重视，占据80％市场份额。因此锂原料价格的波动对润滑脂行业具有重要影响。自2015年年末开始，由于锂电池行业的崛起，锂原料价格居高不下，由于锂资源回收困难且回收利用的周期较长，而未来人们对电动汽车的需求将继续呈上升趋势，氢氧化锂的价格在未来一段时间内很有可能继续上涨。基于润滑脂现状和新问题的出现，寻找锂基脂的替代方案成为当今润滑脂行业的一项重要研究课题。

（2）解决方法

稀土元素有较强的金属活泼性，优异的光稳定性、热稳定性、防辐射性、电绝缘性、高磁性、极压性、抗磨性和自修复功能，因此被称为"工业的维生素"。当前在润滑油脂中，稀土化合物仅作为添加剂用于改善其摩擦学性能。若能通过稠化剂将稀土优异性能引入润滑脂体系，既可完善皂基脂种类，又能显著提升稀土附加值。同时，此举可有效缓解氢氧化锂价格波动对润滑脂市场的冲击，故开发新型稀土润滑脂具有重要的战略意义。

采用稀土前驱体作为稠化剂原料制备的复合皂，不仅兼具减摩、抗磨与耐高温特性，更能实现稠化剂-添加剂功能一体化，同时简化组分构成。所述稀土基润滑脂包含基础油及稠化剂，其中稠化剂系由高级脂肪酸/小分子酸与稀土前驱体经皂化反应生成的复合皂。

（3）关键原料特性

① 增稠剂　由稀土化合物和配比酸反应。

② 基础油　500N，100℃下的运动黏度为 $10.15mm^2/s$。

③ 添加剂　抗氧、防锈等添加剂。

（4）典型润滑脂配方（表 3-21）

表 3-21　典型润滑脂配方　　　　　　　　　　单位：质量份

物料名称	实施例 1	实施例 2	实施例 3	实施例 4	实施例 5	实施例 6	实施例 7
基础油 500N	162.28g	82.53g	82.18g	82.22g	162.28g	82.53g	82.53g
氢氧化钕	12.13g				12.13g		
氢氧化亚铈		6.21g				6.21g	
硝酸铈							11.77g
氧化镥			6.75g				
氧化钇				3.72g			
硬脂酸			9.65g				
12-羟基硬脂酸	18.62g			9.84g	18.62g		
硬脂酸		10.27g					10.27g
咪唑-4,5-二羧酸		2.82g				2.82g	2.82g
桐油酸						15.26g	
癸酸				5.64g			
对苯二甲酸			2.82g				
异烟酸	7.67g						
柠檬酸					3.96g		

（5）制备方法

将碱和 500N 基础油混合后加入反应釜，加热至 100℃，将配比酸和 500N 基础油混合加热至 100℃，待两种酸完全溶解后加入反应釜，升温至 110℃反应 30min，继续升温至 210℃恒温炼制 10min，自然冷却至 100℃研磨成脂。

（6）典型润滑脂理化数据（表 3-22）

表 3-22　典型润滑脂理化数据

项目	实施例 1	实施例 2	实施例 3	实施例 4	实施例 5	实施例 6	实施例 7
滴点/℃	＞330	＞330	＞330	＞330	280	230	200
锥入度/0.1mm	206	245	206	278	406	375	390
锥入度（60 次）/0.1mm	222	263	212	290	443	400	410
腐蚀（T_2 铜片 100℃/24h）	1b	1b	1b	1b	1b	1b	1b

（7）产品应用领域

适用于一般机械设备的滚动轴承和滑动轴承及其他摩擦部位的润滑。

（8）产品特点

产品精选脂肪酸稀土金属皂稠化矿物油，并科学融入抗氧化及防锈添加剂，完美替代复合锂、锂基、钙基、钠基等传统润滑脂。产品适用于多种润滑方式，1 号润滑脂可用于集中润滑系统，2、3 号润滑脂可用于手工注脂方式。产品通用性强，展现出卓越的机械安定性与氧化安定性，同时具备出色的抗水淋及防锈性能，完美适配潮湿及与水接触的机械部件。

3.3
通用聚脲润滑脂专利

3.3.1 通用聚脲润滑脂（一）

（1）技术难点

① 对于润滑脂润滑，水的混入是绝对不期望的。出于此原因，在机械设备的设计中，需改进密封件结构，以尽可能防止外部水分渗入。然而，由于机器零件和特定运行环境的限制，水的渗入往往是不可避免的。

② 在室外使用的工程机械设备中，各类铲斗销及其齿轮、起重机的滑动摩擦部件、钢架轧机中的轴承、汽车车轮轴承或等速万向节、水泵或外置电机轴承以及清洗设备轴承，均处于与水接触的工况环境。这种情况往往会导致水分浸入，进而引发机器零件异常磨损或表面剥落等损伤。

③ 通过提供具有稳定润滑膜特性的脲基润滑脂可解决此问题。其优势在于：即使在水已侵入润滑脂的工况环境下，润滑脂结构仍能保持稳定；即便因搅拌作用导致水分混入，水分也仅以微观形态存在。但需注意，现有耐水型润滑脂存在抗磨性能不足的问题。

（2）解决方法

可通过将三种不同成分的添加剂共混到使用脲作为增稠剂的润滑脂中，从而改善其耐水性和耐磨损性。

（3）关键原料特性

① 增稠剂

• 脲 A：一种由 4,4'-二苯基甲烷二异氰酸酯、辛胺及月桂胺合成的二脲类增稠剂。

• 脲 B：由 4,4'-二苯基甲烷二异氰酸酯和辛胺及油胺合成的二脲增稠剂。

• 脲 C：由 4,4'-二苯基甲烷二异氰酸酯和硬脂胺加六亚甲基二胺合成的二脲增稠剂。

② 添加剂

• 添加剂 A：水杨酸钙（BN 350mg KOH/g）。

• 添加剂 B：水杨酸钙（BN 225mg KOH/g）。

• 添加剂 E：苯酚钙（BN 145mg KOH/g）。

• 添加剂 G：12-羟基硬脂酸钙。

• 添加剂 H：硬脂酸钙。

• 添加剂 M：磺酸钙（BN 0.26mg KOH/g）。

• 添加剂 N：磺酸钙（BN 307mg KOH/g）。

• 添加剂 O：环烷酸锌。

• 添加剂 P：烷基有机酸/烷基有机酸酯和锌-钙复合盐。

(4) 典型润滑脂配方（表 3-23）

表 3-23　典型润滑脂配方　　　　单位：%（质量分数）

物料名称	实例 1	实例 2	实例 3	实例 4	实例 5	实例 6	实例 7
脲 A	10		10	10	10	10	
脲 B		10					
脲 C							13.5
基础油 A	87	87	87	87	87	87	83.5
添加剂 A		1.5					1.5
添加剂 B	1.5			1.5	1.5	1.5	
添加剂 E			1.5				
添加剂 G		1					1
添加剂 H	1		1	1	1	1	
添加剂 M					0.10		0.5
添加剂 N	0.5	0.5	0.5		0.20		
添加剂 O				0.5	0.20		
添加剂 P						0.5	
总计	100	100	100	100	100	100	100

(5) 制备方法

向润滑脂釜内加入配伍比例的 MDI（4,4'-二苯基甲烷-二异氰酸酯）和基础油，加热至接近 50℃；待 MDI 完全溶解后，在快速搅拌下缓慢加入已分散于基础油中的胺。约 10min 后，将已分散于基础油中的油基胺添加至体系中，继续搅拌。润滑脂釜内物料因二异氰酸酯与胺的反应放热而升温，随后加热至168℃并维持30min以确保反应完全，冷却至室温后加入所需添加剂，最终经三辊研磨机处理制得润滑脂。

（6）典型润滑脂理化数据（表3-24）

表3-24　典型润滑脂理化数据

项目	实例1	实例2	实例3	实例4	实例5	实例6	实例7
工作锥入度/0.1mm	279	269	277	276	274	278	286
NLGI等级	2	2	2	2	2	2	2
滴点/℃	238	232	237	241	242	234	265
滚筒安定性测试（40℃，10%含水量，24h）/0.1mm	342	333	335	331	333	332	351
寿命测试/min	>400	>400	>400	>400	>400	>400	>400
轴承耐磨性测试（运行120min）/mg	14.7	12.6	16.9	15.4	12.8	12.3	14.3

（7）产品应用领域

水泵或外置电机中的轴承以及洗衣机中的轴承等部件常处于与水接触的环境中。

（8）产品特点

产品采用聚脲稠化剂稠化矿物油，并加有三种不同种类成分的添加剂以独特工艺精制而成。润滑脂具有耐水性和耐磨损性。

3.3.2　通用聚脲润滑脂（二）

（1）技术难点

① 许多机械零部件如支持旋转体的各种类型的滚珠-滚柱轴承和滑动轴承，以及球节的滑动部分和连接铰链、齿轮、金属丝和起重机悬臂等，它们的品质要求逐年提高，而机器寿命的延长和免维护操作是所有机械的共同问题。近年来随着机械技术、材料技术和加工精度的进步，疲劳故障和材料损害变得很少，因此机器寿命就极大程度地受到润滑油或润滑脂效能的影响。因而，增强润滑脂的润滑特性，并解决与其相关的问题，能够为机械品质和可靠性的提高做出很大贡献。

② 机械旋转组件或滑动部分中的润滑脂润滑效能下降导致机器寿命耗尽的情况可以划分为两种。首先，润滑脂在高温用时发生氧化，油组分的蒸发或热聚

合会导致润滑脂固化，同时润滑脂结构的分解会形成有机酸或醛，进而引发润滑失效。其次，在相对低转速和高负荷条件下，或以高转速运行时，机械滑动面因显著滑动摩擦导致边界润滑状态，润滑脂的润滑膜变得极薄，从而发生频繁的金属/金属接触并加剧磨损，导致金属剥离或咬合等损害。

③ 由于机动车辆广泛使用于世界各地，其组件所用润滑脂在设计和生产时需考虑在约$-40℃$的极寒环境及$100℃$以上高温（发动机舱辐射热＋路面产热）条件下的持续使用，并需在宽温度范围内保持转矩特性的低稳定性。

④ 高酸值的硫代磷酸盐/酯存在易与皂基润滑脂中游离碱反应的缺陷。

⑤ 烯烃硫化物类添加剂可能导致脲基润滑脂随时间推移发生固化。

⑥ 当添加剂具有强化学活性时，可能引发金属变色或腐蚀，例如含硫化合物和高分子有机酸等活性物质易对铜等有色金属造成腐蚀。

（2）解决方法

① 在润滑脂中掺入含羟基的聚（甲基）丙烯酸盐/酯，不存在对润滑脂结构的不良作用，适宜的油膜被固定在润滑的滑动面，另外，含有羟基的化学结构有效地发挥作用并在润滑的滑动面形成吸附的膜。因而，在掺入这种含羟基的聚（甲基）丙烯酸盐/酯的润滑脂的情况下，可能提供在滑动面的理想润滑性并且抑制机动车辆组件和工业组件的润滑部分的磨损，并且其极有效地实现在机械零件品质方面的稳定性和可靠性，并且延长其寿命。

② 通过 1mol 二异氰酸酯和 2mol 伯单胺反应获得的二脲增稠剂，或通过 2mol 二异氰酸酯和 1mol 伯二胺、2mol 伯单胺反应获得的四脲润滑脂增稠剂，或通过 2mol 二异氰酸酯和 1mol 伯二胺、1mol 伯单胺、1mol 一醇反应获得的三脲--氨基甲酸酯作为脲增稠剂，然后在润滑脂制备釜中与基础油一起合成，生产所用的润滑脂。

③ 将温度提高至约$180℃$，在此之后进行冷却，在$100\sim80℃$的温度掺入添加剂［含羟基的聚（甲基）丙烯酸盐/酯衍生物］，并彻底进行混合，此后将混合物冷却至室温。此后，用捏合机械（比如三辊研磨机等）能够获得均匀的润滑脂组合物。

（3）关键原料特性

① 增稠剂　增稠剂 A、B 和 C 为具有下述化学结构的二脲组分。

• 增稠剂 A：脲类型 Ⅰ $R_1NHCONHR_2NHCONHR_1$。

• 增稠剂 B：脲类型 Ⅱ $R_1NHCONR_2NHCONR_1$、$R_3NHCONHR_2NHCONHR_3$、$R_1NHCONHR_2NHCONHR_3$。

• 增稠剂 C：脲类型 Ⅲ $R_4NHCONHR_2NHCONHR_4$。

在以上这些式中，R_2 是二苯基甲烷基团，R_1 是八碳辛基，R_3 是十二碳月桂基，R_4 是六碳基苯基。`

② 基础油

• 基础油 A：烷烃矿物油，其运动黏度在 100℃为 14.28mm²/s，在 40℃为 144.9mm²/s，其黏度指数是 96。

• 基础油 B：聚 α-烯烃（PAO）合成油，100℃的运动黏度为 15.4mm²/s，40℃为 118.9mm²/s，其黏度指数是 136。

• 基础油 C：GTL 油，其运动黏度在 100℃为 8.2mm²/s，在 40℃为 47.9mm²/s，其黏度指数是 144。

③ 添加剂　添加剂 A：含羟基的 PMA（$M_w = 1.7 \times 10^4$，羟基值 30）。

（4）典型润滑脂配方（表 3-25）

表 3-25　典型润滑脂配方　　　　　单位:%（质量分数）

项目	实施例								
	1	2	3	4	5	6	7	8	9
增稠剂 A		12.5	12.5	68.5		83.5	6.5		
增稠剂 B	12.5			11.5	13	13.5		3.5	
增稠剂 C									18.5
基础油 A	77.5	—	—	—	82.0	—	83.5	28.5	71.5
基础油 B	—	77.5						29.0	
基础油 C			77.5					29.0	
添加剂 A	10.0	10.0	10.0	20.0	5.0	3.0	10.0	10.0	10.0
总量	100.0	100.0	100.0	100.0	100.0	100.0	100.0	100.0	100.0
基础油运动黏度（100℃）/(mm²/s)	14.28	118.9	47.9	14.28	14.28	14.28	14.28	91.0	14.28
基础油运动黏度（40℃）/(mm²/s)	144.9	15.4	8.2	144.9	144.9	144.9	144.9	12.0	144.9

（5）制备方法

二脲润滑脂增稠剂原料中，二异氰酸酯和胺的摩尔比为 1:2。将预先准备的基础油 A 总量的 60%（质量分数）加入密封的润滑脂试验制备釜，随后立即加入用于脲增稠剂的二苯基甲烷-4,4'-二异氰酸酯原料，在搅拌过程中将温度逐渐升至 50℃。将胺溶解于剩余的 40%（质量分数）基础油后，加入试验制备釜以触发反应并形成二脲增稠剂。继续加热至约 180℃使增稠剂结构稳定化。冷却过程中，当温度降至 80℃时加入添加剂 A［含羟基的聚（甲基）丙烯酸盐/酯衍生物］，充分搅拌混合后继续冷却至室温。最终经三辊研磨机处理，制得均匀润滑脂。

（6）典型润滑脂理化数据（表 3-26）

表 3-26　典型润滑脂理化数据

项目	实施例								
	1	2	3	4	5	6	7	8	9
锥入度/0.1mm	241	262	252	274	265	223	368	408	295
NLGI 等级	3	2.5	2.5	2	2	3	0	00	2
滴点/℃	265	254	255	257	267	265	223	224	270
四球磨损试验/mm	0.39	0.42	0.43	0.45	0.44	0.46	0.43	0.46	0.50

（7）产品应用领域

能够用于一般用的机械、轴承和齿轮等，还能够在较恶劣的条件比如在高温条件下表现优异效能。例如，在机动车辆的情况中，其能够有效地用于启动器、交流发电机、各种类型的启动器单元和其他发动机外围设备、主动轴、等速万向节（CVJs）、滚动轴承、离合器和动力系统的其他区域、电动助力转向（EPS）、制动设备、球节、门铰链、手柄、冷却风扇、马达、制动器分泵和各种其他类型组件等的润滑。另外，其适于挖土机、推土机、起重机和其他类型建筑机械的各种润滑区域，以及适用于铁路工业、造纸业、林业设备、农业机械、化工厂、风力涡轮机、发电机、干燥炉、复印机、铁道车辆和无缝管螺纹管接头等，尤其是高温/高负荷场所。其他应用包括硬盘轴承、塑料润滑、柱体润滑等。

（8）产品特点

产品采用聚脲稠化剂稠化合成油，并加有抗磨、抗氧等添加剂以独特工艺精制而成。通过使用含有羟基的聚（甲基）丙烯酸盐/酯衍生物来提高润滑脂的耐磨性，同时在润滑表面上润滑性优良，扭矩变化小，高温寿命也很长。

3.3.3　通用聚脲润滑脂（三）

（1）技术难点

其中插入有往复滑动球的机械元件包括直线导轨、滚珠丝杠和等速节，并且它们的使用环境是多种多样的。机械元件的滚动和滑动会同时发生，润滑环境会很恶劣。在这些条件下，滚动部件的表面之间容易发生接触，并且当接触显著时会发生磨损或咬合。

（2）解决方法

含有酰胺类化合物、硫代磷酸化合物或硫代磷酸酯化合物以及特定的双脲化合物的润滑脂组合物可用于具有往复滑动球插入其间的机械元件，以提高耐剥落性。

（3）关键原料特性

① 增稠剂

• 双脲化合物 A：由 4,4'-二苯基甲烷二异氰酸酯和辛胺、油胺合成的二脲增稠剂。

• 双脲化合物 B：由 4,4'-二苯基甲烷二异氰酸酯和辛胺合成的二脲增稠剂。

② 基础油

• 基础油 A：一种矿物油，其在 40℃下的运动黏度为 99.05mm^2/s、在 100℃下的运动黏度为 11.13mm^2/s。

• 基础油 B：一种矿物油，其在 40℃下的运动黏度为 480.2mm^2/s、在 100℃下的运动黏度为 31.56mm^2/s。

• 基础油 C：一种高度精炼油，其在 40℃下的运动黏度为 43.88mm^2/s，在 100℃下的运动黏度为 7.774mm^2/s。

• 基础油 D：一种聚 α-烯烃油，其在 40℃下的运动黏度为 396.53mm^2/s，在 100℃下的运动黏度为 39.99mm^2/s。

• 基础油 E：一种烷基二苯醚油，在 40℃下的运动黏度为 102.2mm^2/s，在 100℃下的运动黏度为 12.64mm^2/s。

③ 添加剂

• 酰胺类化合物 A：油酸酰胺。

• 硫代磷酸化合物 A：三月桂基三硫代磷酸酯。

• 硫代磷酸酯化合物 A：三苯基硫代磷酸酯。

（4）典型润滑脂配方（表 3-27）

表 3-27　典型润滑脂配方　　单位：%（质量分数）

项目	实施例						
	1	2	3	4	5	6	7
润滑油 A	90.80	90.80	47.00	27.15	24.30	24.30	91.20
润滑油 B			47.00				
润滑油 C				27.15	24.30	24.30	
润滑油 D				36.20	24.30	24.30	
润滑油 E					17.10	17.10	
双脲化合物 A	8.2	8.2	5	8.5	9		8.2
双脲化合物 B						9	
酰胺类化合物 A	0.5	0.5	0.5	0.5	0.5	0.5	0.3
硫代磷酸化合物 A	0.5		0.5	0.5			0.3
硫代磷酸酯化合物 A		0.5			0.5	0.5	

项目	实施例						
	1	2	3	4	5	6	7
总量	100	100	100	100	100	100	100
基础油运动黏度 (40℃)/(mm²/s)	99.05	99.05	212.49	134.90	115.89	115.89	99.05
基础油运动黏度 (100℃)/(mm²/s)	11.13	111.3	18.39	16.59	14.56	14.56	11.13
黏度指数	97	97	96	132	128	128	97

（5）制备方法

在容器中加热基础油和 MDI 使内容物溶解后，将胺和基础油溶解混合而成的原料混合物加入容器中，反应合成双脲化合物。边搅拌边升温至 170℃，并保持该温度约 30min 以完成反应。然后，将混合物急冷，在冷却过程中以表 3-27 所示的配比加入各种添加剂，边搅拌边混合，冷却至 80℃，通过均化器，得到润滑脂。

（6）典型润滑脂理化数据（表 3-28）

表 3-28 典型润滑脂理化数据

项目	实施例						
	1	2	3	4	5	6	7
0 次锥入度/0.1mm	265	268	357	283	279	276	266
60 次锥入度/0.1mm	270	273	362	285	289	286	269
滴点/℃	>270	>270	>270	>270	>270	>270	>270
轴承磨损测试/mg	105.0	123.1	102.6	87.9	90.8	106.7	142.8
制动评估	合格	合格	合格	合格	合格	合格	合格

（7）产品应用领域

其中包含有往复滚动的滚珠的机械元件，如直线导轨、滚珠丝杠和等速节等。

（8）产品特点

产品由聚脲稠化剂稠化精制矿物油和部分合成油，并添加抗氧防锈剂、酰胺类化合物、硫代磷酸化合物等添加剂制成。即使在往复滑动的翻转过程中暂时停止滚动、不能充分产生油膜、发生金属与金属接触并且摩擦磨损趋于过度的情况下，也能维持并提高机械部件的使用寿命。另外还形成了坚固的添加剂膜，即使反复操作也能稳定地保持已形成的膜，并提供稳定的润滑性，即使在高负荷下也能够维持耐剥落性。

3.3.4 通用聚脲润滑脂（四）

（1）技术难点

摩擦腐蚀不同于一般的化学腐蚀磨损，其为一类机械磨损现象。为抑制或防止该现象，已进行了许多润滑剂研究。一般地，容易出现摩擦腐蚀的部位很多且各不相同。它不仅出现在汽车轮毂的轴承区域，还存在于如花键、联轴器、弹簧片等与轴承接触，并因微小振动或滑动而相对运动的各类机械部件中。摩擦情形是指两个彼此相对的主体之间发生微小振动或微观滑动，并且钢材间微小振动产生的磨屑在空气中氧化成细小的褐色氧化铁粉末，这些粉末随后与润滑脂混合，导致润滑脂变色。由这些相对微小振动产生的磨损被称为摩擦或微动磨损，并且由于在大气中其伴随着氧化，因此可以将其称为摩擦腐蚀。摩擦腐蚀本身对轴承性能具有显著不利影响，而且当磨屑进入轴承时会加剧滚动接触表面和滚道表面的磨损，从而成为噪声的成因。

（2）解决方法

使用特定多种脂肪酸金属盐的润滑脂组合物减少摩擦腐蚀。

（3）关键原料特性

① 增稠剂

• 二脲：二脲化合物脂肪族 A，是由 4,4′-二苯基甲烷二异氰酸酯和辛胺合成的二脲增稠剂。

• 三脲：由甲代亚苯基二异氰酸酯和牛脂胺、亚乙基二胺、硬脂醇合成的三脲增稠剂。

• 四脲：由甲代亚苯基二异氰酸酯和油胺、亚乙基二胺合成的四脲增稠剂。

② 基础油

• 矿物油 A：在 100℃下运动黏度为 $4mm^2/s$ 的石蜡矿物油。

③ 添加剂

• Mg-St：硬脂酸镁。

• Ca-St：硬脂酸钙。

• Ca-12(OH)St：12-羟基硬脂酸钙 。

• Zn-St：硬脂酸锌。

• Al-St：硬脂酸铝。

（4）典型润滑脂配方（表 3-29）

表 3-29 典型润滑脂配方　　　　　　　　　单位：%（质量分数）

项目	实施例 1	实施例 2	实施例 3	实施例 4	实施例 5
二脲化合物脂肪族 A	10	10	10	10	10

项目	实施例 1	实施例 2	实施例 3	实施例 4	实施例 5
矿物油 A	89	89	89	89	89
Mg-St	1				
Ca-St		1			
Ca-12(OH)St			1		
Zn-St				1	
Al-St					1

(5) 制备方法

① 二脲润滑脂制备　在基础油中 1mol 4,4'-二苯基甲烷二异氰酸酯和 2mol 辛胺反应，将得到的脲化合物均匀地分散在整个油中得到润滑脂。

② 三脲润滑脂制备　将 9.20g 甲代亚苯基二异氰酸酯和 7.14g 硬脂醇加入 100g 基础油中，加热至 50℃，制得均匀溶液。随后，将由 4.05g 牛脂胺和 1.56g 亚乙基二胺溶解于 77g 基础油中所形成的溶液，在持续搅拌条件下加入至保持在 90～150℃ 的上述溶液中，使其与未反应的异氰酸酯发生反应。然后加入 2.0g 金属盐并在冷却之前将混合物原样保持 15min。然后使用三辊研磨机制得润滑脂。由此得到含 11%（质量分数）三脲氨基甲酸酯化合物的润滑脂组合物。

③ 四脲润滑脂制备　将 7.49g 甲代亚苯基二异氰酸酯加入 100g 基础油中并加热至 50℃ 制备均匀溶液。向该溶液中加入溶于 80g 基础油中的 11.75g 油胺和 1.29g 亚乙基二胺。当将混合物搅拌时，立即制得凝胶状物质。在继续搅拌的同时将温度升至 150℃，保温 30min 后，加入 2.0g 金属盐并在冷却之前将混合物原样保持 15min。然后使用三辊研磨机制得润滑脂。由此得到的润滑脂组合物含有 10%（质量分数）的四脲化合物，该化合物作为稠化剂，能够提供优异的高温性能、良好的机械安定性、优秀的氧化安定性以及优秀的抗水性、胶体安定性和极压抗磨性。

(6) 典型润滑脂理化数据 (表 3-30)

表 3-30　典型润滑脂理化数据

项目	实施例 1	实施例 2	实施例 3	实施例 4	实施例 5
锥入度/0.1mm	285	282	284	283	281
滴点/℃	＞250	＞250	＞250	＞250	＞250
防摩擦测试（室温）/mg	3.9	8.3	13.2	0.2	0.3

(7) 产品应用领域

润滑部位主要包括花键、联轴节、弹簧片以及轴承等机器组件的接触区域，这些区域在运行过程中会相对彼此产生微小的振动或滑动。

（8）产品特点

产品采用耐高温的聚脲稠化剂稠化精制矿物油，并添加了抗氧防锈剂和多种脂肪酸金属盐等添加剂，以抑制微动磨损并减少摩擦腐蚀。

3.3.5　通用聚脲润滑脂（五）

（1）技术难点

① 由于各类工业机械中使用的电动机需在从寒冷地带到汽车发动机舱内高温环境等多种工况下持续运转，因此对于电动机所使用的轴承，要求其能够在宽温度范围内实现长期免维护运行，同时对其耐久性也提出了更高要求。

② 随着近年来机械部件向高温、高速化发展趋势，市场对滚动轴承长寿命性能的要求较以往显著提升，这也使得其能够更好地适应通用型应用场景。

（2）解决方法

通过选择合适的基油、增稠剂、添加剂对润滑脂进行了改进，改善了其在高温且高湿环境下耐久性，而且该润滑脂低温性能优异，具有长寿命。

（3）关键原料特性

① 增稠剂　由十八酰胺、环己胺、对甲苯胺和 MDI 反应而制得。

② 基础油

- 矿物油 A：黏度指数 95 以上，100℃运动黏度 $10.8\mathrm{mm}^2/\mathrm{s}$。
- 矿物油 B：黏度指数 95 以上，100℃运动黏度 $11.2\mathrm{mm}^2/\mathrm{s}$。
- 矿物油 C：黏度指数 95 以上，100℃运动黏度 $6.0\mathrm{mm}^2/\mathrm{s}$。
- 矿物油 D：黏度指数 95 以上，100℃运动黏度 $31.6\mathrm{mm}^2/\mathrm{s}$。
- 高精制矿物油 A：黏度指数 120 以上，100℃运动黏度 $7.80\mathrm{mm}^2/\mathrm{s}$。

③ 添加剂　胺系抗氧剂：烷基二苯胺。

（4）典型润滑脂配方（表 3-31）

表 3-31　典型润滑脂配方

	项目	1	2	3	4	5	6	7	8
增稠剂配比 （摩尔比）	二苯甲烷二异氰酸酯	50	50	50	50	50	50	50	50
	环己胺	30	10	50	30	30	—	30	30
	十八酰胺	70	90	30	70	70	—	70	70
	对甲苯胺	—	—	—	—	—	100	—	—
润滑脂配比 （质量分 数）/%	增稠剂	8.0	8.5	8.5	8.0	8.0	22.0	8.0	8.0
	矿物油 A	50	50	50	—	10	50	50	50

项目		1	2	3	4	5	6	7	8
润滑脂配比(质量分数)/%	矿物油 B	35	35	35	35	35	35	35	35
	矿物油 C	—	—	—	50	—	—	—	—
	矿物油 D	—	—	—	—	40	—	—	—
	高精制矿物油 A	15	15	15	15	15	15	15	15
	运动黏度(40℃)/(mm²/s)	87.7	87.7	87.7	50.0	150.0	87.7	87.7	87.7
	烷基二苯胺	1.5	1.5	1.5	1.5	1.5	1.5	0.5	5.0
	二羟基喹啉	1.5	1.5	1.5	1.5	1.5	1.5	0.5	5.0
	环烷酸锌	4.5	4.5	4.5	4.5	4.5	4.5	4.5	4.5

(5) 制备方法

以 2mol 原料胺（对甲苯胺）相对于 1mol 4,4'-二苯甲烷二异氰酸酯的比率，使它们按定量进行反应，并添加规定量的胺系抗氧剂、喹啉系抗氧剂以及锌系防锈剂，然后用三辊研磨机调整至规定稠度。

(6) 典型润滑脂理化数据（表 3-32）

表 3-32　典型润滑脂理化数据

项目	1	2	3	4	5	6	7	8
锥入度/0.1mm	260	260	260	260	260	260	260	260
轴承寿命(160℃)/h	1300	1220	1220	1150	1350	1010	1010	1390
启动力矩/mN·m	770	860	840	610	950	910	760	800
运转转矩/mN·m	76	85	83	62	93	90	74	79

(7) 产品应用领域

应用于各产业中机电设备及机械部件的电动机转子。

(8) 产品特点

产品采用聚脲稠化精制合成油并添加抗氧防锈剂等添加剂制成，能在高温高速环境下显著提高耐久性，同时低温性能卓越，确保润滑脂具有超长使用寿命。

3.3.6　通用聚脲润滑脂（六）

(1) 技术难点

汽车、电机产品、各种机械部件等产品大多利用铁路、卡车来运送。在运输过程中，由于铁轨接头处、道路不平引起的振动，涂有油脂的润滑部件会发生微振磨损。微振磨损是指在微小振幅条件下产生的表面损伤，其在大气环境中会形成氧化磨损粉末。研究表明，由于研磨作用，这些粉末大多会导致严重的磨损现象。

在严酷条件（－30℃以下，振幅极为微小）下，对微振磨损的抑制要求越来越高，需要进一步改善微振磨损问题。

（2）解决方法

一旦润滑脂处于低温环境，其流动性显著降低，因此难以流入润滑部位。此外，当振幅变小时，润滑脂更难再流入润滑部位，因而容易产生微振磨损。通过在含有增稠剂和基油的润滑脂中添加磷酸铵，可有效抑制在低温及微小振幅环境下产生的微振磨损。

（3）关键原料特性

① 增稠剂　由对甲苯胺、环己胺、硬脂胺和 MDI 反应而制得。

② 基础油　矿物油：40℃运动黏度为 $60mm^2/s$。

③ 添加剂

- 磷酸胺 A：二甲基磷酸叔烷基胺。
- 磷酸胺 B：磷酸苯胺。
- Ca 磺酸盐 A：二壬基萘磺酸钙盐（碱值：0.26）。
- Ca 磺酸盐 B：高碱性烷基苯磺酸钙盐（碱值：405）。
- Zn 磺酸盐：二壬基萘磺酸锌盐（碱值：0.50）。

（4）典型润滑脂配方（表 3-33）

表 3-33　典型润滑脂配方　　　　单位：%（质量分数）

项目	实施例 1	实施例 2	实施例 3	实施例 4	实施例 5	实施例 6	实施例 7	实施例 8
种类	芳香族二脲	脂环脂肪族二脲	Li 复合皂	脂环脂肪族二脲	脂环脂肪族二脲	脂环脂肪族二脲	脂环脂肪族二脲	脂环脂肪族二脲
稠化剂含量（质量分数）/%	18.5	9.5	10.0	9.5	9.5	9.5	9.5	9.5
基础油	余量	余量	余量	余量	余量	余量	余量	余量
磷酸胺 A	1.0	1.0	1.0	0.05	5.0	1.0	1.0	1.0
Ca 磺酸盐 A						1.0		
Ca 磺酸盐 B							1.0	
Zn 磺酸盐								1.0

（5）制备方法

以相对于 4,4'-二苯基甲烷二异氰酸酯 1mol，原料胺（对甲苯胺）为 2mol 的比例，按规定量反应，加入规定量的磷酸胺、抗氧化剂以及防锈剂，利用三辊轧机调整为规定的锥入度来制造。含有脂环脂肪族二脲作为增稠剂的润滑脂组合物，除了使用环己胺及硬脂胺替代对甲苯胺作为原料胺以外，与含有芳香族二脲的润滑脂组合物采用相同方法制造。应予说明的是，将构成脂环脂肪族二脲化合物的环己胺与硬脂胺的摩尔比设为 7：1。

（6）典型润滑脂理化数据（表 3-34）

表 3-34 典型润滑脂理化数据

项目	实施例 1	实施例 2	实施例 3	实施例 4	实施例 5	实施例 6	实施例 7	实施例 8
工作锥入度/0.1mm	300	300	300	300	300	300	300	300
磨损量/mg	1.5	1.3	1.5	2.5	1.3	0.5	0.6	0.5

（7）产品应用领域

汽车、电机产品、各种机械部件等微动磨损润滑。

（8）产品特点

产品采用聚脲稠化精制合成油并加抗氧防锈剂、磷酸胺等添加剂制成，能够在低温且微小振幅下抑制产生的微振磨损磨耗。

3.3.7　通用聚脲润滑脂（七）

（1）技术难点

近年来，润滑脂被广泛应用于产业用机器人、风力发电设备等领域的减速机与增速机中。这些减速机需在低温至高温的广泛温度环境下运行，因此润滑脂需要在不同温度条件下均能保持优异性能。此外，从确保减速机长期稳定运行、减少润滑脂补给维护频率的角度考虑，要求润滑脂具有较长的使用寿命。

（2）解决方法

含有基础油和脲系增稠剂的润滑脂，其所含脲系增稠剂颗粒的粒径，通过激光衍射/散射法测定时，以面积基准计的算术平均粒径应调整至规定范围。采用特定基础油的润滑脂能够同时兼顾低温特性与润滑寿命，并具备优异的润滑性能（即耐磨耗性、耐疲劳寿命、耐咬黏性等）。

（3）关键原料特性

① 增稠剂　由十八烷基胺、环己胺和 MDI 反应制得。

② 基础油

• 高黏度基础油（A1）：40℃ 运动黏度 409mm^2/s，100℃ 运动黏度 30.9mm^2/s，黏度指数 107。

• 低黏度基础油（A2）：40℃运动黏度 19mm²/s，100℃运动黏度 4.2mm²/s，黏度指数 126。

• 超高黏度烃系合成油（A3）：40℃运动黏度 37500mm²/s，100℃运动黏度 2000mm²/s，黏度指数 300。

③ 添加剂

• 硫系极压剂（C1）：二硫代氨基甲酸酯。

• 磷系极压剂（C2）：磷酸酯铵盐。

• 极压剂（C3）：硫代磷酸三苯酯。

• 添加剂（D）：使用规定量的抗氧化剂、防锈剂和金属钝化剂。

（4）典型润滑脂配方（表 3-35）

表 3-35　典型润滑脂配方　　　单位：%（质量分数）

项目	实施例			比较例
	1	2	3	1
高黏度基础油（A1）	20	10.0	30.0	20.0
低黏度基础油（A2）	60	73.0	45.0	60.0
超高黏度烃系合成油（A3）	5	2.0	10.0	5.0
脲系增稠剂（B1）	5.0	—	—	—
脲系增稠剂（B2）	—	5.0	—	—
脲系增稠剂（B3）	—	—	5	—
脲系增稠剂（B4）	—	—	—	5.0
硫系极压剂（C1）	4.0	4.0	4.0	4.0
磷系极压剂（C2）	1.0	1.0	1.0	1.0
硫代磷酸二苯酯（C3）	2.0	2.0	2.0	2.0
添加剂（D）	3.0	3.0	3.0	3.0
总计	100.0	100.0	100.0	100.0

（5）制备方法

将高黏度基础油（A1）10.0 质量份、低黏度基础油（A2）30.0 质量份和超高黏度烃系合成油（A3）2.5 质量份混合得到的基础油（A）加热至 70℃。向加热的基础油（A）中，添加二苯基甲烷-4,4'-二异氰酸酯 2.46 质量份，制备溶液 a。

将另外准备的高黏度基础油（A1）10.0 质量份、低黏度基础油（A2）30.0 质量份和超高黏度烃系合成油（A3）2.5 质量份混合，在加热至 70℃的基础油（A）中添加十八烷基胺 1.03 质量份和环己基胺 1.52 质量份，制备溶液 b。将加热至 70℃ 的溶液 a 从溶液导入管以流量 150L/h，将加热至 70℃ 的溶液 b 从溶液导入管以流量 150L/h，分别同时导入容器主体内，在使转子旋转的状态下将溶液 a 和溶液 b 持续导入容器主体内，合成脲润滑脂。

（6）典型润滑脂理化数据（表 3-36）

表 3-36　典型润滑脂理化数据

项目	实施例 1	实施例 2	实施例 3	比较例 1
基础油运动黏度（−10℃）/(mm²/s)	1260	720	2300	1260
基础油运动黏度（40℃）/(mm²/s)	62	35	103	62
基础油运动黏度（100℃）/(mm²/s)	10	6	15	10
黏度指数	152	125	157	152
颗粒的算术平均粒径/μm	0.46	0.31	0.50	1000
颗粒的比表面积/(cm²/cm³)	1.5×10^5	2.0×10^5	0.5×10^4	6.0×10^3
工作锥入度/0.1mm	411	400	423	401
表观黏度（−10℃）/Pa·s	27	20	31	30
滴点/℃	>230	>230	>230	>230
分油/%	6.7	5.2	9.1	84
低温转矩起动扭矩（−10℃）/(mN·m)	16	14	19	21
低温转矩运转扭矩（−10℃）/(mN·m)	5	4	6	7

含有脲系增稠剂的颗粒粒径的计算：首先，将测定试样真空脱泡后，填充在 1mL 注射器中，从注射器挤出 0.10～0.15mL 的试样，在糊剂单元用固定模具的板状单元表面上放置挤出的试样。接着，在试样上叠加另一块板状单元，从而形成由两张单元夹持的测定样本单元。使用激光衍射型粒径测定机，对测定用单元的试样中颗粒以面积基准计的算术平均粒径进行测定。

（7）产品应用领域

能够在要求此类特性的装置的轴承部分、滑动部分、齿轮部分、接合部分等润滑部位中用作润滑剂。

① 在轮毂单元、电动动力转向系统、驱动电机飞轮、球形接头、轮轴轴承、花键部件、等速接头、离合器助力器、伺服电机、刃形支承或发电机的轴承部分中使用。

② 适用于汽车领域的多种装置润滑部位，包括散热器风扇电机、风扇耦合器、交流发电机、空转轮、轮毂单元、水泵、电动窗、雨刮器、电动动力转向系统、驱动电机飞轮、球形接头、轮轴轴承、花键部件、等速接头等的轴承部分，

以及门锁、门销、离合器助力器等装置的轴承、齿轮、滑动部位。

③ 适用于办公设备领域的润滑，如打印机中的固定辊、多面镜电机等的轴承和齿轮部分。

④ 适用于机床领域的润滑，如主轴、伺服电机、工业机器人等减速器内的轴承部分。

⑤ 适用于风力发电设备的润滑部位，如刀形支承和发电机等轴承部分。

⑥ 适用于工程机械和农业机械领域的润滑，如球形接头、花键部件等的轴承、齿轮和滑动部位。

⑦ 适用于工业机器人减速器及风力发电增速机等含齿轮机构的设备，包括 RV 型、谐波型、摆线型等多种减速器类型。

（8）产品特点

产品采用聚脲稠化剂和精制油，并添加了抗氧防锈剂、极压抗磨剂等添加剂，以确保其在低温条件下的优异性能和长期的润滑寿命。

3.3.8 通用聚脲润滑脂（八）

（1）技术难点

长期以来，聚脲润滑脂已被广泛应用于汽车、电气设备、工业机械以及各类滑动部件的润滑中。在汽车领域，由金属材料和树脂材料构成的球形接头被广泛用于悬架连杆机构及操舵装置连杆机构的连接部位。当摩擦面之间因反复接触而产生附着与润滑现象（即黏滑）并引发振动时，将对汽车的乘坐舒适性造成显著影响。因此，针对球形接头所使用的润滑剂，除了需要具备低摩擦特性外，还必须能够有效抑制黏滑现象的发生。

（2）解决方法

对于含有基础油和脲系增稠剂的润滑脂，其包含脲系增稠剂的粒子粒径。利用激光衍射/散射法将该粒子平均粒径调整至规定范围，且含有特定基础油、肌氨酸衍生物和脂肪酸锌盐的润滑脂能够提供优异的低温特性，进而有效抑制黏滑。

（3）关键原料特性

① 增稠剂原材料　由十八烷基胺、环己基胺和 MDI 反应制得。

② 基础油

• 高黏度烃系合成油（A1）：重均分子量为 140 的聚 α-烯烃，40℃运动黏度 400mm^2/s，100℃运动黏度 40mm^2/s，黏度指数 149。

• 低黏度烃系合成油（A2）：重均分子量为 555 的聚 α-烯烃，40℃运动黏度 30mm^2/s，100℃运动黏度 6mm^2/s，黏度指数 132。

• 超高黏度烃系合成油（A3-1）：平均分子量为 3500～4500，40℃运动黏度 37500mm^2/s，100℃运动黏度 2000mm^2/s，黏度指数 300。

• 超高黏度烃系合成油（A3-2）：聚丁烯 2000H，100℃运动黏度 4300mm^2/s。

③ 添加剂

• 肌氨酸衍生物（C1）：N-油酰基肌氨酸。

• 脂肪酸锌盐（D1）：硬脂酸锌。

• 添加剂（E）：使用规定量的油性剂、抗氧化剂和增稠剂。

（4）典型润滑脂配方（表 3-37）

表 3-37　典型润滑脂配方　　　　　　单位：%（质量分数）

项目	实施例 1	比较例 1
高黏度烃系合成油(A1)	41.5	41.5
低黏度烃系合成油(A2)	11.0	11.0
超高黏度烃系合成油(A3-1)	12.5	12.5
超高黏度烃系合成油(A3-2)	6.0	6.0
脲系增稠剂(B1)	5.0	—
脲系增稠剂(B2)	—	5.0
肌氨酸衍生物(CI)	3.0	3.0
脂肪酸锌盐(D1)	15.5	15.5
添加剂(E)	5.5	5.5
合计	100.0	100.0

（5）制备方法

首先，将高黏度烃系合成油（A1）41.5 质量份、低黏度烃系合成油（A2）11.0 质量份、超高黏度烃系合成油（A3-1）12.5 质量份和超高黏度烃系合成油（A3-2）6.0 质量份混合而得到的基础油（A）分成等量的三份。接着，将分取出的第一份基础油（A）加热至 70℃。向加热的基础油（A）中添加二苯基甲烷-4,4'-二异氰酸酯 1.97 质量份，制备溶液 A。将分取出的第二份基础油（A）加热至 70℃，添加十八烷基胺 2.47 质量份和环己基胺 0.60 质量份，制备溶液 B。将加热至 70℃的溶液 A 从溶液导入管以 504L/h 的流量导入容器主体内。其后，将加热至 70℃的溶液 B 从溶液导入管以 144L/h 的流量导入至装有溶液 A 的容器主体内。将全部溶液 B 倒入容器主体内后，使搅拌叶片旋转，边搅拌边升温至 160℃，保持 1h 而合成脲润滑脂。

（6）典型润滑脂理化数据（表 3-38）

表 3-38　典型润滑脂理化数据

项目	实施例 1	比较例 1
基础油运动黏度（40℃）/(mm^2/s)	1074	1074
基础油运动黏度（100℃）/(mm^2/s)	97	97
黏度指数	180	180
粒子的算术平均粒径/μm	0.33	132
粒子的比表面积/(cm^2/cm^3)	1.8×10^5	7.1×10^4
锥入度/0.1mm	317	325
滴点/℃	210	212
低温转矩起动扭矩（-40℃）/(mN·m)	570	620
低温转矩运转扭矩（-40℃）/(mN·m)	430	470

（7）产品应用领域

可应用于汽车领域、办公设备领域、工作机械领域、风力发电领域、建设领域、农业机械领域或产业机器人领域等。

① 在汽车领域，可用于以下装置的润滑：散热器风扇电机、风扇耦合器、交流发电机、空转轮、轮毂单元、水泵、电动车窗、刮水器、电动动力转向装置、驱动用电动电机飞轮、球形接头、轮轴轴承、齿槽部、等速万向节等装置内的轴承部分；门锁、门铰链、离合器助力器等装置内的轴承部分、齿轮部分、滑动部分等。此外，还适用于轮毂单元、电动动力转向装置、驱动用电动电机飞轮、球形接头、轮轴轴承、齿槽部、等速万向节、离合器助力器、伺服电机、刃形支承或发电机的轴承部分等。

② 在办公设备领域，可用于打印机等装置内的定影辊、多边形电机等装置内的轴承和齿轮等润滑部分。

③ 在工业机械领域，可用于主轴、伺服电机、工业机器人等设备中的减速器轴承等润滑部分。

④ 风力发电装置内润滑部分如刃形支承和发电机等的轴承部分等。

⑤ 在建设机械或农业机械中，球形接头、齿槽部等部件的轴承、齿轮和滑动部分是润滑的重点。

（8）产品特点

产品采用聚脲稠化精制油，并加入抗氧防锈剂、极压抗磨剂等添加剂制成，具有优异的低温特性，从而有效抑制黏滑。

3.3.9 通用聚脲润滑脂（九）

（1）技术难点

近年来，产业用机器人所使用的减速器以及风力发电设备等所使用的增速器，均使用润滑脂。减速器通过在输入侧施加扭矩，在输出侧实现减速并传递扭矩。增速器则通过在输入侧施加扭矩，在输出侧实现增速并传递扭矩。为确保将输入侧施加的扭矩无浪费地传递至输出侧，根据 NB/SH/T 0839—2010 标准，减速器和增速器的润滑部位所使用的润滑脂需在低温条件下具备优异的扭矩传递效率。此外，对于如减速器和增速器的润滑部位所使用的这类要求优异扭矩传递效率的润滑脂，由于其在传递扭矩时容易对润滑部位施加高负荷，因此还要求其具备有效减少该润滑部位磨损和胶合的性能。

（2）解决方法

为了解决润滑脂在扭矩传递效率、防漏性能以及耐磨损性和耐负荷性方面的不足，开发了一种含有基础油和脲系增稠剂的润滑脂。通过将脲系增稠剂的粒子粒径调整至规定范围，并添加特定的极压剂，有效提升了润滑脂在上述性能上的表现，从而满足高要求工况下的应用需求。

（3）关键原料特性

① 增稠剂　由十八烷基胺、环己胺、辛胺和 MDI 反应制得。

② 基础油

- 基础油（A1）：40℃运动黏度为 $50mm^2/s$ 的石蜡基矿物油。
- 基础油（A2）：40℃运动黏度为 $100mm^2/s$ 的石蜡基矿物油。
- 基础油（A3）：40℃运动黏度为 $50mm^2/s$ 的聚 α-烯烃（PAO）。

③ 添加剂

- 极压剂（C1）：酸式磷酸酯铵盐。
- 极压剂（C2）：二硫代氨基甲酸酯化合物。
- 极压剂（C3）：单烷基硫代磷酸酯。
- 极压剂（C4）：硫化油脂。
- 极压剂（C5）：二硫代磷酸锌。
- 极压剂（C6）：二硫代氨基甲酸钼。

④ 添加剂（D）

- 添加剂（D1）：硬脂酸锌。
- 添加剂（D2）：单丁基苯基单辛基苯胺。
- 添加剂（D3）：磺酸钠。

（4）典型润滑脂配方（表 3-39）

表 3-39　典型润滑脂配方　　　　　　　单位：%（质量分数）

项目	实施例 1	实施例 2	实施例 3	实施例 4	实施例 5	实施例 6	实施例 7	实施例 8
环己胺	1.45	—	—	0.60	0.54	0.37	0.37	0.60
辛胺	—	—	5.50	—	—	—	—	—
十八胺	5.91	8.10	—	2.45	2.20	1.51	1.51	2.45
MDI	4.71	3.88	5.49	1.95	1.76	1.20	1.20	1.95
极压剂（C1）	—	—	—	0.60	—	—	0.60	—
极压剂（C2）	—	—	—	3.00	—	—	3.00	—
极压剂（C3）	—	—	—	0.40	—	—	0.40	—
极压剂（C4）	—	—	—	0.30	—	—	0.30	—
极压剂（C5）	1.50	1.50	1.50	—	1.50	1.50	—	1.50
极压剂（C6）	3.00	3.00	3.00	—	3.00	3.00	—	3.00
添加剂（DI）	0.30	0.30	0.30	0.30	0.30	0.30	0.30	0.30
添加剂（D2）	2.00	2.00	2.00	2.00	2.00	2.00	2.00	2.00
添加剂（D3）	1.00	1.00	1.00	1.00	1.00	1.00	1.00	1.00
基础油（A1）	80.13	80.22	81.21	87.40	—	—	—	87.20
基础油（A2）	—	—	—	—	—	89.12	89.32	—
基础油（A3）	—	—	—	—	87.7	—	—	—

（5）制备方法

在 41.39 质量份的基础油（A1）中加入 4.71 质量份的二苯基甲烷-4,4'-二异氰酸酯（MDI），制备溶液 a。在另行准备的 38.74 质量份的基础油（A1）中加入 5.91 质量份的十八胺和 1.45 质量份的环己胺，制备溶液 b。将加热至 70℃ 的溶液 a 与同样温度的溶液 b，各自以 150L/h 的流量，通过溶液导入管同时注入容器主体，并在转子旋转的条件下，连续不断地导入，以合成脲润滑脂。

（6）典型润滑脂理化数据（表 3-40）

表 3-40　典型润滑脂理化数据

项目	实施例 1	实施例 2	实施例 3	实施例 4	实施例 5	实施例 6	实施例 7	实施例 8
锥入度/0.1mm	242	244	256	390	400	445	448	390
扭矩传递效率/%	54	55	57	82	84	87	84	85

项目	实施例 1	实施例 2	实施例 3	实施例 4	实施例 5	实施例 6	实施例 7	实施例 8
磨损量/mg	2	3	1	11	4	3	6	3
烧结负荷/N	2452	2452	2452	2452	2452	3089	3089	2452
润滑脂泄漏率/%	0	0	0	0	0	0	0	0
粒子的算术平均粒径/μm	2.0 以下	2.0 以下	2.0 以下	2.0 以下	2.0 以下	2.0 以下	2.0 以下	2.0 以下
粒子的算术平均粒径(实测值)/μm	0.7	0.6	0.6	0.3	0.3	0.2	0.2	0.30
粒子的比表面积/(×10^3cm²/cm³)	0.80	1.10	1.00	2.10	2.20	2.90	2.80	2.20

(7) 产品应用领域

用于轮毂单元、电动动力转向装置、驱动用电动马达飞轮、球窝接头、轮轴轴承、花键部、等速接头、离合助力器、伺服马达、刃形支承或发电机的轴承等部分。

(8) 产品特点

产品以聚脲稠化精制油为基础，并添加抗氧防锈剂、极压抗磨剂等添加剂制成，具有优异的扭矩传递效率、防漏性能、耐磨损性和耐负荷性。

3.3.10 通用聚脲润滑脂（十）

(1) 技术难点

在汽车行业中，选择合适的润滑脂至关重要，尤其是聚脲润滑脂，它通过减少摩擦和磨损，延长部件寿命，增强密封性能，防止泄漏，以及减少振动和噪声，显著提升了汽车的乘坐舒适性。球形接头用于弹簧托座和转向装置的连杆机构接合，所使用的润滑脂对这些性能的改善起到了关键作用。

与脲润滑脂相比，锂皂润滑脂使乘坐更具舒适性。但是，锂皂润滑脂存在耐热性和氧化稳定性差的问题。近年来汽车行业在寻求改善乘坐舒适性的脲润滑脂。然而，脲润滑脂在球形接头的润滑部位有时会引发振动和异响，导致动摩擦力降低不足，且动摩擦力分布不均，进而影响了乘坐的舒适性。

(2) 解决方法

将脲润滑脂内包含的颗粒的平均粒径控制在适当的范围，且将基础油设为特定的黏度，从而实现适当维持润滑部的动摩擦力的润滑。

(3) 关键原料特性

① 增稠剂　由十八烷基胺、环己胺和 MDI 反应制得。

② 基础油

• A1：重均分子量为 555 的 PAO，40℃运动黏度 $30mm^2/s$，100℃运动黏度 $6mm^2/s$，黏度指数 132。

• A2：重均分子量为 1400 的 PAO，40℃运动黏度 $400mm^2/s$，100℃运动黏度 $40mm^2/s$，黏度指数 149。

• A3：平均分子量为 17000 的 PAO，40℃运动黏度 $37500mm^2/s$，100℃运动黏度 $2000mm^2/s$，黏度指数 300。

③ 添加剂

• 肌氨酸衍生物（C1）：N-油酰基肌氨酸。

• 胺化合物（C2）：具有氨基的化合物。

• 酰胺化合物（C3）：具有酰胺键的化合物。

(4) 典型润滑脂配方（表 3-41）

表 3-41　典型润滑脂配方　　　　单位：%（质量分数）

项目	实施例 1	实施例 2	实施例 3	比较例 1
基础油(A1)	30.00	30.00	46.50	85.50
基础油(A2)	45.00	55.00	40.00	—
基础油(A3)	13.00	3.00	1.00	—
MDI	3.00	3.00	3.00	4.00
环己胺	1.00	1.00	1.00	1.00
硬脂胺	3.50	3.50	4.00	5.00
肌氨酸衍生物(C1)	3.00	3.00	3.00	3.00
胺化合物(C2)	0.50	0.50	0.50	0.50
酰胺化合物(C3)	1.00	1.00	1.00	1.00
合计	100.00	100.00	100.00	100.00

(5) 制备方法

向经加热的混合基础油（A）50 质量份中添加二苯基甲烷-4,4'-二异氰酸酯（MDI）3 质量份，制备溶液 x_1。向基础油（A1）与基础油（A2）进行配混并加热至 70℃的混合基础油 50 质量份中添加环己胺 1 质量份和硬脂胺 3.5 质量份，制备溶液 y_1。分别同时将加热至 70℃的溶液 x_1 从溶液导入管以 150L/h 的流量与加热至 70℃的溶液 y_1 从溶液导入管以 150L/h 的流量导入容器主体内，在使转子 3 旋转的状态下，将溶液 x_1 和溶液 y_1 连续地向容器主体 2 内持续导入，合成脲润滑脂。

（6）典型润滑脂理化数据（表 3-42）

表 3-42　典型润滑脂理化数据

项目	实施例 1	实施例 2	实施例 3	比较例 1
基础油的运动黏度(40℃)/(mm²/s)	500.00	170.00	100.00	30.00
工作锥入度/0.1mm	342	364	310	302
算术平均粒径/μm	0.20	0.20	1.22	2.10
比表面积/(cm²/cm³)	3.0×10^5	3.0×10^5	4.9×10^4	2.9×10^4
平均动摩擦力/N	1.1	1.2	1.3	1.7
声响特性(GN 分类)	GN3	GN3	GN3	GN3

（7）产品应用领域

汽车领域、办公设备领域、工程机械领域、风力发电领域、建设领域和农业机械领域等装置的轴承、滑动部、接合部等润滑部的润滑。

（8）产品特点

产品采用聚脲稠化精制油等并添加抗氧防锈剂、极压抗磨剂等添加剂制成，能够有效维持润滑部位滑动摩擦力的润滑。

3.3.11　通用聚脲润滑脂（十一）

（1）技术难点

近年来，从轻量化、加工性等观点考虑，研究了树脂材料作为滑动部件的构件的使用。例如，在蜗轮装置中，从强度的观点考虑，蜗杆采用金属材料，而为了防止蜗杆接触导致的齿轮咔嗒声、振动噪声等异响的产生，近年来蜗轮采用树脂材料的情况逐渐增多。

对于由金属材料和树脂材料构成的滑动部件，若使用适用于金属间的润滑脂，可能无法充分发挥其降摩擦效果和耐磨损性能。因此，需要开发适用于金属材料与树脂材料构成的滑动部件润滑的专用润滑脂。

（2）解决方法

含有基础油和增稠剂的同时，还包含选自肌氨酸衍生物、胺化合物和酰胺化合物中的至少两种添加剂的润滑脂，可改善低摩擦系数和耐磨损性，适合用于金属材料和树脂材料构成的滑动部分的润滑。

（3）关键原料特性

① 增稠剂　由十八烷基胺、环己基胺和 MDI 反应制得。

② 基础油　聚 α-烯烃（PAO），40℃运动黏度 30mm²/s，100℃运动黏度

$7.8mm^2/s$，黏度指数137。

③ 添加剂 油酰肌氨酸、油胺、脂肪酸胺组合可以更好地降低摩擦系数，提高耐磨损性。

（4）典型润滑脂配方（表3-43）

表3-43　典型润滑脂配方　　　　单位：%（质量分数）

项目	实施例1	实施例2	实施例3	实施例4	实施例5	实施例6	实施例7	实施例8
PAO	84.6	88.2	84.6	84.6	84.6	87.3	88.6	87.7
脲系增稠剂	9.4	9.8	9.4	9.4	9.4	9.7	9.9	9.8
油酰肌氨酸	3.0	1.0	—	3.0	2.0	1.0	0.5	1.0
油胺	3.0	1.0	3.0	—	2.0	1.0	0.5	1.0
脂肪酰胺	—	—	3.0	3.0	2.0	1.0	0.5	0.5
总计	100.0	100.0	100.0	100.0	100.0	100.0	100.0	100.0

（5）制备方法

作为基础油，在加热至70℃的聚α-烯烃（PAO）45.0质量份中，加入二苯基甲烷-4,4′-二异氰酸酯（MDI）3.9质量份，制备溶液A。在另外准备的加热至70℃的聚α-烯烃45.0质量份中，加入硬脂胺4.9质量份和环己胺1.2质量份，制备溶液B。硬脂胺/环己胺＝60/40（摩尔比）。将加热至60～80℃的溶液A和溶液B以100～200L/h的流量从溶液导入管同时导入容器主体内，得到基础润滑脂。

（6）典型润滑脂理化数据（表3-44）

表3-44　典型润滑脂理化数据

项目	实施例1	实施例2	实施例3	实施例4	实施例5	实施例6	实施例7	实施例8
工作锥入度/0.1mm	280	283	280	294	288	283	289	284
滴点/℃	>260	>260	>260	>260	>260	>260	>260	>260
初始摩擦系数	0.13	0.10	0.10	0.10	0.10	0.09	0.14	0.13
平均摩擦系数	0.10	0.07	0.12	0.12	0.08	0.08	0.12	0.11

（7）产品应用领域

该产品适用于各种装置的滑动部分，如轮毂单元、电动助力转向系统、驱动用电动机及其飞轮、球关节、车轴轴承、花键部、等速万向节、离合器式增力机构、伺服电动机、刃型支承或发电机的轴承部分。同时，也可以用于汽车、办公设备、工作机械、风力发电、建设用或农业机械等领域。

（8）产品特点

该产品采用聚脲稠化精制油等，并加入抗氧防锈剂、摩擦改进剂等添加剂制成，具有低摩擦系数和良好的耐磨损性。

3.3.12 通用聚脲润滑脂（十二）

（1）技术难点

鉴于在实现机械小型化与轻量化等方面的优势，聚脲润滑脂已被广泛应用于汽车以及各类工业机械的滑动部件中。为满足实际应用需求，该润滑脂需具备在高温条件下长期保持润滑性能的能力，同时展现出优异的氧化稳定性、耐热性和耐水性。

（2）解决方法

为了解决润滑脂在氧化稳定性、耐磨耗性以及摩擦特性方面的性能需求，开发了一种包含基础油、脲系增稠剂、抗氧化剂和防锈剂的润滑脂。通过精确调整脲系增稠剂颗粒的粒径分布，使其达到最大频率的峰对应的粒径与半峰宽度满足规定范围，从而有效提升了润滑脂在高温环境下的氧化稳定性、抗磨损性能以及摩擦特性，满足了高性能应用场景的需求。

（3）关键原料特性

① 增稠剂　由十八烷基胺、环己胺、MDI 反应制得。

② 基础油　聚 α-烯烃（PAO），40℃运动黏度 47mm^2/s，100℃运动黏度 7.8mm^2/s，黏度指数 137。

③ 添加剂　极压剂、黏度增加剂、固体润滑剂、清净分散剂、防腐蚀剂、金属惰化剂等。

（4）典型润滑脂配方（表 3-45）

表 3-45　典型润滑脂配方　　　单位:%（质量分数）

项目	实施例 1	比较例 1
PAO	87.30	87.30
脲系增稠剂	9.70	9.70
二壬基二苯基胺	2.00	2.00
烯基丁二酸多元醇酯	1.00	1.00
总计	100	100

（5）制备方法

基础油加热至 70℃的聚 α-烯烃（PAO）92.04 质量份，添加二苯基甲烷-4，

4'-二异氰酸酯（MDI）7.96 质量份，制备溶液 a。向另外准备的加热至 70℃ 的聚 α-烯烃（PAO）87.94 质量份中，添加环己胺 2.01 质量份和硬脂基胺 10.05 质量份，制备溶液 b。将加热至 70℃ 的溶液 a 和溶液 b，分别以 150L/h 的流量，同时从溶液导入管导入容器主体内，从而制得基础润滑脂。

（6）典型润滑脂理化数据（表 3-46）

表 3-46　典型润滑脂理化数据

项目	实施例 1	比较例 1
工作锥入度/0.1mm	272	265
滴点/℃	260 以上	260 以上
氧化安定性试验/kPa	25	25
微动磨损试验/mg	4.00	37.00
SRV 试验摩擦系数	0.07	0.15
脲系增稠剂颗粒的最大频率粒径/μm	0.6	90
脲系增稠剂颗粒的半峰宽度/μm	0.6	30

（7）产品应用领域

特别适用于轮毂单元、电动动力转向系统、驱动用电动机飞轮、球窝接头、轮毂轴承、花键部、等速接头、离合器助力器、伺服电机、叶形轴承以及发电机的轴承部分。

（8）产品特点

产品采用聚脲稠化精制油等并加入抗氧防锈剂、摩擦改进剂等添加剂制成，得到的润滑脂氧化稳定性、耐磨耗性和摩擦特性优异。

3.3.13　通用聚脲润滑脂（十三）

（1）技术难点

表面构件主要由金属制成，但近年来，出于轻量化的目的，在某些情况下，某些表面构件已开始使用树脂材料。然而，除了金属构件与树脂构件间滑动时的摩擦和磨损模式与金属构件间滑动时的差异外，润滑脂在构件表面的吸附性以及添加剂反应特性方面存在显著差异。在表面使用的润滑脂组合物还需要进一步减少摩擦，以提高如轴承等部位的能源效率。

（2）解决方法

基础油与增稠剂、脂肪族酰胺化合物和聚合物一起使用可以得到适用于金属构件和树脂构件之间并且能够减少摩擦的润滑脂。

(3) 关键原料特性

① 增稠剂 由十八烷基胺、环己基胺与 MDI 反应制得。

② 基础油

• 基础油 1：聚 α-烯烃（100℃运动黏度 8.0mm^2/s，黏度指数 136，倾点 −45℃，闪点 265℃）。

• 基础油 2：聚 α-烯烃（100℃运动黏度 40.0mm^2/s，黏度指数 149，倾点 −30℃，闪点 280℃）。

③ 添加剂

• 聚合物 A：乙烯−丙烯共聚物（重均分子量 200000，稀释油中的聚合物浓度 10%）。

• 聚合物 B：乙烯−丙烯共聚物（重均分子量 300000，稀释油中的聚合物浓度 10%）。

• 聚合物 C：乙烯−丙烯共聚物（重均分子量 60000，无稀释油）。

• 聚合物 D：苯乙烯−二烯共聚物（重均分子量 440000，稀释油中的聚合物浓度 10%）。

• 聚合物 E：聚甲基丙烯酸酯（重均分子量 400000，稀释油中的聚合物浓度 20%）。

• 聚合物 F：聚丁烯（平均分子量 2000，无稀释油）。

• 脂肪族酰胺：亚乙基双硬脂酸酰胺。

• 抗氧化剂：二苯胺。

(4) 典型润滑脂配方（表 3-47）

表 3-47 典型润滑脂配方　　　　　单位:%（质量分数）

项目	实施例 1	实施例 2	实施例 3	实施例 4	实施例 5	实施例 6	实施例 7
基础油	余量	余量	余量	余量	余量	余量	余量
聚脲	11	9	11	9	11	9	9
聚合物 A	5	5	—	—	—	—	—
聚合物 B	—	—	5	—	—	—	—
聚合物 C	—	—	—	5	—	—	—
聚合物 D	—	—	—	—	5	—	—
聚合物 E	—	—	—	—	—	5	—
聚合物 F	—	—	—	—	—	—	5
脂肪族酰胺化合物	5	10	5	10	5	5	5
抗氧化剂	2	2	2	2	2	2	2

（5）制备方法

将基础油、增稠剂和各添加剂共混以制备试验润滑脂。

（6）典型润滑脂理化数据（表 3-48）

表 3-48　典型润滑脂理化数据

项目	实施例 1	实施例 2	实施例 3	实施例 4	实施例 5	实施例 6	实施例 7
工作锥入度/0.1mm	—	—	—	315	—	—	—
摩擦系数	0.026	0.030	0.025	0.026	0.029	0.030	0.031

（7）产品应用领域

适用于常见机械、轴承、齿轮及滚珠丝杠等金属与树脂部件间的滑动，即便在恶劣条件下亦能展现出卓越性能。可在汽车中用于润滑动力传动系统如水泵、冷却风扇马达、启动机、交流发电机和发动机外围的各种制动器部件、传动轴、等速万向节、车轮轴承和离合器，以及各种部件如电动助力转向（EPS）、电动车床、制动系统、球形接头、门铰链、方向盘和制动扩张器。此外，可用于例如挖掘机、推土机和汽车起重机等建筑机械，钢铁工业、造纸工业、林业机械、农业机械、化工厂、发电机组和铁道车辆中可能涉及往复滑动的各种轴和嵌合部。也可用于无缝管用螺纹接头和舷外发动机用轴承。

（8）产品特点

产品采用聚脲稠化剂稠化精制油，并加有抗氧、防锈等高性能添加剂精制而成。适用于金属构件和树脂构件之间的滑动并且能够减少摩擦。

3.4
特殊稠化剂润滑脂专利

3.4.1　硅脂

（1）技术难点

汽车等机械装置所使用的驱动零部件、滑动零部件或搬运零部件中，滑动构件普遍采用润滑脂。近年来，市场迫切要求开发出一种润滑脂组合物，这种组合物能在长时间应用中保持优异的耐久性和润滑性能，从而提升滑动构件的可靠性和延长其使用寿命。尤其是汽车用零部件，不仅面临与外部气体接触导致的低温化问题，以及引擎发热引起的高温化挑战，还需应对电子化趋势和静音性要求带来的密闭化、小型化趋势，这些变化进一步加剧了单元内及使用时的高温化问题。此外，汽车等机械装置也需要能够在严寒地区使用，要求润滑脂组合物在高温到低温这一较宽的温度范围内都能稳定地发挥润滑性能。

（2）解决方法

开发一种具有优异阻尼特性的润滑脂，高温下使用也基本不会发生油分离问题，具有优异的润滑性能，能够降低机械装置所产生的噪声。

（3）关键原料特性

① 增稠剂原材料

• 聚四氟乙烯（PTFE 粉末）：平均粒径为 $3.5\mu m$ 的球状聚四氟乙烯树脂微粒。

• 氧化硅：经聚醚改性硅油实施表面处理的一次粒子的粒径为 16nm 的白色二氧化硅粉末。

② 基础油

• 含 Tfp 基的苯基硅油：两末端被三甲基硅氧基封端的聚三氟丙基甲基硅氧烷-甲基苯基硅氧烷共聚物。

• 苯基硅油：两末端被三甲基硅氧基封端的聚甲基苯基硅氧烷。

③ 添加剂

• 丙烯酸类嵌段共聚物 B：KL-LA1892/LA2140＝10/1 混合物。

• 丙烯酸类嵌段共聚物 C：KL-LA1892/LA2140＝10/2 混合物。

（4）典型润滑脂配方（表 3-49）

表 3-49　典型润滑脂配方　　　　　　　单位：质量份

实施例	1	2	3	4	5	6	7	8
含 Tfp 基的苯基硅油	100.0	100.0	100.0	100.0	100.0			
苯基硅油						100.0	100.0	100.0
丙烯酸类嵌段共聚物 B	9.2		7.6	15.2		13.5	11.4	15.2
丙烯酸类嵌段共聚物 C		11.7			15.2			
聚四氟乙烯	79.1	63.5				81.7		
氧化硅(有表面处理)			15.4				17.8	

（5）制备方法

按比例混合各成分，首先将成分 B 溶解于甲苯中，然后将 B 的甲苯溶液和油 A 均匀混合。于烘箱中加热使甲苯挥发，得到 A 和 B 的均匀混合物。向 A 和 B 的混合物中加入固体粉末 C，使用搅拌机进行混合，并利用搅拌机进行脱泡，从而获得润滑脂。

（6）典型润滑脂理化数据（表 3-50）

表 3-50　典型润滑脂理化数据

项目	1	2	3	4	5	6	7	8
锥入度/0.1mm	311	301	286	328	337	265	383	232
落球试验/dB	75.1	74.4	76.7	76.8	75.6	76.3	75.1	77.5
分离试验(100℃,24h)/mm	10	10	11	11	20	14	10	18
有无扩散	无	无	无	有	有	无	无	有
稳定性	好	好	好	差	差	好	好	差
分离试验(150℃,72h)/mm	10	10	10	16	14	15	10	15
有无扩散	无	无	无	有	有	无	无	有
稳定性	好	好	好	差	差	好	好	差
四球长磨试验/mm	0.73	0.94	1.88	—	—	1.27	1.57	—

（7）产品应用领域

该润滑脂组合物特别适用于滑动构件，如刹车系统、齿轮以及复印机等部件。其阻尼特性卓越，即便在高温环境下使用，也几乎不会发生油分离现象，展现出卓越的润滑性能。此外，它还广泛应用于各类机械装置的滑动部件，特别是汽车刹车系统、齿轮以及复印机的滑动部位。

（8）产品特点

该产品采用无机氧化硅稠化剂稠化合成油，经特殊加工工艺而制成。具有优良的高低温适用性、优良的橡胶相容性、对橡胶良好的润滑性，具有优异的润滑性能，能够降低机械装置所产生的噪声。

3.4.2　膨润土润滑脂

（1）技术难点

1943 年，Jordan 首次制备出膨润土润滑脂，近年来国内外学者对膨润土润滑脂进行了大量的研究。膨润土润滑脂是以有机改性膨润土稠化润滑油作为基础油的一类重要非皂基高温润滑脂。膨润土润滑脂，作为一种重要的非皂基高温润滑脂，具有高滴点甚至无滴点、制备过程相对简单且无需加热、成本较低等优势。它广泛应用于飞机、汽车、冶金设备、重负荷设备等的润滑。通过加入适当的添加剂，如抗氧剂、抗磨极压剂、防锈剂和填料等，可以进一步改善其性能，满足特定使用要求。目前的研究和报道主要关注润滑脂的配方、生产工艺和部分性能，但其剪切安定性能和胶体安定性能的研究不足。因此，在剪切安定性能和胶体安定性能方面，润滑脂仍有较大的改进空间。

（2）解决方法

提供一种包括基础油、稠化剂和添加剂的润滑脂，所述添加剂包括嘧啶类化合物和脂肪醇，克服了剪切安定性能和胶体安定性能方面的技术问题。

（3）关键原料特性

① 增稠剂　由有机膨润土、5-溴-甲氧基嘧啶、6-氯-二甲氧基嘧啶、5-溴-甲氧基苯基嘧啶、十二醇、十四醇、十六醇、十八醇、乙醇、丙三醇、丙酮反应制得。

② 基础油

- 500N：100℃运动黏度为 10.5mm^2/s。
- 650SN：100℃运动黏度为 12.9mm^2/s。
- PAO6：100℃运动黏度为 6.1mm^2/s。
- PAO10：100℃运动黏度为 10.2mm^2/s。

③ 添加剂

- 抗氧剂：2,6-二叔丁基-α-二甲氨基对甲酚、2-萘酚、二甲氨基对甲酚。
- 防锈剂：二壬基萘磺酸钡、二壬基萘磺酸钠。
- 碳酸丙烯酯。

（4）典型润滑脂配方（表 3-51）

表 3-51　典型润滑脂配方　　　　　　　　　　　　　单位：质量份

原料名称	实施例 1	实施例 2	实施例 3	实施例 4	实施例 5	实施例 6	实施例 7
PAO6			85				
PAO10					86		
650SN		82		88			
500N	90					75	90
有机膨润土	10	18	15	12	8	18	10
5-溴-甲氧基嘧啶	0.4				0.14	0.75	0.35
6-氯-二甲氧基嘧啶		0.2					
5-溴-甲氧基苯基嘧啶			0.3	0.5			
十二醇	0.4					0.25	0.8
十四醇		0.2					
十六醇			0.2		0.16		
十八醇				0.2			
乙醇		1					

原料名称	实施例1	实施例2	实施例3	实施例4	实施例5	实施例6	实施例7
丙三醇			2				
丙酮	3				0.7	5.6	3
碳酸丙烯酯				2			
二甲氨基对甲酚	2	1	0.5		3	0.2	2
二壬基萘磺酸钡	1	1	0.5		2	0.2	1
萘酚				1			
二壬基萘磺酸钠				1			

(5) 制备方法

将500N基础油、5-溴-2-甲氧基嘧啶、正十二醇、有机膨润土混合，搅拌均匀，然后向其中加入丙酮，快速搅拌直至形成润滑脂结构；升温至100℃，保持20min；加入2,6-二叔丁基-α-二甲氨基对甲酚和二壬基萘磺酸钡后，冷却至室温，通过三辊机研磨2次成脂。

(6) 典型润滑脂理化数据（表3-52）

表3-52　典型润滑脂理化数据

实施例编号	实施例1	实施例2	实施例3	实施例4	实施例5	实施例6	实施例7
滴点/℃	>330	>330	>330	>330	>330	>330	>330
锥入度/0.1mm	295	273	278	283	306	252	302
十万次锥入度/0.1mm	323	292	300	300	348	295	350
钢网分油性能(100℃,24h)/%	2.2	2.3	2.2	2.3	2.7	2.6	2.7
铜片腐蚀性(T₂铜片,100℃,24h)	lb	lb	lb	lb	lb	lb	lb
防腐蚀性(52℃,48h)	合格	合格	合格	合格	合格	合格	合格
十万次锥入度与60次锥入度差值/0.1mm	28	19	22	17	42	43	48

(7) 产品应用领域

适用于木材加工、冶金、陶瓷、机械设备加工等行业高温部位的润滑。

(8) 产品特点

产品采用有机膨润土稠化剂稠化高黏度基础油并经特殊工艺制成。产品展现出卓越的耐高温性能、出色的黏附力、极强的极压抗磨性能以及优异的防水性能。产品有效解决了剪切安定性和胶体安定性方面的挑战。

3.4.3 磺酸钙润滑脂

(1) 技术难点

过碱性磺酸钙在 20 世纪 40 年代被报道主要作为机油中用于防腐蚀和氧化的添加剂。过碱性磺酸钙（OBCS）作为润滑脂的增稠剂在 20 世纪 60 年代被报道，并且基本上是在常规的矿物和/或合成基础油（如 PAO）中制备的。其低滴点特性限制了高温应用能力，同时在寒冷气候下流动性差，且存在稳定性问题。锂是制造锂基润滑脂的重要组分，且随着锂在电子产品和电动汽车锂电池中的使用日益增多，其成本不断上升。锂成本的上升缩小了磺酸钙润滑脂与其他润滑脂之间的价格差距，从而提高了磺酸钙润滑脂的受重视程度。

(2) 解决方法

在可再生基础油中制备的非牛顿高性能过碱性磺酸钙复合物润滑脂，其在使用寿命、抗磨、抗氧化性、低噪声特性、高温和高压特征方面表现出优越性，如在转化阶段同时加入高碱值磺酸钙和脂肪酸 D、转化反应温度为 85℃、反应时间为 2.5h 的条件下制得的润滑脂，其滴点超过 343℃，高于 GB/T 3498—2008 标准中的滴点上限，工作锥入度（0.1mm）为 279，钢网分油率为 2.17%，极压抗磨性能优秀。

(3) 关键原料特性

① 增稠剂　磺酸钙。
② 基础油　烃混合物，倾点 25～55℃，KV100 为 4.0～5.2cSt。
③ 添加剂　防锈剂和防腐蚀剂。

(4) 典型润滑脂配方（表 3-53）

表 3-53　典型润滑脂配方

组分	加入量（质量份）
SynNova 9	55.05
过碱性磺酸钙(Lubrizol GR9251)	38.05
水	11.00
氢氧化钙	2.21
硼酸	2.04
12-羟基硬脂酸	2.65

(5) 制备方法

将 120g 基础油装入混合器中，并在连续搅拌下将 430g 高碱值过碱性磺酸钙

（LZ GR9251）加入其中。向此混合物中添加 60g 水并连续混合 45～60min。热量连续且缓慢地提供给混合器，并且温度升至 180～190°F。向此混合物中添加 120g 基础油。在单独的容器中，准备 20.40g 硼酸、22.10g 氢氧化钙及 50g 水形成的浆液，然后将其加入该混合物中。向此混合物中添加 120g 基础油。将这些物质加热到 200～220°F，随后加入 26.50g 12-羟基硬脂酸。温度逐渐升高至 300～320°F。随后，关闭加热并逐渐冷却物质，添加平衡基础油并通过三辊磨机研磨。

（6）典型润滑脂理化数据（表 3-54）

表 3-54　典型润滑脂理化数据

项目	测试结果	测试方法
增稠剂/%	44.95	
锥入度/0.1mm	309	ASTM D217
滚筒安定性试验差值（2h）/%	1.29	ASTM D1831
滴点/°F	600	ASTM D2265
水淋试验（质量分数）/%	1.75	ASTM D1264
四球烧结负荷/kg	295	ASTM D2596
四球磨痕直径/mm	0.324	ASTM D2266
摩擦系数	0.084	ASTM D2266
微动磨损量/g	0.6	ASTM D4170
汽车车轮轴承润滑脂的寿命性能/h	85.7	ASTM D3527
高温下滚珠轴承润滑脂的寿命/h	64.4	ASTM D3336
氧化安定性（100h）/psi[①]	1.1	ASTM D942
PDSC 氧化诱导时间（180℃）/min	19.9	ASTM D5483
轴承噪声	4.9	ANDEROMETER

① 1psi＝6.89kPa。

（7）产品应用领域

用于汽车、工业和海洋应用的轴承和齿轮。

（8）产品特点

该产品采用复合磺酸钙皂稠化精制矿物油，并结合多种功能添加剂调和而成。该产品在使用寿命、抗磨、抗氧化性、低噪声、高温和高压特性方面表现出优越性能。例如，复合磺酸钙基润滑脂具有极佳的机械安定性及长的轴承寿命，还具有优异的极压抗磨性，以及在潮湿和水淋环境中的无与伦比的抗水性能。

3.4.4　纤维素润滑脂

（1）技术难点

机械的小型化、轻量化等技术被广泛用于汽车、各种产业机械的各种滑动部分的润滑。润滑脂的性能根据所使用的增稠剂而显著变化。

① 二脲化合物在环境方面、对人体的安全方面存在问题。作为二脲化合物原料的异氰酸酯系化合物具有致突变性，对人体是有害的。

② 使用作为脂肪酸金属盐的锂皂而得到的润滑脂大多滴点低，不适合在达到高温的部位使用。

③ 近年来开发了环境负荷低、对人体的安全性也优异且使用具有生物降解性增稠剂的润滑脂。一般来说，壳聚糖、甲壳素等生物降解性增稠剂与基础油的相容性低，为了得到工作锥入度高的润滑脂，需要大量［35％～50％（质量分数）］添加增稠剂。含有大量生物降解性增稠剂的润滑脂，因固体成分占比高，往往会导致比油膜厚度更大的颗粒（即增稠剂的一部分）浮起，进而影响其耐磨耗性能。

（2）解决方法

使用环境负荷低、对人体安全性优异的亲水性纳米纤维作为增稠剂，并通过分散特定粗细度的亲水性纳米纤维制备的润滑脂，能够提供环境友好、安全可靠的产品特性，同时具备适度的工作锥入度和高滴点性能。

（3）关键原料特性

① 增稠剂原材料

•分散液（1）：包含2.0％（质量分数）的聚合度为600的纤维素纳米纤维（CNF）［粗细度（d）=20～50nm（平均值为35nm）、长径比=100以上（平均值为100以上）的水分散液］。

•分散液（2）：包含2.0％（质量分数）的聚合度为300的纤维素纳米纤维（CNF）［粗细度（d）=20～50nm（平均值为35nm）、长径比=100以上（平均值为100以上）的水分散液］。

•分散溶剂：N,N-二甲基甲酰胺。

② 基础油　芳香族酯系油，40℃运动黏度91mm^2/s，黏度指数80。

③ 添加剂

•PMA：聚甲基丙烯酸酯（PMA），作为改性剂而使用。

•丁二酸半酯：作为分散助剂而使用。

•脲：作为分散助剂而使用。

（4）典型润滑脂配方（表 3-55）

表 3-55　典型润滑脂配方　　　　　　　　　　单位：质量份

项目	实施例 1	实施例 2	实施例 3	实施例 4	实施例 5	实施例 6	实施例 7	实施例 8	实施例 9	实施例 10
矿物油	94.0	88.0	88.0	82.0	90.5	91.0	—	—	—	88.0
植物油	—	—	—	—	—	—	80.0	86.0	—	—
PAO	—	—	—	—	—	—	—	—	86.0	—
CNF 分散液（1）	6.0	6.0	—	—	—	—	—	8.0	8.0	6.0
CNF 分散液（2）	—	—	12.0	12.0	—	—	14.0	—	—	—
木质纤维素分散液	—	—	—	—	9.5	—	—	—	—	—
酯化纤维素分散液	—	—	—	—	—	9.0	—	—	—	—
PMA	—	3.0	—	3.0	—	—	3.0	3.0	3.0	3.0
丁二酸半酯	—	3.0	—	3.0	—	—	3.0	3.0	3.0	—
脲	—	—	—	—	—	—	—	—	—	3.0
分散溶剂	5.0	5.0	5.0	5.0	5.0	5.0	5.0	5.0	5.0	5.0

（5）制备方法

将亲水性纳米纤维分散液 CNF 分散液（1）180g（其中，CNF 量：3.6g）、作为基础油的上述芳香族酯油 140g 和作为分散溶剂的 DMF 150g 混合，在 25℃下充分搅拌，从而制备混合液。将该混合液在 0.01MPa 的环境下加热至 70℃，从该混合液蒸发除去水后，进一步在 0.01MPa 的环境下加热至 110℃，从该混合液蒸发除去 DMF，冷却至室温（25℃），然后使用三辊磨进行均质化处理，得到 CNF 的含量为 2.5％的润滑脂（质量分数）。

（6）典型润滑脂理化数据（表 3-56）

表 3-56　典型润滑脂理化数据

项目	实施例 1	实施例 2	实施例 3	实施例 4	实施例 5	实施例 6	实施例 7	实施例 8	实施例 9	实施例 10
增稠剂浓度	6.0	6.0	12.0	12.0	9.5	9.0	14.0	8.0	8.0	6.0
工作锥入度/0.1mm	264	282	264	251	263	258	260	254	273	271
滴点/℃	263	267	＞300	＞300	271	277	283	275	260	265
水淋试验/％	9.5	1.9	97	2.1	—	—	—	—	—	—

（7）产品应用领域

适用于滑动轴承、滚动轴承、含油轴承、流体轴承等多种轴承，以及齿轮、内燃机、制动器、扭矩传递装置部件、液力耦合器、压缩机部件、链条、液压装置部件、真空泵部件、钟表部件、硬盘部件、冷冻机部件、切削机床部件、压延机部件、拉拔机部件、轧制成型机部件、锻造机部件、热处理机部件、热介质部件、清洗机部件、减振机部件和密封装置部件等。

（8）产品特点

产品采用亲水性纳米纤维稠化精制油并加入抗氧防锈剂等添加剂制成，对人体安全性优异，具有适度的工作锥入度和高滴点。

第**4**章
新能源汽车行业润滑脂专利

4.1
概述

4.1.1 汽车行业总体发展情况

（1）全球汽车市场的现状

如图 4-1 所示，2021 年，全球汽车产量为 7340 万辆，同比下降 5.4%；销量为 8150 万辆，同比增长 4.9%。受疫情冲击及芯片供应短缺影响，全球汽车产量有所下滑；而消费端需求的回暖则推动了销量的回升。

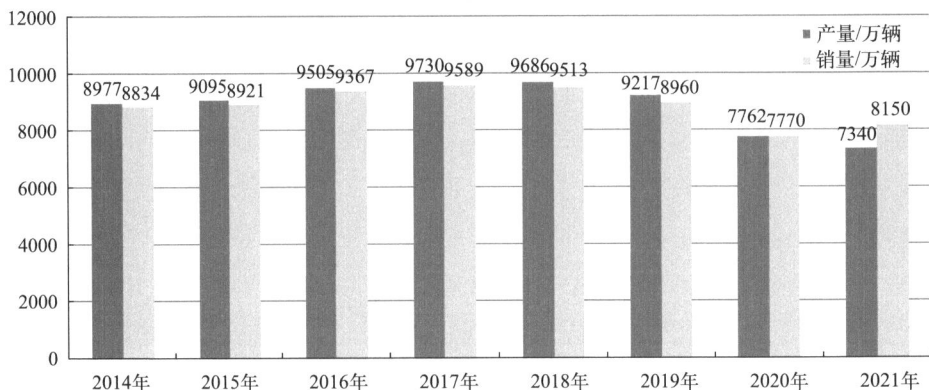

图 4-1　2014～2021 年全球汽车产销量情况

如图 4-2 所示，2021 年，中美两国汽车销量占全球市场份额的 50%。

（2）我国新能源汽车产业发展现状

在政策和市场双轮驱动之下，中国新能源汽车产销量保持指数级增长，2021年销量超过 350 万辆，市场渗透率从 5.4% 跳跃式增长至 13.4%（图 4-3）。

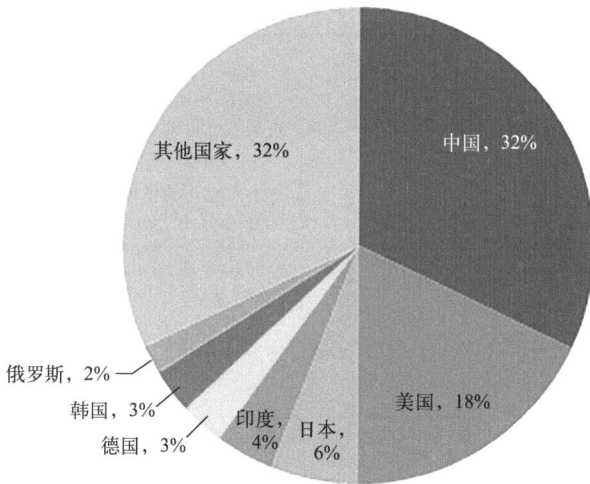

图 4-2　2021 年全球主要国家市场份额占比情况

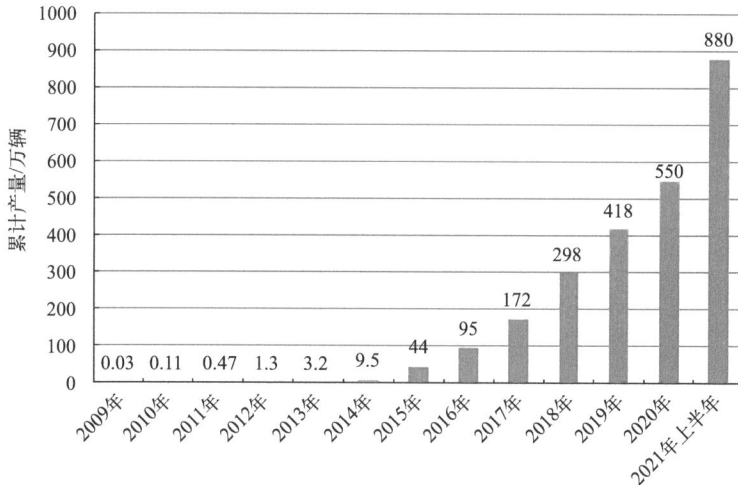

图 4-3　我国新能源汽车产业发展现状

（3）主要国外车企电动化转型

如表 4-1 所示，主要大型跨国车企纷纷发布电动化战略目标，加大研发资金投入，加快推出电动车型，电动化发展达成高度共识。

表 4-1　主要大型跨国车企电动化转型目标

系别	OEM	发布时间	战略名称	电动化目标
德系	大众	2021 年 7 月	2030New Auto	2026 年前，投资 890 亿欧元，用于电动出行和数字化相关技术
				到 2029 年，推出 75 款纯电动车和 60 款混合动力汽车
				到 2030 年，纯电动汽车销量占比达到 50%

系别	OEM	发布时间	战略名称	电动化目标
德系	奔驰	2022年4月	—	2030年前,投资400亿欧元,用于电动化研究与动力电池技术
				2025年起,新车型架构均为纯电平台;2030年,在条件允许的区域市场全面实现纯电动化
				到2025年,BEV和PHEV销量占比达到50%
美系	通用	2021年6月	—	2025年前,在电动车和自动驾驶领域投入超过350亿美元
				到2025年年底,推出30款电动车型;2035年,旗下所有车型全面电气化
				到2025年年底,全球电动车销量达到100万辆
	福特	2021年5月	FORD+	2025年前,投资500亿美元,用于电动化研究与动力电池技术
				到2025年年底,推出30款电动车型;2035年,旗下所有车型全面电气化
				到2026年,电动汽车年产量超过200万辆;到2030年,电动汽车年产量占比提升至50%
日系	丰田	2021年12月	BEV战略	2030年前,投资4万亿日元(约2031亿元人民币),用于开发纯电动技术和产品
				到2030年,推出30款纯电动车型;到2035年,旗下雷克萨斯品牌实现100%纯电动
				到2030年,全球纯电动车型年销量达到350万辆
	本田	2022年4月	全球电动化战略	未来十年,投资5万亿日元(约2540亿元人民币),用于电动化研究和软件领域
				到2030年,全球推出30款纯电动车型;2030年后,在华仅销售纯电和混动车型
				到2030年,全球纯电动车型年产量超过200万辆

(4) 主要国内车企电动化转型

根据相关数据,2023年中国新能源汽车产销量分别达到958.7万辆和949.5万辆,同比增长35.8%和37.9%,市场占有率高达31.6%。这表明中国不仅是全球最大的新能源汽车生产国和消费国,而且在"政策+市场"双轮驱动下,自主品牌正在加速布局电动化、智能化领域(表4-2)。

表4-2 主要国内车企电动化转型目标

系别	OEM	发布时间	战略名称	电动化目标
自主	一汽	2021年7月	"十四五"规划	到2025年,集团年销量达到650万辆,新能源汽车占比达到20%
				到2025年,红旗品牌年销量达到100多万辆,新能源汽车占比超过40%

系别	OEM	发布时间	战略名称	电动化目标
自主	上汽	2021年1月	"十四五"规划	到2025年,力争进入全球车企前五,经营规模达到万亿级;计划在智能电动等创新领域投入3000亿元 到2025年,海外年销量达到150万辆,在集团整体销量中占比15%左右
	吉利	2021年11月	智能吉利2025	到2025年,研发投入1500亿元;推出25款以上全新智能新能源产品,其中吉利品牌10款,几何、领克、新换电品牌各5款 到2025年,集团年销量达到365万辆,新能源销量达到90万辆(不含极氪品牌),占比30%
	长安	2021年4月	"十四五"规划和2030愿景	到2025年,计划投入1500亿元,其中700亿元用于新技术研发。到2025年,长安品牌年销量达到300万辆,新能源汽车占比达到35%;2030年,长安品牌年销量达到450万辆,新能源汽车占比达到60%
	长城	2021年6月	2025战略	未来5年,累计研发投入1000亿元,用于纯电动、氢能、混动、芯片、人工智能等领域。 到2025年,全球年销量达到400万辆,新能源汽车占比达到80%

4.1.2 汽车用脂部位分析

乘用车主要包括基本型乘用车、多功能乘用车（MPV）、运动型多用途乘用车（SUV）以及交叉型乘用车等。根据汽车结构，乘用车可划分为发动机、底盘、车身和电气设备四大组成部分。不同部件对润滑脂的要求存在显著差异，例如某些部件需要具备极压性能，某些需要抗磨特性，还有些需要与橡胶材料具有良好的相容性。因此，根据不同车型及具体部位的特点，合理选择润滑脂对于车辆的保养和使用至关重要。

乘用车的主要润滑点包括各类电装轴承、离合器、飞轮、传动轴、轮毂轴承、转向机、制动器、车门系统、后视镜、天窗、风扇雨刮器电机、刹车拉线、电触点及电器开关等。其中，轮毂用脂和万向节用脂在整车中的占比最大，其余部分则归类为汽车电器及内外饰用脂。具体分类与用量详见表4-3。

根据表4-3的数据统计，并结合乘用车市场信息联席会发布的数据，2023年狭义乘用车累计产量达到2554.6万辆，同比增长9.2%。考虑到一辆新出厂的轿车平均使用约1.03kg的润滑脂，可以估算出2023年乘用车装填用脂的总量约为2.63万吨。

表 4-3　乘用车润滑脂用量统计

部位分类	润滑点分布	每辆车的润滑脂用量/g
动力系统	包括交流发电机轴承、水泵轴承、空调电磁离合器轴承、张紧轮轴承、启动电机	60
传动系统	离合器、飞轮、传动轴(两驱按 4 个 CVJ)、花键	600
行驶系统	轮毂轴承(4 套)、悬挂、减震	60
转向系统	转向机、转向球头	40
制动系统	导向销、皮碗、EPB 执行机构	30
车门系统	门锁、铰链、门把手、尾门撑杆、玻璃升降器、后视镜	50
天窗	滑道、软轴	20
内饰	座椅(2 个)、换挡器、驻车拉锁、油门拉锁	120
各种开关、电机	点火开关、组合开关、座椅、天窗和雨刮电机	50
合计		1030

4.2
汽车等速万向节润滑脂专利

汽车上任何一对轴线相交且相对位置经常变化的转轴之间的动力传递，均需通过万向传动装置实现。典型的万向传动装置由两个万向节和一根传动轴组成。万向节有多种类型，其中等速万向节（constant velocity joint，CVJ）是连接汽车变速箱与车轮之间的重要传动部件。其特殊结构能够确保在工作过程中传力点始终位于两轴交线的平分面上，从而保持万向节叉的等角速度关系。即使在存在轴向位移和角位移等复杂工况下，CVJ 仍能平稳、可靠地传递运动和扭矩，因此成为现代汽车中不可或缺的关键部件。汽车 CVJ 最早由 William A. Whitney 于 1908 年设计发明，但由于当时制造水平的限制，该结构未能实际应用。直到 1959 年，首个真正的球笼式 CVJ 才在美国得以应用。迄今为止，几乎所有前轮驱动（front-wheel drive，FF）轿车和四轮驱动（four-wheel drive，4WD）轿车均采用了等速万向节。

汽车等速万向节（CVJ）主要分为两类：中心固定型等速万向节（fixed joint）和伸缩型等速万向节（plunging joint）。中心固定型等速万向节仅能改变工作角度，而伸缩型等速万向节则既能改变工作角度，又能进行伸缩滑移运动。固定节通常安装于前轴外侧，紧邻轮毂轴承，直接负责传递车轮的转动力和扭转力；滑动节则多位于汽车前轴内侧及后轴两端，作为差速器输出动力的主要承载部件，不仅需要传递动力，还需承受来自非平面的轴向冲击力。固定型CVJ包括球笼式BJ和三销式GE，而滑动型CVJ则包括球笼式DOJ、VL节和三销式GI。其中，DOJ和VL节在结构、表面特性和局部应用条件等方面与固定型BJ节相似，均属于球形节，内部均配备六个钢球，通过保持器将各钢球中心保持在同一平面上。钢球在内外滚道的沟槽上滚动的同时传递转矩，内外滚道为球面设计。此外，为防止润滑脂泄漏并避免外部灰尘侵入，CVJ配备了可伸缩的橡胶护套，护套材料一般为丁腈橡胶（NBR）或氯丁橡胶（CR）。

在汽车行驶过程中，球笼式CVJ的滚动体与内外滚道间的接触压力极高，可达3～4GPa，其相互运动模式复杂多变，兼具滚动与滑动特性。在一般安装角度和正常运转速度下，弹性流体动力润滑（EHD）膜厚比普通滚动轴承的润滑膜小一到两个数量级。在这种恶劣接触条件下，油膜仍需承受巨大载荷，且随着安装角度增大或运转速度升高，运动模式逐渐由滚动摩擦转变为滑动摩擦。滑动摩擦会产生瞬间局部高温和热量，进一步加剧了磨损风险。若CVJ在运动中无法得到充分润滑，可能导致滚动体和内外滚道出现擦伤、异常磨损和金属疲劳等问题，进而引发点蚀、破裂等现象，严重时危及汽车的行车安全。因此，球笼式CVJ用润滑脂需具备特殊性能，除具有常规润滑脂的通用性能外，还应具备良好的极压抗磨损性、耐高低温性、与橡胶防尘罩的良好兼容性以及长效耐久特性。

4.2.1 汽车万向节润滑脂（一）

（1）技术难点

在前轮驱动、四轮驱动及后轮驱动的汽车中，CVJ（等速万向节）的应用日益广泛，其需求量持续增长。随着汽车对更高性能的需求，包括更高的速度、更大的输出功率以及更轻的重量，CVJ的设计趋向小型化，同时需要在更高转速下运行并承受更大扭矩。CVJ主要分为固定万向节和滑叉式万向节两类。其中，固定万向节的工作条件尤为苛刻，因其通常安装于车轮部位，需在较大偏转角度和极高表面压力下运转。

CVJ的润滑条件极为严苛，尤其是在往复运动中，滑动与滚动复合运动叠加高表面压力下的摩擦工况，容易引发异常磨损和片状剥落现象。类似往复运动机构在润滑状态转变时出现的摩擦系数骤增和振动噪声加剧问题，CVJ在这些极端工况下也面临类似的挑战。这种片状剥落现象源于内外滚道与钢球间的复杂往复运动，以及CVJ机构中球笼与钢球的滚动-滑动摩擦角共同作用所导致的金属表面疲劳。

尽管某些材料在标准摩擦磨损测试中表现出优异性能（如较低的摩擦系数和磨损率），但实验室测试结果难以完全转化为实际应用中的长效耐久性，也无法有效抑制 CVJ 的片状剥落现象。

（2）解决方法

为了解决 CVJ 在苛刻工况下出现的片状剥落问题，开发并使用了一种含有硫代金属硫酸盐的润滑脂。此外，为了进一步提升润滑脂在高温环境下的性能表现，还特别采用了含有多种特殊添加剂的脲基润滑脂，有效解决了高温条件下润滑失效的问题，从而显著提高了 CVJ 的耐热性能和使用寿命。

（3）关键原料特性

① 增稠剂

• 二脲：由 4,4'-二苯基甲烷二异氰酸酯、辛胺反应制得。

• 四脲：由 4,4'-二苯基甲烷二异氰酸酯、硬脂胺、乙二胺反应制得。

② 添加剂 $Na_2S_2O_3$，含有硫代硫酸钠的无机添加剂。

（4）典型润滑脂配方（见表 4-4）

表 4-4　典型润滑脂配方　　　　单位：%（质量分数）

项目	实施例			
	1	2	3	4
二脲润滑脂	97	95		97
四脲润滑脂			95	
$Na_2S_2O_3$（无水）	3	5	5	
$Na_2S_2O_3 \cdot 5H_2O$				3
总计	100	100	100	100

（5）制备方法

① 二脲润滑脂制备　将二苯基甲烷-4,4'-二异氰酸酯（295.2g）与辛胺（304.8g）在基础油（5400g）中进行反应，并将生成的脲化合物均匀分散于其中，最终制得一种脲化合物含量为 10%（质量分数）的润滑脂。

② 四脲润滑脂制备　将二苯基甲烷-4,4'-二异氰酸酯（334.2g）、硬脂胺（345.6g）和乙二胺（40.2g）在基础油（5280g）中进行反应，并将生成的脲化合物均匀分散于其中，从而制得一种脲化合物含量为 12%（质量分数）的润滑脂。

（6）典型润滑脂理化数据（见表 4-5 和表 4-6）

使用实际的 CVJ，在台架上对所得到的润滑脂进行耐久性试验，并且检测片状剥落的程度。试验条件见表 4-5。

表 4-5　CVJ 耐久性试验条件

转速	1400r/min
负载扭矩	294N·m
万向节工作角	6°
万向节类型	Burfield 万向节

此外，使用 ASTM D2596 规定的四球 EP 试验测定负载（N），结果列于表 4-6。

表 4-6　典型润滑脂理化数据

实施方案	1	2	3	4
四球烧结负荷/N	6076	7840	7840	6076
片状剥落度(126 万转)	◇	◇	◇	○
片状剥落度(252 万转)	○	◇	◇	△

注：◇没有片状剥落；○少量片状剥落；△中等片状剥落。

（7）产品应用领域

该产品适用于中高档汽车球笼式等速万向节的润滑，同时亦可用于其他球节及滚动轴承的润滑。

（8）产品特点

该产品以聚脲增稠剂稠化精制矿物油与部分合成油为基础，并添加硫代硫酸钠等极压抗磨添加剂制成。该润滑脂能够有效抑制 CVJ（等速万向节）的片状剥落现象，同时显著提升产品的耐温性能和使用寿命，满足高性能工况下的使用需求。

4.2.2　汽车万向节润滑脂（二）

（1）技术难点

① 恒速接头是一种广泛应用于汽车传动系统的关键部件，其主要功能是将发动机的动力平稳传输至车轮，同时确保角速度和扭矩保持恒定。尽管传统汽车多采用传动轴设计，但现代汽车设计更倾向于前轮驱动，因此已开发出多种类型的恒速接头以满足不同的性能需求。其中，属于跳跃类的恒速接头因其独特的构造能够在轴向上实现滑动。然而，这种滑动过程中产生的摩擦阻力成为振动源，进而引发车内振动与噪声问题。为解决这一挑战，亟需开发一种能够有效降低内部接头摩擦的润滑脂组合物，以提升车辆运行的平稳性和舒适性。

② 根据润滑脂增稠剂的制备方法，聚脲在基础油中的浓度通常控制在约 $20\%\sim50\%$ 之间。若增稠剂脲化合物的含量低于 2%（质量分数），则可能无法

达到理想的增稠效果，从而导致润滑脂难以形成稳定的结构并提供良好的润滑性能。而当脲增稠剂化合物的含量超过 35％（质量分数）时，润滑脂可能会变得过于坚硬，影响其流动性和润滑效果，进而限制其实际应用范围。

（2）解决方法

为解决恒速接头中摩擦和振动问题，开发并使用了一种专门设计的润滑脂。研究表明，通过添加硬脂酸金属盐，可显著降低恒速接头的驱动力，从而有效缓解相关问题。然而，其他高级脂肪酸的金属盐在降低驱动力方面的效果有限，难以达到同等水平。

（3）关键原料特性

① 增稠剂

• 二脲：由 4,4′-二苯基甲烷二异氰酸酯、辛胺、油胺反应制得。

• 四脲：由 4,4′-二苯基甲烷二异氰酸酯、辛胺、月桂胺、亚乙基二胺反应制得。

② 基础油　使用 100℃ 下运动黏度为 $15mm^2/s$ 的纯化矿物油。

③ 添加剂

• A：硫化二烷基二硫代氨基甲酸钼。

• B：三苯基硫代磷酸盐。

• C-1：硬脂酸金属盐，金属为锌。

• C-2：硬脂酸金属盐，金属为铝。

• D-1：钙基分散剂，水杨酸钙。

• D-2：钙基分散剂，磺酸钙。

（4）典型润滑脂配方（见表 4-7）

表 4-7　典型润滑脂配方　　　单位:％（质量分数）

项目	实施例			
	1	2	3	4
二脲润滑脂	91.0	91.0	91.0	91.0
四脲润滑脂	—	—	—	—
A	3.0	3.0	3.0	3.0
B	2.0	2.0	2.0	2.0
C-1	2.0	2.0	—	2.0
C-2	—	—	2.0	—
D-1	2.0	—	2.0	2.0
D-2	—	2.0	—	—

(5) 制备方法

① 二脲润滑脂制备　通过使 2mol 二苯基甲烷二异氰酸酯与 2mol 辛胺和 2mol 油胺发生反应，并将生成的脲化合物均匀分散于基础油中，从而制得一种二脲润滑脂。所制得的脲基润滑脂组合物在 25℃下的锥入度（60W）为 268，滴点为 221℃。值得注意的是，以基础油与脲基增稠剂的总量为基准，脲基增稠剂的含量为 10%（质量分数）。

② 四脲润滑脂制备　通过使 2mol 二苯基甲烷二异氰酸酯与 1mol 辛胺、1mol 月桂胺及 1mol 亚乙基二胺发生反应，并将生成的脲化合物均匀分散于基础油中，从而制得一种四脲润滑脂。所制得的脲基润滑脂组合物在 25℃下的锥入度（60W）为 325，滴点为 253℃。值得注意的是，以基础油与脲基增稠剂的总量为基准，脲基增稠剂的含量为 13%（质量分数）。

(6) 典型润滑脂理化数据（见表 4-8）

表 4-8　典型润滑脂理化数据

项目	实施例			
	1	2	3	4
工作锥入度/0.1mm	275	276	272	336
滴点/℃	216	214	212	242
SRV 试验的摩擦系数	0.034	0.034	0.038	0.036

(7) 产品应用领域

专为满足汽车中等速式恒速接头的润滑需求而设计。

(8) 产品特点

该产品以聚脲增稠剂稠化精制矿物油与部分合成油为基础，并添加抗氧防锈剂、硬脂酸金属盐等高性能添加剂精制而成。该润滑脂能够有效抑制恒速接头的振动现象，同时显著降低摩擦系数，从而提升传动系统的运行平稳性和可靠性。

4.2.3　汽车万向节润滑脂（三）

(1) 技术难点

① 等速万向节广泛应用于前置发动机/前轮驱动汽车、配备独立悬架的车辆以及四轮驱动车型。作为一种专用类型的万向联轴节，等速万向节能够在恒定转速下将驱动力从末级减速齿轮平稳传递至车轮轴杆。目前，主要存在两种类型的等速万向节：插入式和固定式等速万向节，它们通常以适当的组合形式应用于各类车辆中。随着对高功率汽车发动机的需求增加，以及对更小、更轻量化等速万向节（CVJ）的设计趋势，加上更大的安装角度要求，这些因素共同提高了对 CVJ 性能的要求，并导致接合点温度呈现上升趋势。在扭矩传递过程中，插入

式等速万向节的旋转会在轴向上产生滑动阻力，从而引发汽车振动、噪声及轻微横摆现象，尤其是在特定行车条件下更为显著。这些噪声、振动和晃动问题会直接影响车内乘客的舒适性体验。

② 随着技术的持续进步，业界不断致力于开发低成本、高性能的润滑脂，以有效降低摩擦、改善振动性能并提升恒速万向节（CVJ）的整体表现，从而满足高端市场对产品性能的严格要求。然而，尽管二烷基二硫代氨基甲酸钼硫化物在减少摩擦和磨损方面展现出显著效果，但其较高的成本限制了该技术在更广泛范围内的应用。

（2）解决方法

为解决等速万向节在运行过程中产生的摩擦和磨损问题，开发了一种全新的润滑脂组合物。该组合物通过优化配方设计，在有效降低摩擦和磨损的同时，避免了使用二烷基二硫代氨基甲酸钼硫化物，从而满足了对低成本高性能润滑解决方案的需求。

（3）关键原料特性

① 增稠剂

- 二脲：由 4,4'-二苯基甲烷二异氰酸酯、辛胺合成。
- 四脲：由 4,4'-二苯基甲烷二异氰酸酯和辛胺、月桂胺、乙二胺合成。

② 基础油 使用黏度 100℃ 下约 $11mm^2/s$ 的纯化矿物油作为基础油。

③ 添加剂

- Molyvan 855：有机钼配合物（Mo 配合物）。
- Anglamol 33：硫化烯烃。
- Anglamol 99M：硫磷体系。
- Vanlube 7723：无灰二硫代氨基甲酸盐。
- TPS32：聚硫化物。
- Vanlube 829：噻二唑。
- Vanlube AZ：二硫代氨基甲酸锌（Zn-DTC）。
- Sakuralube 300：二硫代磷酸钼（Mo-DTP）。
- Zn-DTP：二硫代磷酸锌（Zn-DTP）。
- Irgalube TPPT：硫代磷酸三苯酯（TPPT）。

（4）典型润滑脂配方（见表 4-9）

表 4-9　典型润滑脂配方　　　　　单位：%（质量分数）

项目	1	2	3	4	5	6	7	8
双脲润滑脂	—	95.5	94.5	95.0	—	—	95.5	95.5
四脲润滑脂	95.5	—	—	—	94.5	95.5	—	—

项目	1	2	3	4	5	6	7	8
Molyvan 855	3	3	3	3	3	3	3	3
Anglamol 33	1	—	—	—	—	—	—	—
Anglamol 99M	—	—	1	1	1	1	—	—
Vanlube 7723	—	—	—	—	—	—	1	—
TPS32	—	1	—	—	—	—	—	—
Vanlube 829	—	—	—	—	—	—	—	1
Vanlube AZ	—	—	—	0.5	—	—	—	—
Sakuralube 300	—	—	1	—	1	—	—	—
Zn-DTP	0.5	—	0.5	—	0.5	0.5	—	—
Irgalube TPPT	—	0.5	—	0.5	—	0.5	0.5	0.5
总计	100.0	100.0	100.0	100.0	100.0	100.0	100.0	100.0

（5）制备方法

① 二脲润滑脂制备　将 1mol 4,4′-二苯基甲烷二异氰酸酯与 2mol 辛胺在 5400g 基础油中进行反应，随后将生成的尿素化合物均匀分散于基础油中，从而制得润滑脂产品。该润滑脂产品的性能参数如下：工作后针入度（25℃，60 次）为 301，滴点为 270℃，尿素化合物含量约为 10%（质量分数）。

② 四脲润滑脂制备　将 2mol 4,4′-二苯基甲烷二异氰酸酯、1mol 辛胺、1mol 月桂胺及 1mol 乙二胺在 5100g 基础油中进行反应，随后将生成的尿素化合物均匀分散于基础油中，从而制得润滑脂产品。该润滑脂产品的性能参数如下：工作后针入度（25℃，60 次）为 308，滴点为 254℃，尿素化合物含量约为 15%（质量分数）。

（6）典型润滑脂理化数据（见表 4-10）

表 4-10　典型润滑脂理化数据

项目	实施例							
	1	2	3	4	5	6	7	8
SRV 试验摩擦系数	0.068	0.062	0.067	0.070	0.068	0.070	0.065	0.075
SRV 试验磨斑直径/mm	0.46	0.44	0.45	0.48	0.42	0.45	0.44	0.42

试验条件：根据 ASTM D5707 标准方法，对这些组合物的摩擦和磨损性能进行了测定。测试采用以下条件：滚珠直径为 10mm（材料符合 DIN 100Cr6 标准），测试板规格为直径 2.4mm、厚度 7.85mm（材料同样符合 DIN 100Cr6 标准）。试验过程中，首先施加 50N 的负荷持续 30s，随后施加 200N 的负荷持续

30min。测试频率设定为50Hz，试验温度控制在50℃。摩擦系数通过测量试验结束时15s内的平均值获得，而磨损数值则通过测量试验结束时滚珠表面的磨痕直径得出。

（7）产品应用领域

润滑脂主要适用于插入式和固定式两种结构形式等速万向节。在高速运转工况下，通常优先选用固定式或插入式等速万向节，其中插入式等速万向节由于其在结构设计与性能表现方面具有显著优势，因此在实际应用中更为普遍。

（8）产品特点

该产品以聚脲增稠剂稠化精制矿物油为基础，并添加抗氧防锈剂、有机钼盐等高性能添加剂精制而成。该润滑脂能够有效抑制万向节的噪声、振动及晃动现象，同时显著降低摩擦系数，从而提升传动系统的运行平稳性和可靠性。

4.2.4 汽车万向节润滑脂（四）

（1）技术难点

① 近年来，四轮驱动（FF型）汽车的数量显著增长。为满足这一市场需求，等速万向节的设计趋向于轻量化和小型化。滑叉式万向节通常采用双效补偿型及交错沟槽型等速万向节，而固定式万向节则以Birfield万向节为主，其通过6个钢球的扭转结构实现动力传递。在高接触压力下旋转时，这些万向节会产生复杂的往复运动（包括滚动与滑动）。由于应力反复作用于钢球与金属表面的接触部位，可能导致金属疲劳并引发点蚀现象。相较于传统发动机，现代发动机功率的提升伴随着更高的接触压力。同时，为降低油耗，汽车尺寸缩小导致万向节相应减小，这使得单位面积上的接触压力相对增大，传统润滑脂因无法有效抑制点蚀而逐渐失效。此外，随着工作温度的升高，润滑脂的耐热性能也亟需进一步提升。

② 常用于等速万向节的润滑脂主要包括锂基极压润滑脂（含二硫化钼）以及复合锂基极压润滑脂（含二硫化钼及硫-磷型或环烷酸铅型极压剂）。然而，这些润滑脂在应对现代高性能汽车严苛工况时仍存在一定的局限性，难以完全满足其性能要求。

（2）解决方法

为解决等速万向节在高接触压力下因复杂往复运动（如滚动和滑动）导致的润滑问题，开发了一种基于振动摩擦和磨损试验机（SRV试验机）的质量评定方法。通过该方法，对含有基础油、脲增稠剂、二硫化钼、特殊化合物的钙盐或高碱性钙盐、无金属硫-磷极压剂以及二硫代氨基甲酸钼的混合物进行了系统评估。结果表明，这种混合物能够显著降低摩擦系数并减少磨损，展现出优异的润滑性能。进一步通过实际等速万向节的耐久性测试验证，该润滑脂可有效抑制点蚀现象的发生，从而显著提升等速万向节的使用寿命和可靠性。

（3）关键原料特性

① 增稠剂

• 双脲润滑脂增稠剂：由环己胺、苯胺反应制得。

② 基础油　矿物油，黏度在 $40℃$ $157mm^2/s$，在 $100℃$ $14mm^2/s$，黏度指数为 88。

③ 添加剂

• 二硫化钼：平均粒度 $0.7\mu m$。

• 氧化蜡的钙盐：Alox 165。

• 石油磺酸钙盐：Sulfol Ca-45。

• 二壬基萘磺酸钙盐：NA-SUL 729。

• 水杨酸钙：OSCA423。

• 苯酚钙：OLOA 218A。

• 高碱性磺酸钙 1：Lubrizol 5283。

• 高碱性磺酸钙 2：Bryton C-400C。

• 硫-磷极压剂：Anglamoi 99。

• 二硫代氨基甲酸钼 1：Molyvan A。

• 二硫代氨基甲酸钼 2：Molyvan 822。

（4）典型润滑脂配方（见表 4-11）

表 4-11　典型润滑脂配方　　　　　单位：%（质量分数）

组分	实施例 1	实施例 2	实施例 3	实施例 4	实施例 5	实施例 6	实施例 7
双脲润滑脂	94.0	94.0	93.5	93.5	94.0	94.0	93.5
二硫化钼	3.0	3.0	3.0	3.0	3.0	3.0	3.0
氧化蜡的钙盐	2.0	—	—	—	—	—	—
石油磺酸钙盐	—	2.0	—	—	—	—	—
二壬基萘磺酸钙盐	—	—	2.0	—	—	—	—
水杨酸钙	—	—	—	2.0	—	—	—
苯酚钙	—	—	—	—	2.0	—	—
高碱性磺酸钙 1	—	—	—	—	—	2.0	—
高碱性磺酸钙 2	—	—	—	—	—	—	2.0
S-P 极压剂	0.5	0.5	0.5	0.5	0.5	0.5	0.5
二硫代氨基甲酸钼 1	0.5	0.5	—	—	0.5	0.5	—
二硫代氨基甲酸钼 2	—	—	1.0	1.0	—	—	1.0

（5）制备方法

在第一个容器中，加入 4100g 基础油和 1012g 二苯基甲烷 4,4′-二异氰酸酯，并将混合物加热至 70～80℃。在另一个容器中，加入 4100g 基础油、563g 环己胺和 225g 苯胺，随后将其加热至 70～80℃，并将其缓慢加入到第一个容器中。在充分搅拌条件下，使混合物反应 30min，反应过程中体系温度逐渐升高至 160℃，随后冷却以获得基础脲润滑脂。向该基础润滑脂中加入指定量的添加剂及适量基础油，最后通过三辊机调节混合物的针入度至 No. 1 级。

（6）典型润滑脂理化数据（见表 4-12）

表 4-12　典型润滑脂理化数据

项目	实施例1	实施例2	实施例3	实施例4	实施例5	实施例6	实施例7
工作锥入度/0.1mm	321	327	335	326	329	332	325
滴点/℃	>260	>260	>260	>260	>260	>260	>260
SRV 试验最大摩擦系数	0.06	0.06	0.06	0.06	0.06	0.06	0.06
磨斑直径/mm	0.62	0.63	0.59	0.61	0.61	0.60	0.60
磨损深度/μm	0.4	0.4	0.4	0.4	0.4	0.4	0.4

（7）产品应用领域

专为等速万向节设计的润滑解决方案。

（8）产品特点

该产品以聚脲稠化精制基础油为基材，并添加抗氧化防锈剂、极压抗磨剂等高性能添加剂精制而成。该润滑脂具有优异的低摩擦系数和低磨损特性，能够有效抑制点蚀现象的发生，从而显著提升传动系统的运行可靠性和使用寿命。

4.2.5　汽车万向节润滑脂（五）

（1）技术难点

近年来，随着汽车轻量化趋势的推进，CVJ（等速万向节）尺寸逐渐小型化。在此背景下，滑叉型等速球笼式万向节中的交叉槽式万向节和双效补偿式万向节，以及固定型球笼式等速万向节中的球笼式万向节，通常采用由 6 个滚珠传递扭矩的结构设计。由于尺寸缩小，施加在滚珠及其接触区域的单位负荷相对增加。这种高负荷工况是导致滚珠表面出现鳞片状剥落现象的主要原因之一。一旦滚珠或其接触区域发生鳞片状剥落，将难以实现万向节的平滑扭矩传递，从而引发车辆振动、噪声等问题，严重影响传动系统的性能与可靠性。

（2）解决方法

为解决等速万向节在高负荷工况下易出现鳞片状剥落的问题，开发了一种特定组合的润滑脂组合物。该润滑脂由基础油、增稠剂、有机钼以及二价碱土金属氧化物组成，并进一步添加了二硫代氨基甲酸钼。通过这种独特的配方设计，该润滑脂能够显著减少磨损，展现出优异的润滑性能。此外，在实际使用的等速万向节耐久性试验中，与传统润滑脂相比，该润滑脂有效抑制了鳞片状剥落现象的发生，从而显著提升了等速万向节的使用寿命和可靠性。

（3）关键原料特性

① 增稠剂

• 双脲润滑脂增稠剂：由辛胺、十八胺和 MDI 反应制得。

• 锂基润滑脂。

② 基础油　矿物油，黏度 40℃ 130mm^2/s，100℃ 14mm^2/s，黏度指数 106。

③ 添加剂

• 硫化油脂（A）：硫化脂肪酸酯。

• 硫化油脂（B）：硫交联聚合物。

• 添加剂：MoS_2、磺酸钙、氧化蜡钙盐等。

（4）典型润滑脂配方（见表 4-13）

表 4-13　典型润滑脂配方　　　　单位：%（质量分数）

项目	实施例							
	1	2	3	4	5	6	7	8
双脲润滑脂	95.70	94.70	96.20	97.20	98.20			
锂基润滑脂						98.20	97.80	98.00
MoDTC	1.50	1.50	1.50	1.50	1.50	1.50	1.50	1.20
氧化锌	0.30	0.30	0.30	0.30	0.30	0.30	0.20	0.30
硫化油脂（A）							0.50	0.50
硫化油脂（B）	0.50	0.50	1.00	1.00				
MoS_2	1.00	1.00	1.00					
磺酸钙	1.00							
氧化蜡钙盐		2.00						

（5）制备方法

① 脲润滑脂制备　在反应容器中加入 400g 基础油。随后，将 250g（1mol）二苯基甲烷-4,4'-二异氰酸酯与 129g（1mol）辛胺及 270g（1mol）十八胺进行充分反应，生成脲化合物，并将其均匀分散于基础油中，制得基础润滑脂。按照

预定配比向该基础润滑脂中加入相应添加剂，同时适量补充基础油，最后通过三辊研磨机对混合物进行处理，调整其稠度至 300。

② 锂基润滑脂制备　在反应容器中加入 2500g 基础油和 500g 12-羟基硬脂酸，将混合物加热至 80℃。随后，加入 140g 50％氢氧化锂水溶液并充分搅拌，于 80℃下进行 30min 皂化反应。完成后，继续将混合物加热至 210℃，随后冷却至 160℃。在此温度下，加入 1930g 基础油，并在持续搅拌条件下冷却至≤100℃，制得基础锂基润滑脂。接下来，按照预定配比向基础锂基润滑脂中加入相应添加剂，同时适量补充基础油，最后通过三辊研磨机对混合物进行处理，调整稠度至 300。

（6）典型润滑脂理化数据（见表 4-14）

表 4-14　典型润滑脂理化数据

项目	实施例							
	1	2	3	4	5	6	7	8
SRV 磨斑直径	0.62	0.57	0.59	0.56	0.56	0.58	0.56	0.57
四球烧结负荷/N	3089	3089	3089	2452	2452	2452	3089	3089
耐久性试验/h	750	680	570	—	—	—	>750	—

实机耐久性试验：根据以下条件，对实际使用的万向节进行台架耐久性试验，评估其是否出现鳞片状剥落等失效现象。

① 试验条件　转速 200r/min，扭矩 785N·m，万向节角度 7°，运转时间为记录至发生鳞片状剥落的时间（单位：h）。

② 万向节类型　叉槽式万向节。

③ 测定项目　运转后，检查万向节各部位是否出现鳞片状剥落现象。记录至发生鳞片状剥落的时间（单位 h）。

从性能和实用性角度考虑，期望润滑脂能够使万向节在至少 500h 的运转时间内不发生鳞片状剥落现象，以确保其长期稳定运行。

（7）产品应用领域

滑叉型等速球笼式万向节中的交叉槽式万向节、双效补偿式万向节，以及固定型球笼式等速万向节中的球笼式万向节等。

（8）产品特点

该产品以聚脲稠化精制基础油为基材，并添加抗氧防锈剂、极压抗磨剂等高性能添加剂精制而成。该润滑脂能够有效抑制鳞片状剥落现象的发生，同时显著降低磨损，展现出优异的润滑性能。

4.2.6 汽车万向节润滑脂（六）

（1）技术难点

等速万向节（CVJ）在现代车辆传动系统中扮演着至关重要的角色，在实际工作过程中，CVJ 需要承受极高的接触压力，尤其是在高速运转或负载较大的情况下。这种高接触压力不仅来源于传动轴与关节之间的直接作用力，还与复杂的翻转滑动运动密切相关。当车辆转弯或加速时，CVJ 内部的滚珠或滚道会经历频繁的相对滑动和滚动，这种复杂的运动模式会导致局部应力集中，并可能引发异常振动。这些振动通常表现为多种形式，在特定速度区间内会产生车内低频噪声或闷音。这些问题不仅影响驾驶舒适性，还可能导致 CVJ 部件的早期磨损甚至失效。现有技术中的润滑脂（以钙复合基或锂基增稠剂为主，结合硫磷系极压剂）虽有一定效果，但摩擦系数和抗振性能仍不理想。结构改良受限于空间、重量和成本，因此亟需通过润滑脂配方的优化来改善性能。

（2）解决方法

为解决等速万向节在运行过程中因振动引发的性能问题，开发了一种基于特定配方的润滑脂。该润滑脂由含油基油、脲系增稠剂、棕榈油精、棕榈硬脂精、甘油单油酸酯组成的油性剂，以及硫化二烷基二硫代氨基甲酸钼、磺酸锌盐和硫-磷系极压剂复合而成。通过使用 SRV 试验机对润滑脂进行性能评价，发现其在特定振动条件下表现出优异的低摩擦系数润滑特性，能够有效降低静摩擦系数，从而显著减少等速万向节在强制力试验中的振动发生。这一解决方案为抑制等速万向节的起振源提供了可靠的技术支持。

（3）关键原料特性

① 增稠剂　脂肪族脲基体润滑脂增稠剂，由辛胺、MDI 反应制得。

② 基础油　矿物油，黏度 40℃ 157mm^2/s，100℃ 14mm^2/s，黏度指数 88。

③ 添加剂

- MoDTC：硫化二烷基二硫代氨基甲酸钼。
- 棕榈油精：棕榈油精 100%，碘值 66～70，熔点为 13℃以下。
- 棕榈硬脂精：棕榈硬脂精 100%，碘值 22～48，熔点为 44～56℃。
- 磺酸锌盐：二壬基萘磺酸锌（总碱值 50mg KOH/g 以下）。
- 硫-磷系极压添加剂：路博润 810。
- 甘油单油酸酯。

(4) 典型润滑脂配方（见表4-15）

表4-15 典型润滑脂配方 单位:%（质量分数）

项目	实施例							
	1	2	3	4	5	6	7	8
脂肪族脲基体润滑脂	90.3	90.3	93.3	93.3	78.9	78.9	90.3	93.3
棕榈油精	1.0		0.5		4.0			
棕榈硬脂精		1.0		0.5		4.0		
甘油单油酸酯							1.0	0.5
MoDTC	3.0	3.0	1.0	1.0	4.0	4.0	3.0	1.0
磺酸锌盐	5.5	5.5	4.5	4.5	13.0	13.0	5.5	4.5
硫-磷系极压添加剂	0.2	0.2	0.7	0.7	0.1	0.1	0.2	0.7

(5) 制备方法

在反应容器中加入440g基油和58.9g二苯甲烷-4,4′-二异氰酸酯，将混合物加热至70～80℃。另取一反应容器，加入440g基油和61.1g辛胺，同样加热至70～80℃后，将其缓慢倒入前一反应容器中，在充分搅拌条件下使两者反应30min。随后，继续搅拌并逐步升温至160℃，冷却后得到基础脂肪族胺双脲润滑脂。按照预定配比向该基础润滑脂中添加相应添加剂，并适量补充基油，最后将所得混合物通过三辊研磨机处理，调整稠度至No.1级。

(6) 典型润滑脂理化数据（见表4-16）

表4-16 典型润滑脂理化数据

项目	实施例							
	1	2	3	4	5	6	7	8
SRV摩擦系数	0.03	0.02	0.03	0.03	0.03	0.02	0.03	0.03
强制力降低比/%	−25	−28	−24	−24	−27	−30	−26	−25

(7) 产品应用领域

专为等速万向节设计并应用。

(8) 产品特点

该产品以聚脲稠化精制基础油为基材，并添加由棕榈油精、棕榈硬脂精及甘油单油酸酯组成的油性剂，以及硫化二烷基二硫代氨基甲酸钼、磺酸锌盐和硫-

磷系极压剂等高性能添加剂精制而成。该润滑脂能够有效降低摩擦系数，显著抑制振动的发生，且在耐接头剥落性能方面表现出优异特性。

4.2.7 汽车万向节润滑脂（七）

（1）技术难点

在当前汽车产业中，从轻量化和乘坐空间优化的角度出发，前轮驱动（FF）车型的产量正在持续增长。同时，出于功能性需求的考虑，四轮驱动（4WD）车型的市场份额也在不断扩大。这些车型通过前轮实现动力传递与操控，因此需要确保即使在方向盘转至极限位置时，仍能实现平稳的动力传输。作为能够在交叉轴之间适应不同交叉角度并以恒定速度传递旋转运动的关键部件，等速万向节（CVJ）在现代汽车中具有不可替代的地位。

近年来，随着汽车性能的不断提升以及高功率车型的普及，等速万向节所承受的工作负荷显著增加，其润滑条件也变得更加严苛。与此同时，市场对汽车乘坐舒适性的要求不断提高，尤其是在极端气候条件下（如高温或低温地区），对车辆整体性能提出了更为严格的标准。为确保等速万向节在低温环境下的可靠运行，降低其低温旋转扭矩和弯曲扭矩已成为关键课题。此外，除了等速万向节内部的摩擦阻力外，防护罩的硬度同样对其性能表现产生重要影响。

（2）解决方法

为解决硅橡胶系防护罩材料在低温环境下易劣化的问题，开发了一种含有特定成分的润滑脂组合物。该组合物能够有效延缓硅橡胶材料的老化过程，从而显著降低等速万向节在低温条件下的旋转扭矩和折弯扭矩，确保其在极端环境中的稳定运行。

（3）关键原料特性

① 增稠剂　双脲增稠剂，由环己胺、十八胺、MDI 反应制得。

② 基础油

• 合成烃油：聚 α-烯烃，100℃运动黏度 $10mm^2/s$。

③ 添加剂

• MoDTC：二烷基二硫代氨基甲酸钼。

• 硫代磷酸酯：三烷基苯基硫代磷酸酯。

• ZnDTC：二烷基二硫代氨基甲酸锌。

• 脂肪酸酰胺：硬脂酸酰胺。

• ZnDTP：二硫代磷酸锌。

• MoS_2。

（4）典型润滑脂配方（见表 4-17）

表 4-17　典型润滑脂配方　　　单位：%（质量分数）

项目	实施例				
	1	2	3	4	5
合成烃油	36.4	36.4	36.4	35.6	53.4
矿物油	54.6	53.6	53.6	53.4	35.6
双脲	5	5	5	5	5
MoDTC	2	2	2	2	2
硫代磷酸酯	1	1	1	1	1
ZnDTC	1	1	1	1	1
MoS_2	—	1	—	1	1
脂肪酸酰胺	—	—	1	1	1
ZnDTP	—	—	—	—	—

（5）制备方法

在反应容器中加入 460g 基础油和 38.7g 二苯基甲烷-4,4′-二异氰酸酯，将混合物加热至 70～80℃。另取一反应容器，加入 460g 基础油、24.6g 环己胺和 16.7g 十八胺，同样加热至 70～80℃后，将其缓慢倒入前一反应容器中，在充分搅拌条件下使两者反应 30min。随后继续搅拌并逐步升温至 160℃，自然冷却后得到基础脲基润滑脂。按照预定配比向该基础脲基润滑脂中添加相应添加剂，并适量补充基础油，最后通过三辊研磨机对所得混合物进行精细调整，直至其稠度达到 No.1 级标准。

（6）典型润滑脂理化数据（见表 4-18）

表 4-18　典型润滑脂理化数据　　　单位：%（质量分数）

项目	实施例				
	1	2	3	4	5
摩擦系数	0.044	0.044	0.044	0.040	0.040
低温扭矩/N·m	230	230	230	220	160
硅橡胶材料浸渍试验/%	—4	—5	—5	—4	—4
摩擦阻力	合格	合格	合格	合格	合格
低温性	合格	合格	合格	合格	合格
硅橡胶系防护罩材料适合性	合格	合格	合格	合格	合格

（7）产品应用领域

应用于扭矩传递部件为球体型式的等速万向节，主要包括固定式等速万向节（如 Rzeppa 型球笼式和 Birfield 型球笼式）以及滑动式等速万向节（如双偏置式和交叉槽式）。其结构设计为：通过滚珠作为扭矩传递的关键部件，将其配置于等速万向节外轮与内轮的轨道之间，并借助保持圈实现滚珠的精准定位与固定。

（8）产品特点

该产品以聚脲稠化精制基础油为基材，并添加极压抗磨剂等高性能添加剂精制而成。该润滑脂能够有效延缓硅橡胶系防护罩材料的老化过程，显著降低等速万向节在低温条件下的旋转扭矩和折弯扭矩。

4.2.8　汽车万向节润滑脂（八）

（1）技术难点

① 在汽车工业领域，为实现轻量化设计和优化乘坐空间的目标，前轮驱动（FF）车型的产量近年来显著增长。此外，基于功能性的需求，四轮驱动（4WD）车型的市场占比也呈现快速上升趋势。对于 FF 车型和 4WD 车型而言，前轮承担着动力传递与转向控制的关键任务，尤其是在方向盘转至极限位置时，确保平稳的动力传输显得尤为重要。因此，在此类车型中，作为能够在两轴交叉角度动态变化的情况下实现等速旋转运动传递的核心部件，等速万向节依然发挥着不可替代的作用。

② 在固定型等速万向节于工作角状态下传递扭矩时，其构成部件之间的嵌合部位会产生复杂的滚动与滑动运动。随着发动机高功率化、车辆高速化以及等速万向节小型化和轻量化的发展趋势，其润滑条件逐渐变得更为严苛。因此，提升耐久性（剥离寿命）并有效抑制发热现象已成为当前研究的重点方向。

③ 滑动型等速万向节（例如双重补偿型等速万向节：DOJ），在车辆行驶过程中，随着轮胎的上下运动，滚珠沿伸缩方向发生滑动（位移范围为 10～100mm），从而具备吸收驱动轴有效长度变化的功能。然而，为了满足更高性能要求，亟需提升其耐久性并有效控制发热现象。

（2）解决方法

为解决等速万向节在运行过程中因摩擦导致温度上升以及耐久性不足的问题，开发了一种含有特定双脲增稠剂的基础油组合物，并添加两种特定的有机钼化合物、二硫化钼、苯酚钙或磺酸钙，以及特定的极压添加剂。该组合物能够有效控制温度上升，同时显著提升产品的耐久性，从而满足严苛工况下的使用需求。

（3）关键原料特性

① 增稠剂　由辛胺、十八胺、MDI 反应制得。

② 基础油

• 矿物油（100℃下运动黏度为 $13.5\mathrm{mm^2/s}$）。

③ 添加剂

• 非油溶性 MoDTC。

• 油溶性 MoDTC。

• 二硫化钼：平均粒径 $0.45\mu\mathrm{m}$。

• 苯酚钙：TBN＝144。

• 不含磷的硫系极压添加剂：硫化油脂 $S＝10.5\%$。

（4）典型润滑脂配方（见表 4-19）

表 4-19　典型润滑脂配方　　　　单位：%（质量分数）

项目	实施例			
	1	2	3	4
矿物油	84.0	82.0	81.0	84.0
增稠剂	6.0	6.0	6.0	6.0
非油溶性 MoDTC	2.0	2.0	2.0	2.0
油溶性 MoDTC	3.0	5.0	3.0	3.0
二硫化钼	2.0	2.0	2.0	2.0
苯酚钙	2.0	2.0	5.0	2.0
不含磷的硫系极压添加剂	1.0	1.0	1.0	1.0
总计	100			

（5）制备方法

在 4000g 矿物油中，加入 250g（1mol）二苯甲烷-4,4'-二异氰酸酯、129g（1mol）辛胺和 270g（1mol）十八胺，在适宜条件下进行充分反应，将生成的二脲系化合物均匀分散于矿物油中，制得基础润滑脂。随后，按照预定配比向基础润滑脂中添加相应添加剂，并适量补充矿物油，最后通过三辊磨机对混合物进行精细调节，直至其稠度达到 No.1 级标准。

（6）典型润滑脂理化数据（见表 4-20）

表 4-20　典型润滑脂理化数据

项目	实施例 1	实施例 2	实施例 3	实施例 4
稠度	No.1			
防止温度升高的性能	良好	良好	良好	良好
耐久性	良好	良好	良好	良好

防止温度升高的性能评价方法：将润滑脂填充至固定型等速万向节的腔体内，在转速为 1500r/min、扭矩为 300N·m、工作角度为 10°的条件下运行该万向节，并对其温升特性进行监测与评估。

（7）产品应用领域

应用于 FF 车型和 4WD 车型中等速传递旋转运动的关键部件——等速万向节。

（8）产品特点

该产品以聚脲稠化精制油为基础，并添加了两种特定的有机钼化合物、二硫化钼、苯酚钙（或磺酸钙）以及精心筛选的极压添加剂，能够有效控制温升并显著提升产品的耐久性能。

4.2.9　汽车万向节润滑脂（九）

（1）技术难点

在当前的汽车工业中，从以实现车辆环境对策（如削减 CO_2 排放）为目的出发，在兼顾轻量化与使用空间保障的前提下，前置前驱（FF）车型的数量显著增加。作为此类车型不可或缺的关键部件，等速万向节（CVJ）得到了广泛应用。其中，伸缩式等速万向节，特别是三球销式等速万向节（TJ）和双偏置式等速万向节（DOJ），由于在一定角度下旋转时会产生复杂的滚动滑动运动，从而在轴向上形成滑动阻力。这种阻力成为车辆空转时振动、起步及加速时车身横摆现象的主要诱因，并在特定速度下引发车内拍频音或低频噪声。为解决上述问题，尽管已对各类等速万向节（CVJ）的结构进行了改良，但由于其在空间占用、重量控制以及成本方面的限制，进一步优化面临较大困难。因此，亟需开发具备优异减振性能的润滑脂以满足实际需求。

（2）解决方法

为解决等速万向节作为激振源引发的振动问题，我们开发了一种特定成分的润滑脂。研究表明，等速万向节引起的振动与其在 SRV 试验机下特定振动条件下的静摩擦系数之间存在明确关系。通过使用该润滑脂，不仅能够显著抑制振动的发生，还能有效延长等速万向节的耐久寿命，从而全面提升其性能表现。

（3）关键原料特性

① 增稠剂　二脲基础润滑脂增稠剂，由环己胺、硬脂酰胺、MDI 反应制得。
② 基础油　矿物油，40℃黏度 $102mm^2/s$，100℃黏度 $11.2mm^2/s$。
③ 添加剂
• MoDTC：硫化二烷基二硫代氨基甲酸钼。

- 磺酸锌：二壬基萘磺酸锌（碱度值 2.8mg KOH/g）。
- 磺酸钙
- 硫-磷系极压添加剂：硫含量（质量分数）31.5%，磷含量（质量分数）1.7%。
- 油脂 A：蓖麻油（脂肪酸甘油酯 98.5%）。
- 油脂 B：菜籽油（脂肪酸甘油酯 75.6%）。
- 蜡 A：褐煤蜡。
- 蜡 B：脂肪酸酰胺类蜡。
- 蜡 C：聚乙烯蜡。

（4）典型润滑脂配方（见表 4-21）

表 4-21　典型润滑脂配方　　　　单位:%（质量分数）

项目	实施例					
	1	2	3	4	5	6
二脲基础润滑脂	94.0	93.5	93.0	93.0	92.5	92.5
MoDTC	2.0	2.0	2.0	2.0	2.0	1.0
磺酸锌	3.0	3.0	3.0	3.0	3.0	3.0
磺酸钙	—	—	—	—	—	—
硫-磷系极压剂	—	0.5	—	—	0.5	0.5
油脂 A	—	—	1.0	—	1.0	—
油脂 B	—	—	—	1.0	—	1.0
蜡 A	1.0	1.0	1.0	1.0	1.0	1.0
蜡 B	—	—	—	—	—	—
蜡 C	—	—	—	—	—	—

（5）制备方法

在第一个容器中加入 455g 基油和 43.6g 二苯基甲烷-4,4'-二异氰酸酯，将混合物加热至 70～80℃。在另一个容器中加入 455g 基油、27.6g 环己胺以及 18.8g 硬脂酰胺，同样加热至 70～80℃后，将其缓慢倒入第一个容器中，在充分搅拌的同时进行 30min 的反应。随后继续搅拌并逐步升温至 160℃，冷却后得到基础脲润滑脂。在该基础润滑脂中按照预定配合比例添加添加剂，并适量补充基油，通过三辊轧机处理后，将所得混合物的锥入度等级调整至 No.1。

（6）典型润滑脂理化数据（见表 4-22）

表 4-22 典型润滑脂理化数据

项目	1	2	3	4	5	6
工作锥入度/0.1mm	320	330	315	325	320	325
摩擦系数	0.038	0.037	0.035	0.036	0.035	0.035
磨斑直径/mm	0.38	031	0.36	0.37	0.38	0.37
强制力降低比/%	−22	−27	−24	−26	−27	−25
耐久寿命	良好	良好	良好	良好	良好	良好

（7）产品应用领域

该产品广泛应用于伸缩式等速万向节，尤其是三球销式等速万向节（TJ）和双偏置式等速万向节（DOJ）等关键部件。

（8）产品特点

该产品以聚脲稠化精制油为基础，并复配极压剂等高效添加剂，能够有效抑制振动，同时显著延长等速万向节的使用寿命，从而确保其在复杂工况下的稳定运行。

4.2.10 汽车万向节润滑脂（十）

（1）技术难点

在当前汽车工业中，为实现轻量化并提升乘坐空间的优化设计，前置前驱（FF）车型的数量显著增加。作为此类车型不可或缺的关键部件，等速万向节（CVJ），尤其是三球销式等速万向节（TJ）和双偏置式等速万向节（DOJ），得到了广泛应用。这些部件在一定角度下旋转时需进行复杂的滚动-滑动复合运动，从而在轴向上产生滑动阻力。这种阻力可能成为车辆空载时振动、起步及加速时车体横向晃动，以及特定车速下车内拍振音或低频闷响的主要诱因。

（2）解决方法

为解决以等速联轴器作为激振源引发的振动问题，我们开发了一种含有苯酚钙、钼二硫氨基甲酸酯、磺酸钙、硫代磷酸酯、脲系增稠剂及基础油的润滑脂。研究表明，该润滑脂在特定振动条件下表现出所需的低摩擦系数特性，并与SRV 试验机测定的静摩擦系数之间存在明确关系。通过在实际等速联轴器的强制动力试验中应用该润滑脂，能够有效抑制振动的发生，从而显著提升系统的运行稳定性。

（3）关键原料特性

① 增稠剂　脲基润滑脂增稠剂，由辛胺、十八胺、MDI 反应制得。

② 基础油　矿物油，40℃黏度 91.4mm²/s，100℃黏度 10.5mm²/s，黏度指数 97。

③ 添加剂

- 钼二硫代氨基甲酸酯 A：Molyvan A。
- 钼二硫代氨基甲酸酯 B：Molyvan 822。
- 磺酸钙：中性烷基芳香族磺酸钙。
- S-P 极压剂：硫含量 31.5%，磷含量 1.7%。
- 磷基硫代磷酸酯：三(烷基苯基)硫代磷酸酯。
- 苯酚钙等添加剂。

(4) 典型润滑脂配方（见表 4-23）

表 4-23　典型润滑脂配方　　　　　单位:%（质量分数）

项目	实施例			
	1	2	3	4
脲基润滑脂	86.5	89.5	87.5	87.0
苯酚钙	3	3	5	3
钼二硫氨基甲酸酯 A	3	3	3	3
钼二硫氨基甲酸酯 B	3	—	—	3
磺酸钙	3	3	3	3
磷基硫代磷酸酯	1	1	1	1
S-P 极压剂	0.5	0.5	0.5	—

(5) 制备方法

将 4000g 矿物油、250g 二苯基甲烷-4,4′-二异氰酸酯（1mol）、129g 辛胺（1mol）以及 270g 十八胺（1mol）置于反应容器中，使其充分反应，并将生成的化合物均匀分散于矿物油中，从而制得基础脂。随后，按照表中所示比例向基础脂中添加相应添加剂，同时适量补充矿物油，并通过三段辊磨机调节混合物的稠度至 No.1 级。

(6) 典型润滑脂理化数据（见表 4-24）

表 4-24　典型润滑脂理化数据

项目	实施例			
	1	2	3	4
稠度	325	328	332	326
SRV(μ)	0.033	0.033	0.034	0.034
强制力降低比	—40	—40	—37	—38

（7）产品应用领域

该产品广泛应用于等速万向节（TJ）、双偏置式等速万向节（DOJ）等关键传动部件。

（8）产品特点

该产品以聚脲稠化精制油为基础，并复配极压剂等高效添加剂精心制备而成，展现出优异的低摩擦系数润滑性能。

4.2.11 汽车万向节润滑脂（十一）

（1）技术难点

当前，在汽车工业中，为实现发动机高输出化以及优化使用空间的目标，小型化与轻量化已成为重要发展趋势，前置前驱（FF）车型的产量正持续增长。在 FF 车型中，为确保前轮动力的平稳传递，等速万向节作为关键部件不可或缺。该部件能够在两轴交叉角度不断变化的情况下，实现旋转运动的等速传递。然而，在实际运行过程中，等速万向节需在高表面压力条件下完成复杂的滚动与滑动运动，其润滑部位与金属接触面会反复承受应力作用。因此，在严苛的润滑环境下，进一步提升其耐磨耗性和抗鳞片状剥落性能显得尤为重要。

（2）解决方法

通过开发一种包含苯并三唑及其衍生物、磷酸酯类及其胺盐，并结合二脲系增稠剂的润滑脂组合物，成功解决了等速万向节在严苛工况下对优异耐磨耗性和耐鳞片状剥落性能的需求。

（3）关键原料特性

① 增稠剂　二脲系增稠剂，由辛胺、MDI 反应制得。

② 基础油　石蜡系矿物油，黏度 40℃ 100mm^2/s、100℃ 11mm^2/s，黏度指数 94。

③ 添加剂

• TCP：磷酸三甲苯酯。

• TOP：磷酸三辛酯。

• 苯并三唑、亚磷酸三苯酯、亚磷酸三乙酯添加剂。

（4）典型润滑脂配方（见表 4-25）

表 4-25　典型润滑脂配方　　　　　单位:%（质量分数）

项目	实施例						
	1	2	3	4	5	6	7
基础油	92.75	92.60	92.75	92.60	92.75	92.60	92.75

项目	实施例						
	1	2	3	4	5	6	7
二脲系增稠剂	7.00	7.00	7.00	7.00	7.00	7.00	7.00
苯并三唑	0.20	0.20	0.20	0.20	0.20	0.20	0.20
磷酸三甲苯酯	0.05	0.20	—	—	—	—	—
磷酸三辛酯	—	—	0.05	0.20	—	—	—
亚磷酸三苯酯	—	—	—	—	0.05	0.20	—
亚磷酸三乙酯	—	—	—	—	—	—	0.05

（5）制备方法

向反应容器中加入 2000g 基油和 250g 二苯基甲烷-4,4′-二异氰酸酯，将混合物加热至 70～80℃。另取一反应容器，加入 2000g 基油和 258g 辛胺，同样加热至 70～80℃后，将其缓慢加入前一容器中，在充分搅拌条件下反应 30min。随后继续加热并搅拌，冷却后制得基础脲润滑脂。在所得基础脲润滑脂中按照配方比例添加相应添加剂，并适量补充基油，利用三辊研磨机对混合物进行精细研磨处理，直至工作锥入度达到 325 的标准。

（6）典型润滑脂理化数据（见表 4-26）

表 4-26　典型润滑脂理化数据

项目	实施例						
	1	2	3	4	5	6	7
四球长磨试验磨斑/mm	0.40	0.38	0.40	0.37	0.40	0.37	0.40
四球烧结负荷/N	784	784	784	784	784	784	784
剥落试验(条件1①)	合格	合格	合格	合格	合格	合格	合格
剥落试验(条件2②)	合格	合格	合格	合格	合格	合格	合格
耐热性试验/℃	54	52	52	33	51	54	53

①条件1:旋转数 200r/min,扭矩 1000N·m,万向节角度 5°;

②条件2:旋转数 1500r/min,扭矩 300N·m,万向节角度 5°。

（7）产品应用领域

广泛应用于各类万向节的关键部位。

（8）产品特点

该产品以聚脲稠化精制油为基础，并复配苯并三唑及其衍生物、磷酸酯类及其胺盐等高效添加剂精心制备而成，展现出卓越的耐磨耗性和抗鳞片状剥落性能。

4.2.12 汽车万向节润滑脂（十二）

（1）技术难点

在万向节运行过程中，润滑脂因热效应和剪切力的作用而逐渐劣化，从而导致初期摩擦特性随时间推移出现降低的黏滑现象。所谓黏滑，是指滑动面在启动时由于油膜厚度不足而产生的卡滞或不顺滑现象。从理论上看，当滑动面处于静止状态时，油膜厚度接近于零，因此在启动瞬间容易出现上述现象。

（2）解决方法

通过优化二硫代氨基甲酸钼的结构（具体包括碳链的链长及其在常温下的状态）以及其在润滑脂组合物中的含量，成功开发出一种能够有效解决等速万向节在高温和高剪切条件下摩擦特性劣化问题的润滑脂，从而显著提升其耐黏滑性能。

（3）关键原料特性

① 增稠剂　脂环式芳香族二脲增稠剂，由环己胺、苯胺和MDI反应制得，或辛胺和MDI反应制得。

② 基础油
- 矿物油 A：40℃时的运动黏度为132mm²/s的石蜡系矿物油。
- 矿物油 B：40℃时的运动黏度为102mm²/s的石蜡系矿物油。
- 矿物油 C：40℃时的运动黏度为145mm²/s的石蜡系矿物油。
- 矿物油 D：40℃时的运动黏度为89.5mm²/s的石蜡系矿物油。
- 合成烃油：40℃时的运动黏度为66.5mm²/s的聚 α-烯烃油。

③ 添加剂
- 二硫代氨基甲酸钼 A：烷基二硫代氨基甲酸钼，25℃为液体。
- 二硫代氨基甲酸钼 B：二硫代氨基甲酸钼，25℃为液体。
- 二硫代氨基甲酸钼 C：混合物二硫代氨基甲酸钼，25℃为固体。
- 磺酸钙：二壬基萘磺酸钙。
- 硫化油脂：硫组分为43%（质量分数）的硫化油脂。

（4）典型润滑脂配方（见表4-27）

表4-27　典型润滑脂配方　　　　单位:%（质量分数）

项目	实施例1	实施例2	实施例3	实施例4	实施例5	实施例6	实施例7
脂环式芳香族二脲	15.0	15.0	15.0	15.0	15.0	15.0	15.0
矿物油 A	79.3	77.8	75.8	50			80.5
矿物油 B					79.3		
矿物油 C						79.3	

项目	实施例 1	实施例 2	实施例 3	实施例 4	实施例 5	实施例 6	实施例 7
合成烃油				29.3			
二硫代氨基甲酸钼 A	4.5	6.0	8.0	4.5	4.5	4.5	4.5
磺酸钙	1.0	1.0	1.0	1.0	1.0	1.0	
硫化油脂	0.2	0.2	0.2	0.2	0.2	0.2	

(5) 制备方法

以基油为原料，使二苯甲烷二异氰酸酯与胺类化合物（环己胺及苯胺）发生反应，经升温、冷却处理后，加入必要的添加剂，利用三辊混炼机进行充分混炼，最终制备出工作锥入度为 300 的润滑脂。

(6) 典型润滑脂理化数据（见表 4-28）

表 4-28　典型润滑脂理化数据

项目	实施例 1	实施例 2	实施例 3	实施例 4	实施例 5	实施例 6	实施例 7
工作锥入度/0.1mm	300	300	300	300	300	300	300
基础油运动黏度（40℃）/（mm²/s）	132	132	132	100	102	145	132
加热前静摩擦系数	0.084	0.081	0.078	0.084	0.083	0.085	0.085
加热前动摩擦系数	0.083	0.076	0.075	0.081	0.080	0.082	0.080
加热后静摩擦系数	0.084	0.081	0.080	0.085	0.079	0.084	0.083
加热后动摩擦系数	0.083	0.077	0.079	0.080	0.077	0.082	0.077
耐黏滑性	0.001	0.004	0.001	0.005	0.002	0.002	0.006

(7) 产品应用领域

广泛应用于汽车万向节的润滑部位。

(8) 产品特点

该产品以聚脲稠化精制合成油为基础，并复配抗氧防锈剂等高效添加剂精心制备而成，能够有效改善摩擦特性，从而确保优异的耐黏滑性能。

4.2.13　汽车万向节润滑脂（十三）

(1) 技术难点

① 等速万向节中的部件运动包含滚动、滑动和旋转等多种复杂组合形式。当万向节在扭矩作用下运行时，各部件之间的相互负载不仅会导致接触面的磨

损，还会引发滚动接触疲劳，并在接触面之间产生显著的摩擦力。这种磨损可能直接导致等速万向节的功能失效，而摩擦力则会进一步引发动力传动系统中的噪声、振动及啸声（NVH）问题。通常情况下，NVH性能可通过测量滑动型CVJ所产生的轴向力来进行评估。

② 等速万向节配备由高弹性材料制成的密封保护罩，其通常呈波纹管形状，一端与CVJ外壳相连，另一端与CVJ内部组件或输出轴连接。该保护罩的主要功能是将润滑脂密封在万向节内部，同时有效阻隔外界杂质和水分的侵入。润滑脂的关键作用在于减少万向节部件间的磨损与摩擦、延缓滚动接触疲劳的发生，并确保其与保护罩所用弹性材料之间具备良好的相容性。目前，CVJ保护罩主要采用两种材料：氯丁橡胶（CR）和热塑性弹性体（TPE），其中以醚-酯嵌段共聚物型热塑性弹性体（TPC-ET）为代表。

（2）解决方法

为解决等速万向节在使用过程中与保护罩材料相容性不佳以及磨损和摩擦较大的问题，本发明开发了一种专门用于CVJ的润滑脂组合物。该组合物通过优化配方设计，确保其与由橡胶或热塑性弹性体制造的保护罩之间具备良好的相容性，同时显著降低CVJ运行时的磨损和摩擦。

（3）关键原料特性

① 增稠剂　钙复合物增稠剂，由十八胺、MDI、复合钙反应制得。

② 基础油　运动黏度在40℃时约为32～250mm^2/s。

③ 添加剂

• 三核钼化合物（TNMoS）：含硫三核钼化合物。

• 二硫代磷酸钼（MoDTP）：化学式为2-乙基己基钼二硫代磷酸盐。

• 二硫代氨基甲酸钼（MoDTC）：固体形式。

• ZnDTP。

（4）典型润滑脂配方（见表4-29）

表4-29　典型润滑脂配方　　　　　单位:%（质量分数）

项目	实施例A1	实施例A2	实施例A3	实施例A4	实施例A5	实施例A6
TNMoS	0.5	0.5	0.5	0.5	0.5	0.5
ZnDTP	0.5	0.5	0.5	—	0.5	0.5
MoDTP	0.5	0.5		0.5	—	0.5
MoDTC	0.5	0.5		0.5	0.5	—
钙复合物增稠剂	3.0		3.0	3.0	3.0	3.0
混合油	87	90	88	85	85	85
增稠剂	8	8	8	8	8	8

（5）制备方法

4,4′-亚甲基二苯基二异氰酸酯与十八胺的反应产物。此外，所使用的钙复合物增稠剂为氢氧化钙与两种羧酸的反应产物，其中一种羧酸含有 2～5 个碳原子的短链，另一种羧酸含有 16～20 个碳原子的长链，且短链与长链的比例范围为 1∶2～1∶5。最终制得的混合物包含脲增稠剂和钙复合物增稠剂。

（6）典型润滑脂理化数据（见表 4-30）

表 4-30　典型润滑脂理化数据

项目	实施例 A1	实施例 A2	实施例 A3	实施例 A4	实施例 A5	实施例 A6
摩擦系数	0.058	0.082	0.064	0.078	0.076	0.061
烧结负荷/N	3000	2500	2500	2500	3000	2500

（7）产品应用领域

广泛应用于汽车万向节等领域。

（8）产品特点

该产品以聚脲稠化精制合成油为基础，复配抗氧防锈剂、含钼极压抗磨剂等高效添加剂精心研制而成。该润滑脂与保护罩材料具有优异的兼容性，能够显著降低部件磨损，并提供卓越的低摩擦性能。

4.2.14　汽车万向节润滑脂（十四）

（1）技术难点

当今，在汽车产业领域，出于轻量化和提升车内居住空间的需求，前置前驱（FF）车型的产量正在逐步增加。同时，基于功能性需求，四轮驱动（4WD）车型的市场份额也在不断扩大。这些 FF 车型和 4WD 车型通过前轮实现动力传递与转向功能，因此需要在方向盘完全转动的状态下仍能确保平稳的动力传递。作为能够在两轴交叉角度不断变化的情况下以恒定速度传递旋转运动的关键部件，等速万向节在这些车辆中不可或缺。近年来，随着汽车高性能化趋势的持续发展以及大功率车型产量的增加，等速万向节所承受的负荷显著增大，其润滑条件也变得更加严苛。与此同时，汽车行业对提升乘坐舒适性的要求不断提高，无论是在极热地区还是严寒地区，各类气候条件下均需确保车辆具备卓越的乘坐体验。

（2）解决方法

为解决汽车传动轴中固定型等速万向节及滑动型等速万向节在低温环境下转动阻力变化幅度较大的问题，本研究开发了一种含有特定成分的润滑脂。通过优化润滑脂配方，有效降低了其在低温条件下的性能波动，从而提升了等速万向节在极端气候条件下的运行稳定性。

（3）关键原料特性

① 增稠剂　双脲化合物增稠剂，由辛胺、十八胺、MDI 反应制得。

② 基础油

• 酯油：倾点−50℃、40℃运动黏度 53mm²/s 的偏苯三酸三烷基酯。

• 合成烃油：40℃运动黏度 420mm²/s 的聚 α-烯烃油。

• 矿物油。

③ 添加剂

• 二硫化钼：平均粒径 0.45μm。

• 聚四氟乙烯：平均粒径 0.2μm。

• 二烷基二硫代氨基甲酸钼、二硫代磷酸锌化合物添加剂。

（4）典型润滑脂配方（见表 4-31）

表 4-31　典型润滑脂配方　　　单位:%（质量分数）

项目	实施例			
	1	2	3	4
双脲化合物	8.0			
酯系合成油	17.0	8.5	17.2	34.0
矿物油	51.0	51.0	51.6	51.0
合成烃油	17.0	25.5	17.2	—
二烷基二硫代氨基甲酸钼	2.0	2.0	2.0	2.0
二硫化钼	3.0	3.0	1.0	3.0
聚四氟乙烯	1.0	1.0	2.0	1.0
二硫代磷酸锌化合物	1.0	1.0	1.0	1.0

（5）制备方法

在 3700g 矿物油中，使 250g（1mol）二苯基甲烷-4,4′-二异氰酸酯、129g（1mol）辛胺以及 270g（1mol）十八胺进行反应，生成双脲系化合物，并使其均匀分散于体系中，制得基础润滑脂。随后，在基础润滑脂中加入适量的基础油和添加剂，并采用三辊研磨机进行充分混炼，直至混合物的稠度达到 300。

（6）典型润滑脂理化数据（见表 4-32）

表 4-32　典型润滑脂理化数据

项目	实施例			
	1	2	3	4
锥入度/0.1mm	300			
低温转矩（−40℃）	合格	合格	合格	合格

（7）产品应用领域

应用于等速万向节的扭矩传递构件主要包括球形结构的固定型等速万向节（如球笼式 Rzeppa、球笼式 Birfield）以及滑动型等速万向节（如双效补偿式、交叉槽式）。这些等速万向节采用滚珠作为扭矩传递构件，滚珠配置于外轮与内轮的滚道中，并通过保持架实现嵌入式装配，从而确保扭矩传递的稳定性和可靠性。

（8）产品特点

该产品以聚脲稠化精制合成油为基础，并复配抗氧防锈剂等高效添加剂精心研制而成，能够有效改善等速万向节在低温条件下的传动阻力变化特性。

4.2.15　汽车万向节润滑脂（十五）

（1）技术难点

根据 2023 年全球汽车产量数据，汽车产业正见证轻量化与空间优化趋势下前置前驱（FF）车型产量的持续增长。同时，出于功能性需求，四轮驱动（4WD）车型的生产也在稳步上升。这些 FF 车型和 4WD 车型通过前轮实现动力传递与转向功能，因此需要在极端条件下（如方向盘完全转动时）仍能确保平稳的动力传递。为此，在 FF 车及 4WD 车中，作为能够在两轴交叉角度不断变化的情况下以恒定速度传递旋转运动的关键部件，等速万向节不可或缺。

球式等速万向节采用滚珠作为滚动体进行扭矩传递。由于其在高表面压力下的复杂滚动滑动特性，滚珠及其接触的金属表面会因交变应力的影响而出现鳞片状剥落现象。此外，随着近年来发动机高输出功率化的趋势，等速万向节的工作条件变得更加严苛，外轮、内轮的转动面或滚珠发生鳞片状剥落的情况有加速的趋势。因此，提升等速万向节的耐鳞片状剥落性能已成为行业亟需解决的重要课题。

（2）解决方法

为解决等速万向节在实际耐久性试验中出现的鳞片状剥落问题，开发了一种含有二脲系增稠剂、基础油、二烷基二硫代磷酸锌、硫化二烷基二硫代氨基甲酸钼、二烷基二硫代氨基甲酸锌及硫-胺系极压添加剂的润滑脂。该润滑脂通过优化配方设计，显著提升了等速万向节的耐鳞片状剥落性能。

（3）关键原料特性

① 增稠剂　二脲系增稠剂，由辛胺、MDI 反应制得。

② 基础油　矿物油，100℃下运动黏度为 13.2mm^2/s。

③ 添加剂

- ZnDTP：二烷基二硫代磷酸锌。
- MoDTC：硫化二烷基二硫代氨基甲酸钼。
- ZnDTC：二烷基二硫代氨基甲酸锌。
- S-N 系极压剂：杂环硫氮化合物。

（4）典型润滑脂配方（见表4-33）

表4-33　典型润滑脂配方　　　　单位：%（质量分数）

项目	实施例			比较例			
	1	2	3	1	2	3	4
油	91	90	90	94	94	93	92
二脲系增稠剂	5	5	5	5	5	5	5
ZnDTP	1	1	1	1	—	1	—
MoDTC	1	1	2	—	1	1	1
ZnDTC	1	2	1	—	—	—	1
S-N 系极压剂	1	1	1	—	—	—	1

（5）制备方法

在4000g矿物油中，使250g（1mol）二苯基甲烷-4,4'-二异氰酸酯与258g（2mol）辛胺发生反应生成二脲系化合物，并将其均匀分散，进而制得基础润滑脂。

（6）典型润滑脂理化数据（见表4-34）

表4-34　典型润滑脂理化数据

项目	实施例			比较例			
	1	2	3	1	2	3	4
SRV 试验磨斑直径	0.53	0.54	0.56	0.71	0.86	0.70	0.75
摩擦系数	0.058	0.058	0.059	0.094	0.073	0.070	0.078
剥落性试验（等速万向节-A）	合格	合格	合格	不合格	不合格	不合格	不合格
剥落性试验（等速万向节-B）	合格	合格	合格	不合格	不合格	不合格	不合格
剥落性试验（等速万向节-C）	合格	合格	合格	不合格	不合格	不合格	不合格

（7）产品应用领域

适用于滑动型等速万向节及固定型等速万向节。

（8）产品特点

该产品以聚脲稠化精制酯类油为基础，复配抗氧防锈剂、极压抗磨剂等高效添加剂精心研制而成，能够显著提升万向节抵抗鳞片状剥落的性能。

4.2.16 汽车万向节润滑脂（十六）

（1）技术难点

等速万向节在汽车及各类工业机械中得到了广泛应用。在汽车领域，其主要功能是通过传动轴实现变速箱与车轮之间的动力传递。为了降低摩擦系数并确保设备平稳运行，通常需要向等速万向节内注入专用润滑脂。为提升等速万向节的性能表现，行业内普遍采用含有多种功能性添加剂的脲基润滑脂。当输入轴与输出轴处于大角度工况（伴随高表面压力）时，若润滑效果不佳，可能会导致设备运行异常甚至引发故障。

（2）解决方法

为解决高表面压力下润滑性不足的问题，开发了一种通过在特定含量范围内配混二硫代氨基甲酸钼、硼酸钾水合物和二烷基二硫代磷酸锌的解决方案。该方案能够有效改善高表面压力条件下的润滑性能。

（3）关键原料特性

① 增稠剂　由环式胺（环己胺）、高级醇（硬脂醇）、二异氰酸酯（MDI）制得。

② 基础油　矿物油，40℃运动黏度为 $175mm^2/s$。

③ 添加剂

- 聚硫醚：Anglamol 33。
- 磺酸钙：HYBASE C500。
- 硼酸钾水合物：OLOA 9750。
- ZnDTP：HiTEC-1656。
- MoDTC：ADEKA SAKURA-LUBE 600。

（4）典型润滑脂配方（见表 4-35）

表 4-35　典型润滑脂配方　　　　　　单位：%（质量分数）

原料	实施例 1	实施例 2	比较例 1	比较例 2
矿物油	余量	余量	余量	余量
二苯基甲烷-4,4′-二异氰酸酯	3.39	3.39	3.39	3.39
环己胺	2.15	2.15	2.15	2.15

原料	实施例 1	实施例 2	比较例 1	比较例 2
硬脂醇	1.46	1.46	1.46	1.46
聚硫醚	1.00	1.00	1.00	1.00
磺酸钙	0.30	0.30	0.30	0.30
硼酸钾水合物	0.38	0.75	1.13	1.50
ZnDTP	0.40	0.40	0.40	0.40
MoDTC	1.60	1.60	1.60	1.60

续表

（5）制备方法

以环己胺、硬脂醇和化合物为增稠剂原料，将其混合至一半量的矿物油中并充分溶解，制备溶液 A。将增稠剂原料二异氰酸酯化合物（MDI）与另一半量的矿物油混合，并加热至 70℃ 使其完全溶解，制备溶液 B。在搅拌溶液 B 的过程中，缓慢加入溶液 A，并在 150℃ 下保持 30min。随后，在持续搅拌条件下自然冷却至 60℃ 以下，再添加相应添加剂，继续搅拌直至冷却至室温。最后，利用三辊磨机对混合物进行均质化处理，从而制得润滑脂。

（6）典型润滑脂理化数据（见表 4-36）

表 4-36　典型润滑脂理化数据

原料	单位	实施例 1	实施例 2	比较例 1	比较例 2
评价结果	GPa	未发生润滑不良	未发生润滑不良	4.6	4.3

依据 ASTM D5707 标准，在 6Hz、±1mm 振幅、40℃ 环境温度下，采用直径为 10mm 的球/板接触模式对摩擦系数进行测定。测试条件包括：首先以 50N 负荷运行 10min 作为预处理阶段，随后依次施加 100N 和 200N 负荷各 10min。最终逐步增加负荷至 1000N，评估是否存在润滑不良现象。评价结果中；数值则表示当摩擦系数超过 0.15 时对应的最大接触表面压力。结果显示，实施例 1 和实施例 2 的润滑脂在等速万向节应用中表现出优异性能，即使在高表面压力条件下也未出现润滑不良现象。而比较例 1 和比较例 2 的润滑脂在最大接触表面压力达到 3.9GPa 至 4.6GPa 时发生了润滑不良。

（7）产品应用领域

适用于中高档汽车球笼式等速万向节的润滑，同时亦可用于其他类型球节及滚动轴承的润滑。

（8）产品特点

该产品以聚脲增稠剂稠化精制矿物油为基础，并复配抗氧防锈剂、二硫代氨基甲酸钼、硼酸钾水合物以及二烷基二硫代磷酸锌等高效极压抗磨添加剂精心研制而成。具备以下优异性能：显著的抗磨损特性，可有效减少万向节部位的摩擦与磨损；卓越的抗水性能，确保润滑脂在与水接触或混合时不易流失；优良的防锈性能，能够防止万向节部位发生锈蚀；同时，该产品可显著改善高表面压力条件下的润滑效果。

4.2.17　汽车万向节润滑脂（十七）

（1）技术难点

近年来，随着汽车行业对高性能化、静音化及乘坐舒适性的不断追求，以及一般工业机械领域对高性能化、静音化和高精度化的需求日益增长，等速万向节在低振动化和长寿命化方面的要求也变得愈发严格。

等速万向节是一种用于旋转运动传递的关键部件，即使输入轴与输出轴之间存在角度差异，也能确保两轴实现等速旋转并平稳传递扭矩。其广泛应用于汽车的前轮驱动轴、后轮驱动轴、推进轴及操舵轴，同时也被普遍用于各类工业机械中。

在实际运行过程中，等速万向节不仅需要承受高表面压力，还需应对复杂的滚动与滑动作用。因此，其滚动和滑动部位容易处于高负荷状态，从而导致磨损现象的发生。

（2）解决方法

为解决等速万向节在低振动化和长寿命化方面的需求，开发了一种以特定结构的二脲化合物作为脲系增稠剂的解决方案。该方案通过优化润滑脂的性能，有效满足了低振动和长寿命的要求。

（3）关键原料特性

① 增稠剂　基础润滑脂增稠剂，由十八烷基胺、环己胺、MDI 反应制得。

② 基础油

• 链烷烃系矿物油：40℃ 运动黏度 90.51mm^2/s，100℃ 运动黏度 10.89mm^2/s，黏度指数 107。

• 链烷烃系矿物油：40℃ 运动黏度 408.80mm^2/s，100℃ 运动黏度 30.86mm^2/s，黏度指数 105。

③ 添加剂

• 抗氧剂：酚系抗氧化剂。

• 金属减活剂：苯并三唑系化合物。

• 硫化油脂、MoDTC、ZnDTP 添加剂。

（4）典型润滑脂配方（见表 4-37）

表 4-37　典型润滑脂配方　　　　　　　单位：%（质量分数）

项目	实施例 1	实施例 2	实施例 3	实施例 4
基础润滑脂 Y1(高分散法)	94.40	99.37	—	—
基础润滑脂 X1(常规方法)	—	—	94.40	99.37
MoDTC	1.00	—	1.00	—
ZnDTP	2.00	—	2.00	—
酚系抗氧化剂	0.50	0.53	0.50	0.53
硫化油脂	2.00	—	2.00	—
苯并三唑	0.10	0.11	0.10	0.11
合计	100.00	100.00	100.00	100.00

（5）制备方法

在 1L 金属容器反应釜中，加入基础油（A）375.5g 和二苯基甲烷-4,4′-二异氰酸酯（MDI）24.5g（0.098mmol），加热使其完全溶解，制备溶液 a。另取 1 L 金属容器，加入基础油（A）368.3g、环己胺（Cy）11.3g（0.114mmol）及硬脂胺（C18）20.4g（0.076mmol），制备溶液 b。随后，在加热条件下，将溶液 b 缓慢加入已含有溶液 a 的反应釜中，并持续搅拌以确保混合均匀。接着，补充加入基础油（A）200.0g，充分搅拌后，将容器内残留的溶液 b 转移至反应釜内，继续搅拌以完成反应液的均匀化处理。将反应液升温至 90℃ 以上并保持 1h 以终止反应，随后使用三辊研磨机对产物进行均质化处理，最终得到基础润滑脂。

（6）典型润滑脂理化数据（见表 4-38）

表 4-38　典型润滑脂理化数据

项目	实施例 1	实施例 2	实施例 3	实施例 4
SRV 试验摩擦系数(35N)	0.053	0.121	0.059	0.134
SRV 试验摩擦系数(200N)	0.051	0.153	0.075	0.159

（7）产品应用领域

适用于汽车万向节等领域。

（8）产品特点

该产品以聚脲稠化精制油为基础，并复配抗氧防锈剂、极压抗磨剂等多种功能性添加剂精心研制而成，能够有效满足低振动化与长寿命化的需求。

4.3
轮毂轴承润滑脂专利

　　近年来，汽车技术领域正朝着安全节能、智能环保以及集成化方向快速发展。作为汽车关键零部件之一，轮毂轴承在汽车行驶过程中承担着承受轴向载荷与径向载荷的重要任务，同时具备精确导向的功能。国内外知名轴承企业，如FAG、TIMKEN、SKF、NSK、KOYO，以及国内的洛轴、哈轴、万向轴承、东南轴承等，均在汽车轮毂轴承的材料选择、结构设计及制造工艺等方面展开了深入研究。然而，针对轮毂轴承润滑性能的研究相对较少。

　　第一代轮毂轴承单元是在标准角接触球轴承和圆锥滚子轴承的基础上发展而来的。在此基础上，通过结构改进形成了第二代轮毂轴承。第三代轮毂轴承在内外圈增加了法兰盘凸缘，其中内圈凸缘兼具轮毂功能，用于支撑车轮和制动盘，外圈凸缘则用于连接悬挂装置。第四代轮毂轴承单元通过整合等速万向节，实现了结构紧凑化和重量减轻，同时具备了良好的组装性能、无需游隙调整、载荷容量大等优点，其技术性能和经济效果均达到了新的高度。第五代轮毂轴承单元采用轻量化设计理念，将轮毂轴承与制动鼓设计为一体式结构，便于安装制动ABS传感器，并有效减少运行过程中的振动和噪声。第六代轮毂轴承单元基于集成化思想设计，采用了浮动制动盘整体式结构。在新结构中，轮毂轴承的多个工作表面采用了同步复合磨削工艺，并以铆合工艺取代传统的螺母锁紧方式，从而降低了轮毂单元的重量，提高了轮毂系统的运行稳定性。

　　随着汽车轮毂轴承产品的不断升级，轮毂轴承正朝着轻量化、集成化的方向发展，这使得对轮毂轴承润滑性能的要求日益严格。然而，目前市面上的轮毂轴承润滑脂在高温性能和极压抗磨性能方面存在不足，难以完全满足市场需求。润滑脂作为汽车轮毂轴承的主要润滑剂之一，被称为汽车轮毂轴承的"第五元素"，在汽车的安全性、环保性和节能性方面发挥着重要作用。据统计，80%的滚动轴承和20%的滑动轴承采用脂润滑方式。这种润滑方式不仅能够有效减少摩擦、降低磨损，延长轴承寿命，而且在不同行驶条件下（如高温或涉水环境），选择合适的润滑脂类型（如锂基润滑脂或钙钠基润滑脂）对于确保轴承的可靠性和延长其使用寿命至关重要。润滑脂属于非牛顿流体，具有独特的流变特性，与润滑油相比，在轮毂轴承使用中表现出不可替代的优势。

　　通过大规模市场调查和对现有轮毂轴承产品的润滑失效分析发现，汽车轮毂轴承的润滑仍存在一些问题：轮毂轴承润滑脂的产品种类较少，且质量参差不齐；轴承制造商与润滑脂生产商在分析轮毂轴承润滑性能及其工作条件方面存在不足；轮毂轴承润滑脂产品质量与国际先进水平相比仍有较大差距，缺乏相应的检测标准或标准过于陈旧；润滑脂企业尚未建立完善的轮毂轴承润滑脂台架性能试验体系。因此，深入研究汽车轮毂轴承的工作状况，剖析其失效原因，并开发高质量的润滑脂，对于减少轮毂轴承失效、延长其使用寿命，以及确保汽车行驶安全，均具有重要的理论指导意义和实践应用价值。

4.3.1 汽车轮毂轴承润滑脂（一）

（1）技术难点

① 近年来，为应对全球变暖问题并减少二氧化碳排放量，政府依据节能法自 2015 年起强化了汽车燃油效率标准，并制定了更为严格的燃效规范。这使得提高燃油效率成为汽车行业亟待解决的重要课题。其中，降低用于汽车车轮的轴承（以下称为"轮毂单元轴承"）的扭矩被视作提升汽车燃油效率的有效方法之一。为了实现轮毂单元轴承扭矩的降低，可通过调整轴承内部技术参数或优化所使用的润滑脂组成来达成目标。例如，采用基油运动黏度较低的润滑脂可有效降低搅拌阻力，从而减少扭矩。然而，尽管降低基油运动黏度能够在一定程度上减少扭矩，但在高温工况下，由于油膜厚度的减小，可能导致轴承寿命无法满足要求，从而引发可靠性问题。

② 此外，由于轮毂单元轴承安装在易接触泥水等污染物的部位，因此需要配备密封装置（即密封材料），以实现外部部件与内部部件之间的有效密封。通常情况下，基于耐油性、耐磨耗性、耐热性、加工性以及成本等因素的综合考量，丁腈橡胶（NBR）被广泛用作密封材料。然而，合成烃油的耐热稳定性相对较差，难以满足轴承长寿命的要求。而酯系合成油虽然具备优异的耐热稳定性，但其可能导致密封材料发生溶胀，从而降低密封性能。

（2）解决方法

为解决轮毂单元轴承在低扭矩化、耐热性提升及密封材料相容性改善方面的需求，开发了一种以合成烃油和酯系合成油的混合油作为基油，并采用脲化合物作为增稠剂的润滑脂。该方案通过优化润滑脂的组成与性能，有效实现了轴承的低扭矩运行，显著提升了其耐热性以延长使用寿命，同时改善了润滑脂与密封材料 NBR（丁腈橡胶）之间的相容性。

（3）关键原料特性

① 增稠剂　芳香族二脲增稠剂，由对甲苯胺、MDI 反应制得。

② 基础油　聚 α-烯烃和多元醇酯按比例调配，40℃运动黏度为 $60mm^2/s$。

③ 添加剂

- 防锈剂：羧酸及其衍生物、磺酸盐等。
- 抗氧剂：酚系抗氧化剂、胺系抗氧化剂等。酚系抗氧化剂如 2,6-二叔丁基对甲酚（BHT）等；胺系抗氧化剂如 N-正丁基对氨基苯酚等。

- 油性剂：高级脂肪酸、高级醇、油脂等。

（4）典型润滑脂配方（见表 4-39）

表 4-39　典型润滑脂配方　　　　　　　　　　　　　单位：质量份

项目	实施例 1	实施例 2	实施例 3	实施例 4	实施例 5	实施例 6
聚 α-烯烃	80	70	60	50	50	50
多元醇酯	20	30	40	50	50	50
芳香族二脲	18.5	18.5	18.5	18.5	18.5	18.5
防锈剂	0.3	0.3	0.3	0.3	0.3	0.3
抗氧剂	1.0	1.0	1.0	1.0	1.0	1.0

（5）制备方法

以异氰酸酯 1mol、胺 2mol 的摩尔比进行反应，并控制反应量达到预定值。随后，加入预定量的添加剂，最后通过三辊轧机进行均质化处理，调整产品至规定的锥入度。

（6）典型润滑脂理化数据（见表 4-40）

表 4-40　典型润滑脂理化数据

项目	实施例 1	实施例 2	实施例 3	实施例 4	实施例 5	实施例 6
工作锥入度/0.1mm	325	325	325	325	325	325
密封材料的浸渍试验（100℃,70h,NBR）	优良	优良	优良	优良	合格	优良
低扭矩性（25℃）	优良	优良	优良	优良	优良	合格
轴承寿命试验机（140℃）/h	1500 以上	1500 以上	1500 以上	1500 以上	1500 以下	1500 以上

（7）产品应用领域

轮毂单元轴承广泛应用于汽车轮毂系统中，通过双列滚动轴承实现对安装车轮的轮毂环的自由旋转支撑。根据用途不同，轮毂单元轴承可分为驱动轮用轮毂单元轴承和从动轮用轮毂单元轴承。出于结构设计的原因，驱动轮用轮毂单元轴承通常采用内轮旋转方式，而从动轮用轮毂单元轴承则一般支持内轮旋转和外轮旋转两种模式。

轮毂单元轴承的主要结构类型包括以下几种：第一代结构是在悬挂装置的转向节与轮毂环之间嵌合由双列角接触球轴承等构成的车轮用轴承；第二代结构是在外部部件的外周直接形成车体安装凸缘或车轮安装凸缘；第三代结构是在轮毂环的外周直接形成一侧内侧滚动面；第四代结构是在轮毂环和等速万向节的外侧

接头部件外周分别直接形成内侧滚动面。

（8）产品特点

该产品以聚脲稠化精制聚 α-烯烃和多元醇酯为基础，并添加抗氧防锈剂等多功能添加剂精心研制而成。该润滑脂能够有效解决轮毂单元轴承在低扭矩化方面的需求，同时显著提升其耐热性能以延长轴承寿命，并改善与密封材料 NBR（丁腈橡胶）之间的相容性。

4.3.2　汽车轮毂轴承润滑脂（二）

（1）技术难点

① 近年来，随着全球对气候变化和地球变暖问题的关注度不断提高，汽车行业对汽车燃料效率提出了更高的要求。为了进一步提升燃料效率，在润滑脂中使用低黏度基础油成为一种有效手段，其核心目标是尽可能降低轴承滑动部位（滚珠与轨道接触区域）的摩擦阻力。然而，单纯依赖低黏度基础油会导致一个问题：难以在实现低摩擦阻力的同时兼顾轴承的抗咬死性能和长期润滑寿命。

② 随着汽车市场的全球化扩展，尤其是向寒冷地区的渗透，运输过程中产生的振动可能导致轴承滑动部位出现低温微振磨损的风险。其主要原因在于，低温环境下润滑脂易发生固化现象，从而导致基础油无法充分覆盖轴承的滑动区域。

（2）解决方法

为解决低温环境下轴承滑动部件微振磨损的问题，开发了一种由合成油（基础油）、脲类增稠剂、磷系化合物、钙系化合物、烃类蜡及添加剂组成的润滑脂。该润滑脂通过将上述必要成分混合并充分搅拌后，在辊磨机等设备中进行加工制得。其中，磷系化合物能够生成柔软的表面膜，而钙系化合物则形成硬化膜，二者协同作用在金属表面形成薄层涂覆。即使在基础油未能充分覆盖滑动部件的情况下产生振动，该润滑脂仍可有效避免金属表面间的直接接触，或显著降低接触产生的冲击，从而减少低温环境下的微振磨损。此外，通过利用源自添加剂（烃类蜡）的膜辅助基础油渗入滑动部件形成的油性膜，进一步增强了润滑脂的协同润滑效果。

（3）关键原料特性

① 增稠剂　由环己胺、硬脂胺、对甲苯胺、MDI 以及硬脂酸锂反应制得。

② 基础油

- 矿物油：40℃动态黏度 70mm^2/s。
- PAO：40℃动态黏度 30mm^2/s。
- PAO：40℃动态黏度 63mm^2/s。

- 酯：季戊四醇酯，40℃黏度 30mm^2/s。

③ 添加剂

- 过碱性磺酸钙：碱值 405，过碱性磺酸钙包含磺酸钙和碳酸钙。
- 磷酸胺：Vanlube 672。
- ZnDTC：Vanlube AZ。
- 烃类蜡：聚乙烯蜡。
- 亚磷酸酯添加剂。

(4) 典型润滑脂配方（见表 4-41）

表 4-41 典型润滑脂配方

项目		实施例 1	实施例 2	实施例 3	比较例 1	比较例 2	比较例 3
增稠剂配比 （摩尔比）	二苯基甲烷二异氰酸酯	50	50	50	50	50	50
	环己胺	87.5	87.5	87.5	—	87.5	87.5
	对甲苯胺	—	—	—	100	—	—
	硬脂胺	12.5	12.5	12.5	—	12.5	12.5
润滑脂配比 （质量份）	增稠剂量（质量分数）/%	11	11	11	20	11	11
	矿物油	—	—	—	100	—	—
	PAO	90	90	90	—	—	100
	酯	10	10	10	—	100	—
	过碱性磺酸钙	2.0	2.0	2.0	—	2.0	2.0
	亚磷酸酯	—	—	1.0	—	—	—
	磷酸胺	1.0	1.0	—	—	1.0	—
	ZnDTC	—	—	—	1.0	—	—
	聚乙烯蜡	1.0	1.0	1.0	—	—	—
	硬脂酸锂	—	—	—	—	1.0	—

(5) 制备方法

首先，将 4,4′-二苯基甲烷二异氰酸酯缓慢加入混合油中，同时持续搅拌并加热至 70~80℃，直至其完全溶解，从而制得第一混合物。随后，按照预定摩尔比例称量胺类物质，并将其加热至 70~80℃进行充分溶解，制得第二混合物。接下来，在分别保持第一混合物和第二混合物温度的条件下，将第二混合物缓慢加入第一混合物中，同时持续搅拌并使其自然升温。在温度达到 100~110℃时，维持该温度并持续搅拌反应 30min；随后继续升温至 160~170℃，完成反应后进行冷却，得到第一产物。最后，将冷却后的第一产物与添加剂混合，并通过三辊磨机进行均质化处理，最终制得润滑脂。

（6）典型润滑脂理化数据（见表 4-42）

表 4-42　典型润滑脂理化数据

项目	实施例 1	实施例 2	实施例 3	比较例 1	比较例 2	比较例 3
轴承扭矩（比较例 1＝1）	0.6	0.7	0.6	1	0.7	0.6
基础油倾点/℃	−55	−55	−55	−15	−50	−55
基础油黏度（40℃）/(mm²/s)	30	50	30	70	30	30
基础油黏度（−30℃）/(mm²/s)	2450	4820	2450	固化	4510	2320
基础油的牵引系数	0.06	0.07	0.06	0.10	0.07	0.06
摩擦系数	0.09	0.10	0.09	0.13	0.10	0.09
咬丝寿命比（比较例 1＝1）	2.0	2.0	2.0	1	1.8	1.5
剥离寿命比(1)（比较例 1＝1）	1.2	1.2	1.0	1	0.7	0.5
剥离寿命比(2)（比较例 1＝1）	1.1	1.1	1.0	1	0.5	0.4
低温微振磨损（磨损深度比）	0.3	0.5	0.5	1	0.5	0.8

（7）产品应用领域

该产品专为轮毂单元轴承的应用而设计。

（8）产品特点

该产品以聚脲稠化精制聚 α-烯烃和酯类油为基础，并添加抗氧防锈剂等多功能添加剂精心研制而成。该润滑脂能够在降低轮毂单元滑动部位摩擦阻力的同时，有效兼顾抗咬死性能及长期润滑寿命的维持，此外还能显著减少低温环境下微振磨损的发生。

4.3.3　汽车轮毂轴承润滑脂（三）

（1）技术难点

汽车车轮轴承（以下简称为汽车轮毂单元轴承）是一种通过多列滚珠轴承实现对安装车轮的轮毂自由旋转支撑的关键部件，根据用途可分为驱动轮用和从动轮用。出于结构设计的原因，驱动轮用轮毂单元轴承通常采用内轮旋转方式，而从动轮用轮毂单元轴承则一般支持内轮旋转和外轮旋转两种模式。

汽车轮毂单元轴承的主要结构类型包括以下几种：第一代结构是在悬架装置的转向节与轮毂之间嵌合由多列角接触球轴承组成的车轮用轴承；第二代结构是在外部部件的外周直接形成车体安装凸缘或车轮安装凸缘；第三代结构是在轮毂的外周直接形成一侧内侧滚动面；第四代结构是在轮毂和等速万向接头的外侧接头部件外周分别直接形成内侧滚动面。

在汽车运输过程中，无论是通过铁路还是卡车运输，由于轨道连接处或路况不佳引起的振动，可能导致轴承转动面产生微振磨损现象。微振磨损是指在微小振幅下发生的表面损伤，其特征是在大气环境中生成氧化磨损粉末。这种磨蚀作用会导致显著的表面磨损，从而影响轴承的性能和寿命。

（2）解决方法

为解决低温环境下轴承微振磨损问题，开发了一种具有优异耐微振磨损性能和抗锈性能的润滑脂。该润滑脂通过优化配方设计，在低温条件下能够有效减少微振磨损的发生，同时提供卓越的抗锈保护，从而显著提升轴承在极端环境下的使用寿命和可靠性。

（3）关键原料特性

① 增稠剂　芳香族二脲增稠剂，由芳香族二脲、MDI 反应制得。

② 基础油　矿物油，40℃时的运动黏度为 $50\sim80\mathrm{mm}^2/\mathrm{s}$。

③ 添加剂

C：氧化蜡金属盐。

D：亚磷酸二苯酯。

E：防锈剂：磺酸盐。

（4）典型润滑脂配方（见表 4-43）

单位：%（质量分数）

表 4-43　典型润滑脂配方

项目	实施例 1	实施例 2	实施例 3	实施例 4
芳香族二脲增稠剂	19	19	19	19
基础油	余量	余量	余量	余量
氧化蜡金属盐	4.0	4.0	1.0	1.0
亚磷酸二苯酯	1.0	1.0	0.1	0.1
磺酸盐	2.0	0.5	2.0	0.5

（5）制备方法

以基油为原料，使二苯基甲烷二异氰酸酯与芳香族胺在特定条件下发生反应。随后，将反应产物升温、冷却处理后，与必要的添加剂混合，并利用三辊混炼机进行充分混炼，最终制备出润滑脂。

（6）典型润滑脂理化数据（见表 4-44）

表 4-44　典型润滑脂理化数据

项目	实施例 1	实施例 2	实施例 3	实施例 4
微动磨损试验	优良	优良	合格	合格
轴承防锈试验	优良	合格	优良	合格

（7）产品应用领域

专为汽车轮毂轴承应用而设计。

（8）产品特点

该产品以聚脲稠化精制合成油为基础，并添加抗氧防锈剂等高效添加剂，通过科学配比制备，具有卓越的微动磨损润滑性能。

4.3.4　汽车轮毂轴承润滑脂（四）

（1）技术难点

① 近年来，随着以汽车为代表的电气设备和机械部件在各产业中的广泛应用，高效率已成为其发展的核心需求。为此，相关领域正积极开展轻量化、结构优化等多方面的研究。在此背景下，汽车车轮中使用的轮毂轴承需要在从低温到高温的宽广温度范围内保持优异的低扭矩性能，这已成为一项关键的技术要求。

② 轮毂轴承通常安装在制动器附近，在车辆下坡或需要连续使用制动器的工况下，可能会暴露于高温环境中。此时，润滑脂基油因黏度降低而导致油膜形成不足，从而引发以表面为起点的疲劳剥离现象，显著缩短轴承的剥离寿命。此外，高温环境还会加速润滑脂的老化过程，进一步降低其润滑寿命。

③ 在汽车运输过程中（如通过铁路或货车），由于轨道接缝、路况不佳等因素，不可避免地会产生微小振动。在低温环境下，润滑脂基油的流动性显著下降，难以及时补充至润滑部位，从而导致微动磨损的发生，对轴承的使用寿命造成不利影响。

（2）解决方法

为解决上述微振磨损方面的挑战，开发了一种以矿物油和合成烃油的混合油作为基油、脲化合物作为增稠剂，并添加胺系抗氧化剂和磷酸酯胺盐系抗磨剂的润滑脂配方。该方案通过优化各成分的配比与协同作用，有效提升了轴承的综合性能。

（3）关键原料特性

① 增稠剂　由环己胺、硬脂胺、MDI 反应制得。

② 基础油

• 高黏度矿物油：40℃运动黏度 $100mm^2/s$。

• 低黏度矿物油：40℃运动黏度 $40mm^2/s$。

• 中黏度合成烃油：40℃运动黏度 $48mm^2/s$。

• 高黏度合成烃油：40℃运动黏度 $400mm^2/s$。

• 低黏度合成烃油：40℃运动黏度 $18mm^2/s$。

③ 添加剂

• 胺系抗氧化剂：烷基二苯基胺。

• 磷酸酯铵盐系抗磨剂：叔烷基胺-二甲基磷酸酯。

• 防锈剂：脂肪酸铵盐、二壬基萘磺酸钙。

• 耐剥离添加剂：二烷基二硫代氨基甲酸锌。

• 磺酸钙添加剂。

（4）典型润滑脂配方（见表 4-45）

表 4-45　典型润滑脂配方

项目		实施例							
		1	2	3	4	5	6	7	8
增稠剂配比（摩尔比）	二苯基甲烷二异氰酸酯	50	50	50	50	50	50	50	50
	环己胺	87.5	70	80	90	87.5	87.5	87.5	87.5
	硬脂胺	12.5	30	20	10	12.5	12.5	12.5	12.5
润滑脂配比（质量份）	增稠剂含量	11.0	12.0	11.0	11.0	11.5	11.0	11.0	11.0
	高黏度矿物油	50	50	50	50	50	60	50	50
	中黏度合成烃油	50	50	50	50	58	25	10	49
	高黏度合成烃油	—	—	—	—	2	—	—	1
	低黏度合成烃油	—	—	—	—	—	15	40	—
	胺系抗氧剂	1	1	1	1	1	1	1	1
	磷酸酯铵盐	1	1	1	1	1	1	1	1
	脂肪酸铵盐	0.5	0.5	0.5	0.5	0.5	0.5	0.5	0.5
	磺酸钙	2	2	2	2	2	2	2	2
	二烷基二硫代氨基甲酸锌	1	1	1	1	1	1	1	1

（5）制备方法

在基础油中，使二苯基甲烷二异氰酸酯（1mol）与预定的胺类化合物（2mol）按照特定比例发生反应。反应完成后，对混合物进行升温处理，随后冷却至适宜温度，并通过三辊轧工艺进行均质化处理，最终将工作锥入度精确调整至 280。

（6）典型润滑脂理化数据（见表 4-46）

表 4-46　典型润滑脂理化数据

项目	实施例							
	1	2	3	4	5	6	7	8
基础油运动黏度（40℃）/（mm^2/s）	63	63	63	63	64	60	43	65

项目	实施例							
	1	2	3	4	5	6	7	8
黏度指数	120	120	120	120	120	112	112	118
工作锥入度/0.1mm	280	280	280	280	280	280	280	280
表观黏度/Pa·s	10.5	13.0	10.8	10.9	11.5	10.7	10.1	11.4
轴承寿命(150℃)/h	2470	2200	2320	2380	2540	2110	2000	2840
四球试验上钢球旋转数 (6.5GPa,1200r/min)/($\times 10^5$)	180	173	177	165	170	171	150	180
微动磨损量/mg	1.4	1.5	1.5	1.5	1.2	1.5	1.4	1.7

(7) 产品应用领域

专为第 3 代驱动汽车车轮用轴承等应用场景而设计。

(8) 产品特点

该产品以聚脲稠化精制合成油为基础,并按科学配比添加抗氧防锈剂等高效添加剂精心研制而成,能够有效提升汽车车轮用轴承的低扭矩性能,延长轴承使用寿命,同时显著增强其在低温环境下的耐微振磨损能力。

4.3.5 汽车轮毂轴承润滑脂(五)

(1) 技术难点

① 在轮毂轴承中,若发生润滑脂泄漏现象,可能会导致轴承寿命缩短;此外,当润滑脂或油渗入制动装置时,还可能引发制动性能下降的问题。

② 剥离寿命是基于金属疲劳而定义的一项关键性能指标,通常需要使用高黏度的基油来确保其可靠性。然而,提高基油黏度会导致轴承转矩增加,从而直接引起汽车燃油消耗量上升,这与当前环保型汽车及低油耗设计的发展趋势相矛盾。

③ 由于角接触球轴承的滚珠与沟道之间存在接触角,在滚珠与沟道接触部位进行旋转运动时,会产生较大的旋转滑动。因此,润滑脂的耐热性成为影响轴承性能的关键因素之一,同时,润滑脂或基油向润滑部位持续供给的能力(即流动性)也至关重要。

(2) 解决方法

通过选用特定增稠剂、优质基础油、二硫代氨基甲酸钼(MoDTC)以及磺酸钙盐等关键成分科学配制而成的润滑脂,专为角接触球轴承轮毂轴承设计,展现出卓越的抗润滑脂泄漏性能、抗剥离性能以及延长轴承润滑寿命的优势。

(3) 关键原料特性

① 增稠剂 由十八胺、环己胺、对甲苯胺和MDI反应制得。

② 基础油 矿物油、PAO等，在40℃的运动黏度优选为$70\sim400\text{mm}^2/\text{s}$。若40℃运动黏度低于$70\text{mm}^2/\text{s}$，则无法满足轮毂轴承的剥离寿命要求；若超过$400\text{mm}^2/\text{s}$，则会导致轴承扭矩增加。

③ 添加剂

- MoDTC：二硫代氨基甲酸钼。
- 磺酸钙盐：二壬基萘磺酸钙。
- ZnDTP：二硫代磷酸锌。

(4) 典型润滑脂配方（见表4-47）

表4-47 典型润滑脂配方

项目		实施例1	实施例2	实施例3	实施例4	比较例1
增稠剂配比（摩尔比）	异氰酸酯	50	50	50	50	50
	十八胺	13	13	13	13	—
	环己胺	87	87	87	87	—
	对甲苯胺	—	—	—	—	100
基础油配比（质量比）	矿物油	100	100	60	100	100
	PAO	—	—	60	—	—
润滑脂配比（质量分数）/%	增稠剂	11.0	11.0	11.0	11.0	11.0
	基础油	84.0	83.0	83.0	83.0	76.0
	MoDTC	2.0	2.0	2.0	2.0	2.0
	磺酸钙盐	2.0	2.0	2.0	2.0	2.0
	ZnDTP	1.0	1.0	1.0	1.0	1.0

(5) 制备方法

在基油中按照异氰酸酯1mol、胺2mol的比例在规定条件下充分反应，随后加入规定量的添加剂混合均匀。最后，通过三辊轧机将混合物的稠度精确调节至300。

(6) 典型润滑脂理化数据（见表4-48）

表4-48 典型润滑脂理化数据

项目	实施例1	实施例2	实施例3	实施例4	比较例1
基油运动黏度(40℃)/(mm^2/s)	100	100	100	200	100

项目	实施例 1	实施例 2	实施例 3	实施例 4	比较例 1
锥入度/0.1mm	300	300	300	300	300
四球试验上钢球旋转数（6.5GPa,1500r/min)/(×10^5)	50～100	100	100	100	50～100
轴承寿命(150℃)/h	1000	1000	1000	1000	500
泄露试验(10000r/min,150℃,1h)	良好	良好	良好	良好	良好

（7）产品应用领域

采用角接触球轴承设计的轮毂轴承。

（8）产品特点

该产品以聚脲稠化精制合成油为基础，并按科学配比添加抗氧防锈剂、极压剂等高效添加剂，展现出卓越的抗润滑脂泄漏性能、抗剥离性能以及延长轴承润滑寿命的优势。

4.3.6 汽车轮毂轴承润滑脂（六）

（1）技术难点

近年来，为应对全球变暖问题并减少二氧化碳排放量，依据节能法制定了2015年度汽车燃油效率基准等相关规范，提高燃油效率已成为汽车行业亟待解决的重要课题。其中，降低汽车车轮轴承的扭矩是实现燃油效率提升的关键措施之一。轮毂单元轴承通过双列滚动轴承对安装车轮的轮毂环进行自由旋转支撑，主要分为驱动轮用和从动轮用两种类型。由于结构设计的不同，驱动轮用轮毂单元轴承通常采用内轮旋转方式，而从动轮用轮毂单元轴承则可根据具体需求选择内轮旋转或外轮旋转方式。

在轮毂单元轴承的应用中，润滑脂的性能至关重要，需特别关注其低扭矩特性、高温耐久性以及与密封材料 NBR（丁腈橡胶）的兼容性。

（2）解决方法

为解决轮毂单元轴承在低扭矩性能、耐热性及密封材料相容性方面的问题，开发了一种以合成烃油和酯系合成油的混合油作为基油，并采用脲化合物作为增稠剂的润滑脂。该方案通过优化润滑脂的配方，有效降低了轴承扭矩，提升了耐热性能以延长轴承寿命，同时改善了与密封材料 NBR（丁腈橡胶）的相容性。

（3）关键原料特性

① 增稠剂 芳香族二脲增稠剂，由对甲苯胺、MDI 反应制得。

② 基础油　混合基油由烃系合成油与酯系合成油组成，其运动黏度的优选范围为 $30 \sim 80 mm^2/s$，其中 $60 mm^2/s$ 为最佳值。若 40℃时的运动黏度低于 $20 mm^2/s$，则油膜厚度可能不足，难以形成有效的保护层，从而导致摩擦表面受损或润滑部位发生直接接触，最终引起扭矩增大。若 40℃时的运动黏度超过 $80 mm^2/s$，则黏性阻力显著增加，同样会导致扭矩上升。

③ 添加剂　防锈剂、抗氧化剂、极压剂、油性提高剂、金属钝化剂等。

（4）典型润滑脂配方（见表 4-49）

表 4-49　典型润滑脂配方　　　　　　　　　　单位：质量份

项目	实施例 1	实施例 2	实施例 3	实施例 4	实施例 5	实施例 6
芳香族二脲含量	18.5	18.5	18.5	18.5	18.5	18.5
聚 α-烯烃含量	80	70	60	50	50	50
多元醇酯含量	20	30	40	50	50	50

（5）制备方法

以二苯基甲烷二异氰酸酯与对甲苯胺为基础原料，在基础油中通过化学反应制备初步产物，并经升温、冷却等工艺步骤，最终获得基础润滑脂。随后，按照规定比例加入添加剂和基础油，利用三辊磨机进行充分混合，测得其锥入度为 325（0.1mm）。

（6）典型润滑脂理化数据（见表 4-50）

表 4-50　典型润滑脂理化数据

项目	实施例 1	实施例 2	实施例 3	实施例 4	实施例 5	实施例 6
基油运动黏度（40℃）/ (mm^2/s)	60	60	60	60	30	80
锥入度/0.1mm	325	325	325	325	325	325
密封性(100℃,70h,NBR)	优良	优良	优良	优良	合格	优良
低扭矩性(25℃)	优良	优良	优良	优良	优良	合格
轴承寿命(140℃)/h	1500 以上	1500 以上	1500 以上	1500 以上	1000～1500	1500 以上

（7）产品应用领域

专为汽车车轮设计的轮毂单元轴承。

（8）产品特点

该产品以聚脲稠化精制酯类油为基础，并按科学配比加入抗氧防锈剂等高效添加剂制成，有效提升了轮毂单元轴承在低扭矩性能、耐热性以及与密封材料相容性方面的表现。

4.3.7 汽车轮毂轴承润滑脂（七）

（1）技术难点

锂基复合润滑脂是一种已被广泛认知并生产了相当长时间的润滑材料。这类润滑脂可以通过不同黏度等级的基础油及其组合物或混合物制备而成。所制得的润滑脂具备多种所需的性能特性，例如滴点、针入度、机械稳定性、剪切稳定性以及抗氧化性等。这些特性在评估润滑脂的整体使用寿命时需要进行全面综合考量。然而，目前仍然存在对一类润滑脂的需求，这类润滑脂需在保持针入度于可接受范围的同时，兼具经济性和商业可行性。

（2）解决方法

为了解决润滑脂增稠效率不足的问题，开发了一种包含主要量润滑黏度基础油和次要量锂复合增稠剂的润滑脂组合物。此外，该组合物中还引入了共聚物（例如苯乙烯-丁二烯共聚物）以进一步提升性能。通常情况下，增稠剂的含量控制在小于25％（质量分数），并与共聚物协同作用以实现高效的增稠效果。研究表明，通过结合锂复合增稠剂与特定共聚物，可以显著提高润滑脂的机械性能，同时保持其经济性。实验数据表明，相较于未添加共聚物的传统组合物，增稠效率可提升至少25％，最高可达35％甚至50％。

（3）关键原料特性

① 增稠剂 复合锂基润滑脂增稠剂，由12羟基硬脂酸、AZEALIC ACID、一水合氢氧化锂反应制得。

② 基础油 基础油选自第Ⅰ类、Ⅱ类、Ⅲ类、Ⅳ类和Ⅴ类润滑剂基础油及其混合物，如 PENNZOIL 600 HC、CITGO 光亮油150。

③ 添加剂

• 乳化剂：Naphthenic Acid。

• 防锈剂：Lubrizol 5283C。

• 极压剂、抗磨损剂：Lubrizol 5200。

• PIB 聚合物：Lubrizol 2017。

• 官能化的烯烃聚合物：Lubrizol 2002D。

• 苯乙烯-丁二烯的共聚物：V-211。

• 乙烯和丙烯的共聚物：V-207。

• SURFONICN-40、聚合物、甘油添加剂。

（4）典型润滑脂配方（见表 4-51）

表 4-51　典型润滑脂配方　　　　　　　　　　单位：质量份

项目	实施例							
	A	B	C	D	E	F	G	H
PENNZOIL 600 HC	57.31	57.31	57.31	57.31	57.31	57.31	57.31	57.31
CITGO 光亮油 150	6.36	6.36	6.36	6.36	6.36	6.36	6.36	6.36
12 羟基硬脂酸	10.26	10.26	10.26	10.26	10.26	10.26	10.26	10.26
AZEALIC ACID	3.14	3.14	3.14	3.14	3.14	3.14	3.14	3.14
一水合氢氧化锂	2.93	2.93	2.93	2.93	2.93	2.93	2.93	2.93
SURFONICN-40		0.5						0.5
乳化剂							0.5	
Lubrizol 5283C	1	1	1	1	1	1	1	1
甘油		0.5					0.5	0.5
Lubrizol 5200	8	8	8	8	8	8	8	8
Lubrizol 2017		6				2	3	0
聚合物		4			2		4	0
V-211			3			3	3	3
V-207				3				

（5）制备方法

在敞口反应釜中，于室温条件下将配方量的基础油进行混合。随后，按照配方要求加入单酸、二元酸、乳化剂以及水（以基础油总量的 50% 为基准），并在搅拌的同时逐步加热至 200℉。在达到 200℉ 后，缓慢加入氢氧化锂。加入氢氧化锂后，继续将混合物加热至 400℉，并在此温度下持续搅拌 20min。随后，在保持搅拌的状态下将润滑脂冷却至 175℉。在 175℉ 时，加入功能性添加剂，包括防锈剂、极压剂、抗磨损剂，以及聚合物和增黏剂。通过在搅拌过程中逐步加入基础油，调节润滑脂的针入度至目标范围。当针入度达到预定范围后，将润滑脂冷却至室温，并妥善储存。

（6）典型润滑脂理化数据（见表 4-52）

表 4-52　典型润滑脂理化数据

项目	实施例							
	A	B	C	D	E	F	G	H
工作锥入度/0.1mm	294	319	289	314	291	314	267	271
不工作锥入度/0.1mm		289					226	253

（7）产品应用领域

适用于各类汽车润滑脂及工业润滑脂的应用场景。特别适合在不同温度条件下对轮毂轴承、汽车底盘进行润滑处理，同时能够为齿轮传动系统提供有效保护。

（8）产品特点

该产品以复合锂金属皂稠化精制矿物油为基础，添加高效极压抗磨剂、防锈抗氧剂等高性能添加剂精心配制而成，是一款适用于高温工况的长寿命润滑脂。该产品具备卓越的极压抗磨性能，专为重载汽车轮毂轴承设计，能够确保长时间稳定润滑；同时，其优异的高温性能和强黏附力可有效维持润滑油膜的稳定性，提供可靠的保护；此外，其良好的胶体安定性显著延长了润滑脂的使用寿命，从而有效减少换脂频率；最后，其出色的抗水性和防护性能进一步提升了产品的综合表现。

4.4
汽车电气、电机等润滑脂专利

4.4.1 汽车转向润滑脂

（1）技术难点

① 随着工业机器性能要求的逐年提升，其质量标准也不断向更高水平迈进。在电力转向装置中，电动机被用作辅助动力源。通过控制单元的精确调控，电动机仅在需要辅助动力时启动，从而显著减少了发动机的功率损失。然而，与液压转向装置相比，当前电力转向装置的输出功率仍显不足。为解决这一问题，一方面提升电动机的功率输出，另一方面努力降低各部件间的摩擦，以进一步减轻发动机负载。摩擦波动是上述改进过程中需要重点关注的内容。

② 在汽车转向系统中，驾驶者操作时感受到的反馈至关重要。若转向手感过轻，驾驶者可能缺乏安全感；而若手感过重，则会降低操控灵活性，并导致驾驶体验不佳。此外，在机床的 XY 平面上进行高精度加工时，稳定的运行特性尤为重要。一旦出现摩擦现象（如波动或油膜破裂），可能会降低工件质量并影响机械加工精度。汽车中的冷却风扇轴承、转向装置单元的各种齿轮和轴承、齿条导轨、球窝接头以及空气压缩机的轴承等部件，由于频繁启停操作，通常处于可能导致摩擦波动的润滑环境中。类似地，建筑机械（如动力铲、推土机的铲斗销和旋转齿轮）以及起重机起重臂的滑动部件同样经历反复启停操作，因此也处于可能出现摩擦波动的润滑条件下。

为了提高机器的可靠性和安全性，必须有效低这些滑动部件中的摩擦波动，从而实现更加稳定且高效的滚动或滑动状态。

（2）解决方法

为了解决机器滚动/滑动部件中偶尔出现的不规则摩擦波动问题，开发了一种由三种成分组成的新型增稠剂共混物。该共混物能够有效减少摩擦波动，从而确保摩擦特性和润滑状态的稳定性。

（3）关键原料特性

① 增稠剂

• 异氰酸酯 A：甲苯二异氰酸酯，分别以 80：20 的比例混合 2,4-异构体和 2,6-异构体，分子量为 174.16。

• 异氰酸酯 B：4,4′-二苯基甲烷二异氰酸酯，分子量为 250.26。

• 胺 A：平均分子量为 130 的直链伯胺，其中主要成分（至少 90%）为具有 8 个碳原子的饱和烷基（商业辛胺）。

• 胺 B：平均分子量为 270 的直链伯胺，其中主要成分（至少 90%）为具有 18 个碳原子的饱和烷基（商业硬脂胺）。

• 胺 C：平均分子量为 255 的直链伯胺，含有约 50% 具有 18 个碳原子的不饱和烷基和具有 14～18 个碳原子的饱和或不饱和烷基（商业牛油脂肪胺）。

• 胺 D：平均分子量为 260 的直链伯胺，其中主要成分（至少 70%）为具有 18 个碳原子的不饱和烷基（商业油胺）。

• 胺 E：乙二胺。

• 醇 A：硬脂醇。

② 添加剂

• 脂肪酸金属盐 A：12-羟基硬脂酸锂盐。

• 脂肪酸金属盐 B：硬脂酸锂盐。

• 脂肪酸金属盐 C：硬脂酸钙盐。

• 脂肪酸金属盐 D：硬脂酸铝盐。

• 脂肪酸金属盐 E：硬脂酸镁盐。

• 酰胺 A：硬脂酰胺。

• 酰胺 B：N,N′-亚乙基双硬脂酰胺。

（4）典型润滑脂配方（见表 4-53）

表 4-53　典型润滑脂配方

项目		实施例					
		1	2	3	4	5	6
增稠剂配比（摩尔比）	异氰酸酯 A	2.0	2.0	—	—	—	—
	异氰酸酯 B	—	—	1.0	1.0	1.0	1.0
	胺 A	—	—	1.0	0.75	1.0	0.75

项目		实施例					
		1	2	3	4	5	6
增稠剂配比（摩尔比）	胺 B	—	—	0.25	0.25	—	—
	胺 C	—	2.0	—	0.75	1.0	—
	胺 D	1.0	—	0.75	0.25	—	1.25
	胺 E	1.0	1.0	—	—	—	—
	醇 A	1.0	—	—	—	—	—
润滑脂配比（质量分数）/%	聚脲增稠剂	7.0	5.0	5.0	5.0	8.0	11.0
	脂肪酸盐 A	—	—	4.5	—	—	—
	脂肪酸盐 B	4.5	—	—	4.0	—	—
	脂肪酸盐 C	—	—	—	—	—	1.0
	脂肪酸盐 D	—	—	—	—	3.5	—
	脂肪酸盐 E	—	3.5	—	—	—	—
	酰胺 A	2.5	—	3.5	2.0	—	—
	酰胺 B	—	3.5	—	—	3.5	1.0
	矿物油	43.0	88.0	10.0	6.0	—	—
	合成烃油 A	43.0	—	77.0	77.0	78.0	87.0
	合成烃油 B	—	—	—	6.0	7.0	—
总计（质量分数）/%		100.0	100.0	100.0	100.0	100.0	100.0

（5）制备方法

按照所示的共混比例，将基油与每种异氰酸酯置于气密的油脂试验装置中，在搅拌条件下加热至 60℃。随后从料斗加入已预先在基油中混合溶解的各种胺或硬脂醇原料，并进行反应。持续搅拌并逐步升温至 170℃，保持该温度 30min以确保反应完全。之后快速冷却混合物，在冷却过程中按照所示比例加入脂肪酸金属盐和酰胺化合物，并持续搅拌直至温度降至 80℃。按照预定比例加入辛基二苯胺等添加剂，待混合物冷却至约 60℃时，使用均化器对其进行处理，最终制得目标油脂。

（6）典型润滑脂理化数据（见表 4-54）

表 4-54 典型润滑脂理化数据

项目	实施例					
	1	2	3	4	5	6
锥入度/0.1mm	291	258	305	320	297	258
滴点/℃	235	264	217	214	235	231
钢网分油（质量分数）/%	0.45	0.12	0.32	0.34	0.30	0.28

项目	实施例					
	1	2	3	4	5	6
基油运动黏度(40℃)/(mm²/s)	19.08	25.0	15.77	18.94	19.17	14.94
稳态摩擦力/lb	13.9	14.5	17.1	14.5	14.8	15.1
摩擦波动比/%	6.3	7.3	5.8	7.2	6.8	10.9
SRV 摩擦系数(700N, 15Hz, 50℃, 60min.)	—	—	—	0.077	0.085	0.081
SRV 磨损深度 R_{max}/μm		—	—	0.91	0.88	0.91

注:1lb≈0.4536kg。

(7) 产品应用领域

汽车电力转向装置中的滚动/滑动部件。

(8) 产品特点

该产品以聚脲稠化精制矿物油为基础,并添加抗氧防锈剂、脂肪酸金属盐、酰胺等高性能添加剂精心配制而成,能够有效减少机器滚动/滑动部件中偶尔出现的不规则摩擦波动。

4.4.2 汽车减速机润滑脂

(1) 技术难点

① 近年来,随着汽车行业对提高车辆燃料效率的不断追求,各类汽车电气部件(如开闭体驱动电机、雨刮电机、电动座椅电机及后视镜电机等)正朝着轻量化、小型化(高减速比化)和高输出化的方向发展。与此相应,润滑脂作为汽车电气部件减速机部的关键材料,也面临着更苛刻的使用条件,包括高速运行、高面压接触以及更宽泛的温度范围(尤其是高温环境)。特别是在高速工况下实现润滑脂的长寿命化已成为行业亟需解决的重要难题。为满足这一需求,润滑脂必须在减速机高速旋转时保持稳定,避免飞散,并确保其在关键部位的附着性和持久性。

② 关于使用温度范围,现代润滑脂不仅需要适应更高的工作温度,还需应对更低的低温条件。尤其是在低温环境下,降低起动电压已成为提升产品性能的关键挑战之一。

③ 为了延长减速机在高速条件下的使用寿命,润滑脂必须具备在高速旋转时不飞散且不导致润滑部位缺油的能力。然而,在低温条件下,虽然增黏剂可通过增加润滑脂的黏度来改善其低温性能,但如果单纯通过降低基础油的运动黏度或提高润滑脂的稠度来优化低温特性,则可能会削弱润滑脂的附着性能,从而影

响其整体表现。

（2）解决方法

通过选用特定的二脲化合物作为增稠剂，并以由聚 α-烯烃与矿物油组成的混合油为基础油（该混合油需具备特定范围的运动黏度和倾点），同时将润滑脂组合物的稠度严格控制在预定范围内，从而开发出一种能够兼顾低温性能与高速工况下附着性的汽车电气部件减速机构专用润滑脂。

（3）关键原料特性

① 增稠剂　由辛胺、对甲苯胺和 MDI 反应制得。

② 基础油

- 聚 α-烯烃 A（PAO-A）：在 100℃时的运动黏度 100.0mm²/s，倾点－30℃。
- 聚 α-烯烃 B（PAO-B）：在 100℃时的运动黏度 8.0mm²/s，倾点－55℃。
- 聚 α-烯烃 C（PAO-C）：在 100℃时的运动黏度 4.0mm²/s，倾点－65℃。
- 聚 α-烯烃 D（PAO-D）：在 100℃时的运动黏度 2.0mm²/s，倾点－65℃以下。
- 矿物油 A（MO-A）：在 100℃时的运动黏度 11.2mm²/s，倾点－15℃。
- 矿物油 B（MO-B）：在 100℃时的运动黏度 31.6mm²/s，倾点－12.5℃。

③ 添加剂

- 酚系抗氧剂：IRGANOX L135。
- 防锈剂：烯基琥珀酸酐（具有 12 个碳原子的烯基的琥珀酸酐）。

（4）典型润滑脂配方（见表 4-55）

表 4-55　典型润滑脂配方

项目		实施例						
		1	2	3	4	5	6	7
增稠剂配比（质量比）	脂肪族二脲	90	90	90	90	90	90	50
	芳香族二脲	10	10	10	10	10	10	50
润滑脂配比（质量份）	增稠剂	16.0	13.5	11.0	13.5	13.5	13.5	18.0
	PAO-A	20	20	20	—	30	20	20
	PAO-B	60	60	60		50	80	60
	PAO-C	—	—	—	100			
	矿物油 A	20	20	20	—	20		20

（5）制备方法

① 脂肪族二脲润滑脂制备　在基础油中，按照辛胺 2mol 与 4,4'-二苯基甲烷二异氰酸酯 1mol 的比例进行反应，随后冷却以制得基础润滑脂。在此基础上，向基础润滑脂中添加 0.5%（质量分数）的酚类抗氧化剂 IRGANOX L135

作为抗氧化剂，以及0.5%（质量分数）的烯基琥珀酸酐（碳原子数为12的烯基琥珀酸酐）作为防锈剂，并通过三辊磨机进行充分混炼，最终调制出预定稠度的润滑脂组合物。

② 芳香族二脲润滑脂制备　以对甲苯胺替代辛胺，其余操作保持不变，制备润滑脂。

(6) 典型润滑脂理化数据（见表4-56）

表4-56　典型润滑脂理化数据

项目	实施例						
	1	2	3	4	5	6	7
基油运动黏度（40℃）/（mm²/s）	13.6	13.6	13.6	4.0	19.0	13.6	13.6
基础油倾点/℃	−30.0	−30.0	−30.0	−65.0	−30.0	−45.0	−30.0
锥入度/0.1mm	220	250	280	250	250	250	250
附着性	优良	优良	合格	合格	优良	优良	合格
低温性	合格	优良	优良	优良	合格	优良	合格
耐热性	优良	优良	合格	合格	优良	优良	优良

① 环上环试验的高速附着性评价

试验方法：将试样润滑脂以均匀厚度涂布于环A表面，随后在其上方放置环B，并按照预定转速进行旋转。试验结束后，计量从环表面飞散的润滑脂量。

试验条件：环A，材质为聚缩醛（ϕ50mm），转速为400r/min（线速度$V=$62.8m/min）；环B，材质为钢（ϕ25mm），转速为800r/min（线速度$V=$62.8m/min），载荷为10N（对应接触压力10.7 MPa）。

试验温度：25℃。

测定项目：飞散率(%)＝润滑脂飞散量(mg)/润滑脂涂布量(mg)×100。

② 高温薄膜试验的耐热性评价

试验方法：依据ASTM D882标准，将润滑脂以2mm厚度均匀涂布于钢板表面，随后将其置于恒温槽内，在预定温度和时间条件下静置，测定润滑脂在高温环境下的蒸发量。

试验条件：试验温度120℃；试验时间250 h。

(7) 产品应用领域

应用于汽车电气部件中的减速机。

(8) 产品特点

该产品以聚脲稠化精制油为基础，精心配制而成，并添加了抗氧防锈剂等高效功能性添加剂。该润滑脂旨在显著提升汽车电气部件中减速机的使用寿命，同时有效降低减速机电机在低温环境下的起动电压需求。

4.4.3 汽车EPS润滑脂

(1) 技术难点

为实现汽车等的轻量化目标，通常采用树脂材料（如聚酰胺）制成的构件替代传统的金属制构件。例如，在汽车电动助力转向装置（EPS）的减速机构中，常使用树脂制蜗轮与钢制蜗杆相配合。在涉及树脂制构件与树脂制构件之间、或树脂制构件与金属制构件之间的润滑场景中，润滑脂被广泛用作主要润滑介质。

(2) 解决方法

通过开发脲基润滑脂并添加特定聚合物，有效解决了电动助力转向系统（EPS）在非辅助状态下转向扭矩偏高的问题，同时显著提升了转向系统的响应速度和运行效率。

(3) 关键原料特性

① 增稠剂　由辛胺、十八胺和MDI以及锂皂（12-羟基硬脂酸锂）反应制得。

② 基础油　PAO，40℃时的运动黏度$48mm^2/s$。

③ 添加剂

- 蜡A：聚乙烯蜡。
- 蜡B：褐煤蜡。
- 抗氧化剂：烷基二苯胺。
- 防锈剂：磺酸钙。
- 烯烃共聚物、乙烯丙烯共聚物、聚异戊二烯。

(4) 典型润滑脂配方（见表4-57）

表4-57　典型润滑脂配方　　　单位：%（质量分数）

项目	实施例1	实施例2	实施例3	实施例4	实施例5	实施例6	实施例7
脂肪族二脲（质量分数）/%	8	8	8	8	8	8	8
锂皂	—	—	10	10	10	10	0.5
烯烃共聚物	2.1	1.4					
乙烯丙烯共聚物			1.0	2.5	3.2	2.5	
聚异戊二烯							12.5
蜡A	3	3	3	3	3	3	3
蜡B	4	4	4	4	4	4	4
抗氧化剂	2	2	2	2	2	2	—
防锈剂	0.5	0.5	0.5	0.5	0.5	0.5	2
PAO基础油	余量	余量	余量	余量	余量	余量	余量

（5）制备方法

以聚 α-烯烃为基础油，按照摩尔比 1:1 的比例将十八胺与辛胺共计 2mol，与 $4'$,4-二苯基甲烷二异氰酸酯 1mol 进行反应。反应完成后，经升温、冷却处理，随后加入添加剂，并通过三辊研磨机进行充分混炼，最终制得润滑脂。

（6）典型润滑脂理化数据（见表 4-58）

表 4-58　典型润滑脂理化数据

项目	实施例 1	实施例 2	实施例 3	实施例 4	实施例 5	实施例 6	实施例 7
基油运动黏度（40℃）/（mm²/s）	261	143	80	187	269	82.8	267
实机摩擦降低率/%	−23.3	−18.5	−6.7	−12.0	−19.9	−13.1	−11.8
摩擦系数	0.014	0.016	0.017	0.017	0.015	0.016	0.016
高温薄膜试验蒸发量	优良	优良	优良	优良	优良	优良	优良

（7）产品应用领域

应用于汽车电动助力转向装置（EPS）的减速机构中，润滑脂主要用于树脂制构件与树脂制构件之间，以及树脂制构件与金属制构件之间的有效润滑。

4.4.4　汽车电器润滑脂

4.4.4.1　汽车电器润滑脂（一）

（1）技术难点

① 为满足汽车小型化、轻量化以及使用空间扩展的需求，引擎室的空间需进一步缩减。同时，发电机、张紧轮等电气部件及辅助装置也需实现小型化与轻量化设计。此外，为提升静音性能，引擎室通常采用密闭结构，导致其工作环境温度显著升高。因此，在此条件下使用的润滑脂必须具备优异的耐高温性能。

② 自 20 世纪 80 年代中期以来，随着滑轮的小型化、传动扭矩的增加以及皮带耐久性的提升，V 形带逐渐被多楔带所取代。然而，这一时期起，滚动轴承的滚动面开始出现伴随白色组织变化的早期异常剥离现象，成为行业亟待解决的技术难题。

③ 在汽车电气系统及辅助滚动轴承领域，氢脆问题逐渐显现并成为关注焦点。

（2）解决方法

为解决高温环境下轴承润滑寿命短及耐氢脆剥离性不足的问题，通过开发并选用适宜的基础油、增稠剂和添加剂,成功构建了一套有效的解决方案,显著提升了相关性能表现。

(3) 关键原料特性

① 增稠剂　由环己胺、辛胺、对甲苯胺和 MDI 反应制得。

② 基础油

- 烷基二苯基醚油:C12~C14 烷基二苯基醚油,40℃运动黏度 $97mm^2/s$。
- 多元醇酯油:二季戊四醇酯油,40℃运动黏度 $76.9mm^2/s$。
- 合成烃油:聚 α-烯烃油,40℃运动黏度 $68.0mm^2/s$。

③ 添加剂

- 磺酸锌:二壬基萘磺酸锌盐。
- 磺酸钙:二壬基萘磺酸钙盐。
- ZnDTP:二烷基二硫代磷酸锌。
- ZnDTC:二烷基二硫代氨基甲酸锌。
- 胺系抗氧化剂:烷基二苯胺。
- 苯酚系抗氧化剂:受阻酚。

(4) 典型润滑脂配方 (见表 4-59)

表 4-59　典型润滑脂配方　　　　　　　　　　　单位:质量份

项目	实施例 1	实施例 2	实施例 3	实施例 4	实施例 5	实施例 6
二苯基甲烷二异氰酸酯	1	1	1	1	1	1
对甲苯胺	2	2	2	2	2	2
烷基二苯基醚油	100	50	50	100	100	100
多元醇酯油	—	50	—	—	—	—
合成烃油	—	—	50	—	—	—
磺酸锌	2.0	2.0	2.0	2.0	—	—
磺酸钙	—	—	—	—	2.0	2.0
ZnDTP	1.0	1.0	1.0	—	1.0	—
ZnDTC	—	—	—	1.0	—	1.0
胺系	2.0	2.0	2.0	2.0	2.0	2.0
苯酚系	1.0	1.0	1.0	1.0	1.0	1.0

(5) 制备方法

将 1mol 二苯基甲烷二异氰酸酯与单胺(环己胺、辛胺、对甲苯胺)进行反应,随后经过升温与冷却处理,制得基础脂。在基础脂中加入添加剂和基础油,并通过三辊研磨机进行混炼,最终得到工作锥入度为 350 的润滑脂。

（6）典型润滑脂理化数据（见表 4-60）

表 4-60   典型润滑脂理化数据

项目	实施例 1	实施例 2	实施例 3	实施例 4	实施例 5	实施例 6
工作锥入度/0.1mm	350	350	350	350	350	350
轴承寿命试验(180℃)/h	>400	>400	>400	>400	>400	>400
4 球滚动试验接触次数 (L50)/(×10^6 次)	>20	>20	>20	>20	>20	>20

（7）产品应用领域

适用于发电机、张紧轮等电气与辅助部件的润滑需求。

（8）产品特点

该产品以精制油为基础，通过聚脲稠化处理，并添加抗氧、防锈及极压等高效功能性添加剂，有效确保了轴承在高温环境下的长效润滑性能以及优异的耐氢脆剥离特性。

4.4.4.2   汽车电器润滑脂（二）

（1）技术难点

为满足汽车小型化、轻量化以及使用空间扩展的需求，需进一步缩减引擎机舱的空间。在此背景下，交流发电机、张紧轮等电气设备及辅助部件也需实现小型化与轻量化设计。此外，为提升静音性能，引擎机舱通常采用密闭结构，导致其工作环境温度显著升高。因此，适用于滚动轴承，尤其是汽车电气设备及辅助设备用滚动轴承的润滑脂，必须具备优异的耐高温性能和长效润滑特性。

（2）解决方法

通过选用特定结构的烷基二苯醚作为基础成分，可制备出具备优异耐热性能及长效润滑特性的润滑脂。

（3）关键原料特性

① 增稠剂

• 脂肪族二脲增稠剂：由辛胺、硬脂酰胺和 MDI 反应制得。

• 脂环式脂肪族二脲：由环己胺和 MDI 反应制得。

② 基础油

• ADE1：由二苯基醚和 2-辛基十二烯合成而得的醚油，在 40℃的运动黏度为 151mm²/s。

• ADE2：由二苯基醚和 2-辛基十二烯合成而得的醚油，在 40℃的运动黏度为 180mm²/s。

• ADE3：由二苯基醚和 1-十二烯、1-十四烯合成而得的醚油，在 40℃ 的运动黏度为 $103mm^2/s$。

③ 添加剂

• 抗氧化剂 A：胺系抗氧化剂（烷基二苯基胺）。

• 抗氧化剂 B：苯酚系抗氧化剂。

• 防锈剂 A：琥珀酸半酯。

• 防锈剂 B：二壬基萘磺酸锌。

• 防锈剂 C：脂肪酸与胺的盐混合物。

• 防锈剂 D：氧化锌。

• 耐负荷添加剂：二烷基二硫代磷酸锌。

（4）典型润滑脂配方（见表 4-61）

表 4-61　典型润滑脂配方　　　　　单位：%（质量份）

项目	实施例 1	实施例 2	实施例 3	实施例 4
脂肪族二脲	11			
脂环式脂肪族二脲		15		
芳香族二脲			20	20
ADE1	余量	余量	余量	
ADE2				余量
抗氧化剂 A	1.5	1.5	1.5	1.5
抗氧化剂 B	1.2	1.2	1.2	1.2
防锈剂 A	1.5	1.5	1.5	1.5
防锈剂 B	2.0	2.0	10	2.0
防锈剂 C	1.0	1.0	1.0	1.0
防锈剂 D	0.5	0.5	0.5	0.5
耐负荷添加剂	0.85	0.85	0.85	0.85

（5）制备方法

以基础油为原料，将 1mol 二苯基甲烷二异氰酸酯与 2mol 规定的胺（辛胺、硬脂胺、环己胺或对甲苯胺）进行反应，所得产物作为基础润滑脂。随后，在该基础润滑脂中加入基础油和添加剂，并通过研磨处理调整至工作锥入度为 300，最终制得润滑脂。

（6）典型润滑脂理化数据（见表 4-62）

表 4-62　典型润滑脂理化数据

项目	实施例 1	实施例 2	实施例 3	实施例 4
轴承寿命试验(180℃)/h	810	1150	1000	980

（7）产品应用领域

适用于汽车电气设备、辅助设备中的滚动轴承，以及交流发电机、汽车空调电磁离合器、中间皮带轮、惰轮、张紧轮等部件。

（8）产品特点

该产品通过聚脲稠化技术对精制烷基二苯基醚进行处理，并添加抗氧、防锈等高效功能性添加剂，成功研制出具备优异耐热性能及长效润滑特性的高品质润滑脂。

4.4.5 汽车电气润滑脂

4.4.5.1 汽车电气润滑脂（一）

（1）技术难点

① 为实现汽车的小型化、轻量化以及使用空间的扩展，需进一步缩减机舱空间。在此背景下，交流发电机、张紧轮等电气设备及辅助部件也需实现小型化与轻量化设计。此外，为提升静音性能，机舱通常采用密闭结构，导致其工作环境温度显著升高。因此，适用于该工况的润滑脂必须具备优异的耐高温性能和长效润滑特性，成为不可或缺的关键材料。

② 为满足皮带轮的小径化需求、增大传递扭矩并提高皮带耐久性，自 20 世纪 80 年代中期起，多楔带逐渐取代传统 V 形带。然而，从这一时期开始，在滚动轴承的滚动面上出现了伴随白色组织变化的早期异常剥离现象，成为行业亟待解决的技术难题。

（2）解决方法

为解决汽车电器设备及辅助设备中滚动轴承在高温环境下润滑性能不足以及氢脆剥落的问题，开发并采用了优化的基础油、增稠剂及功能性添加剂。通过这一解决方案，有效提升了轴承在高温条件下的长效润滑能力，并显著增强了其防止氢渗入金属内部的能力，从而大幅改善了耐氢脆剥落性能。

（3）关键原料特性

① 增稠剂　由辛胺、环己胺（CHA）、对甲苯胺和 MDI 反应制得。

② 基础油

- ADE：烷基二苯基醚油，40℃ 运动黏度 97mm^2/s。
- POE：二季戊四醇酯油，40℃ 运动黏度 76.9mm^2/s。
- PAO：聚 α-烯烃油，40℃ 运动黏度 68.0mm^2/s。
- MO：环烷烃系矿物油，40℃ 运动黏度 98mm^2/s。

③ 添加剂

- 磺酸钙：二壬基萘磺酸钙。

- 磺酸锌：二壬基萘磺酸锌。
- ZnDTC：二烷基二硫代氨基甲酸锌。
- ZnDTP：二烷基二硫代磷酸锌。
- 胺系抗氧化剂：烷基二苯胺。
- 苯酚系抗氧化剂：受阻酚。

（4）典型润滑脂配方（见表 4-63）

表 4-63　典型润滑脂配方　　　　　　　　　　　单位：质量份

项目	实施例 1	实施例 2	实施例 3	实施例 4	实施例 5	实施例 6
MDI	1	1	1	1		1
CHA	1.5	2	1	1.5	1.5	1.5
辛胺	0.5	—	1	0.5	0.5	0.5
ADE	100	100	100	100	100	100
磺酸锌	2.0	2.0	2.0	2.0	—	—
磺酸钙	—	—	—	—	2.0	2.0
ZnDTP	1.0	1.0	1.0	—	1.0	—
ZnDTC	—	—	—	1.0	—	1.0
胺系抗氧化剂	2.0	2.0	2.0	2.0	2.0	2.0
苯酚系抗氧化剂	1.0	1.0	1.0	1.0	1.0	1.0

（5）制备方法

以基础油为原料，将二苯基甲烷二异氰酸酯（MDI）与规定量的胺类化合物〔环己胺（CHA）、辛胺、对甲苯胺〕进行反应，并用基础油稀释至工作锥入度为 280，制备得到基础润滑脂。随后，在该基础润滑脂中添加功能性添加剂，分别调制出实施例和比较例的润滑脂组合物。

（6）典型润滑脂理化数据（见表 4-64）

表 4-64　典型润滑脂理化数据

项目	实施例 1	实施例 2	实施例 3	实施例 4	实施例 5	实施例 6
工作锥入度/0.1mm	280	280	280	280	280	280
轴承寿命试验(180℃)/h	600<	600<	600<	600<	600<	600<
4 球滚动试验接触次数(L50)/(×10^6 次)	20<	20<	20<	20<	20<	20<

（7）产品应用领域

适用于汽车电气设备及辅助设备中所使用的滚动轴承。

(8) 产品特点

该产品以聚脲稠化技术处理精制合成油为基础，并添加抗氧、防锈等高效功能性添加剂，确保在高温工况下轴承具备长效润滑性能，同时有效抑制氢气渗入金属内部，展现出优异的耐氢脆剥落特性。

4.4.5.2　汽车电气润滑脂（二）

(1) 技术难点

汽车发动机附件及电气部件中所使用的轴承种类繁多，主要包括电磁离合器轴承、交流发电机轴承以及导轮轴承等。针对这些轴承的应用需求，其润滑脂组合物需具备在高温工况下确保轴承长效润滑性能，并展现出优异的耐涂层剥离特性。

(2) 解决方法

一种含有特定极压剂以抑制白层剥离发生的润滑脂，同时包含三种特定防锈剂。当该润滑脂封入滚动轴承时，可有效抑制轴承中白层剥离现象的发生，并赋予轴承优异的防锈性能。

(3) 关键原料特性

① 增稠剂　由十八胺、环己胺和 MDI 反应制得。

② 基础油　ADE，40℃下的基础油运动黏度 $103mm^2/s$。

③ 添加剂

• 防锈剂 A（磺酸钙）：含有 26%（质量分数）的磺酸钙作为有效成分。

• 防锈剂 B（磺酸锌）：含有 35%（质量分数）的磺酸锌作为有效成分。

• 防锈剂 C（环烷酸锌）：含有 20%（质量分数）的环烷酸锌作为有效成分。

• 极压剂 A（二烷基二硫代磷酸锌）：含有 84%（质量分数）的二烷基二硫代磷酸锌作为有效成分。

• 极压剂 B（二烷基二硫代磷酸锌）：含有 93%（质量分数）的二烷基二硫代磷酸锌作为有效成分。

• 抗氧化剂（萘胺）：含有 100%（质量分数）的 N-[4-(1,1,3,3-四甲基丁基)苯基]-1-萘胺作为有效成分。

(4) 典型润滑脂配方（见表 4-65）

表 4-65　典型润滑脂配方　　　　单位:%（质量分数）

项目	实施例 1	实施例 2	实施例 3	实施例 4	实施例 5	实施例 6
双脲（脂环式：脂肪族＝5∶1）	15.50					
ADE	69.70	72.70	68.50	66.50	78.70	77.70
防锈剂 A（BRYTON C-400C）	2.00	2.00	5.00	5.00	0.00	2.00

项目	实施例 1	实施例 2	实施例 3	实施例 4	实施例 5	实施例 6
防锈剂 B（NA-SUL ZS-HT）	4.00	4.00	3.00	5.00	1.00	0.00
防锈剂 C（DAILUBE Z-310）	0.80	0.80	3.00	3.00	0.80	0.80
极压剂 A（LUBRIZOL 1395）	4.00	2.00	2.00	2.00	1.33	1.33
极压剂 B（LUBRIZOL 677A）	2.00	1.00	1.00	1.00	0.67	0.67
抗氧化剂（萘胺 IRGANOX L06）	2.00	2.00	2.00	2.00	2.00	2.00

（5）制备方法

取一半量的 ADE，按照增稠剂含量为 23.00%（质量分数）的比例，混合增稠剂原料中的胺化合物（脂环族胺与脂肪族胺的质量比为 5:1），加热至 70℃～80℃使其完全溶解，制得溶液 A。另取另一半量的 ADE（其基础油含量为 77.00%（质量分数）），按照增稠剂含量为 23.00%（质量分数）的比例，混合二异氰酸酯化合物作为增稠剂原料，同样加热至 70℃～80℃使其溶解，制得溶液 B。在持续搅拌溶液 B 的过程中，缓慢加入溶液 A，并充分混合。随后将混合物升温至 100℃～110℃并保持 30min，再进一步升温至 160℃～180℃进行热处理，最后冷却后所得产物即为基础润滑脂。该基础润滑脂的基础油含量为 77.00%（质量分数），增稠剂含量为 23.00%（质量分数）。

（6）典型润滑脂理化数据（见表 4-66）

表 4-66　典型润滑脂理化数据

项目	实施例 1	实施例 2	实施例 3	实施例 4	实施例 5	实施例 6
稠度等级	No. 2～3					
防锈性	合格	合格	合格	合格	不合格	不合格
剥离性	合格	合格	合格	合格	×	×

（7）产品应用领域

适用于汽车发动机辅机及电气部件中的轴承等组件。

（8）产品特点

该产品以聚脲稠化精制合成油为基础，并添加抗氧、防锈等功能性添加剂制备而成，能够有效抑制轴承中白层剥离现象的发生，同时赋予轴承优异的防锈性能。

4.4.5.3 汽车电气润滑脂（三）

（1）技术难点

近年来，为实现能源消耗的减少，汽车及相关产业中所使用的电气设备与机械部件对高效化的需求日益增加。特别是在包含旋转体的机械部件中，润滑脂作为润滑剂时，其因搅拌而产生的阻力与能量损失密切相关。因此，对低阻力、低扭矩性能优异的润滑脂需求逐年增强。此外，随着机械部件使用环境的扩展，润滑脂不仅需要在高温环境下保持性能，还需进一步提升其低扭矩特性、高温耐久性以及低温性能，以满足日益严苛的应用要求。

为了实现低扭矩性能，降低基础油的运动黏度是一种常见方法。然而，尽管降低基础油运动黏度能够有效减小扭矩，但同时也可能导致润滑脂在高温条件下的耐热性能下降，从而难以满足高温环境中的耐久性要求。

（2）解决方法

为解决机械部件在低扭矩运行及高温环境下耐久性不足的问题，开发并使用了 40℃时运动黏度为 5～15mm^2/s 的低黏度酯类合成油为基础油的润滑脂。该方案通过优化基础油黏度与性能平衡，有效降低了润滑脂的扭矩，同时显著提升了其在高温条件下的耐久性。

（3）关键原料特性

① 增稠剂　由 12-羟基硬脂酸锂、锂复合皂、脂环式脂肪族二脲反应制得。

② 基础油

• 酯油 A：三羟甲基丙烷与正辛酸、正癸酸和异硬脂酸的混合物合成的酯油（40℃运动黏度 25mm^2/s）。

• 酯油 B：2,4-二乙基-1,5-戊二醇与辛酸合成的酯油（40℃运动黏度 10mm^2/s）。

• 酯油 C：2-丙基庚醇与己二酸生成物为主成分的酯油（40℃运动黏度 10mm^2/s）。

• 酯油 D：脂肪族一元醇（2-己基癸醇、2-辛基癸醇、2-己基十二烷醇和 2-辛基十二烷醇的混合物）与 C10（癸酸）合成的酯油（40℃运动黏度 10mm^2/s）。

• 酯油 E：以季戊四醇与羧酸（2-乙基己酸、正庚酸和正辛酸的混合物）生成物为主成分的酯油（40℃运动黏度 32mm^2/s）。

• 醚系合成油 A：烷基二苯基醚（40℃运动黏度 25mm^2/s）。

• 合成烃油 A：聚 α-烯烃（40℃运动黏度 25mm^2/s）。

③ 添加剂

胺系抗氧化剂 A：N-苯基苯胺与 2,4,4-三甲基戊烯的反应生成物。

胺系抗氧化剂 B：辛基化二苯基胺。

(4) 典型润滑脂配方（见表 4-67）

表 4-67　典型润滑脂配方　　　　　　　　　　　　　单位：质量份

项目	实施例						
	1	2	3	4	5	6	7
12-羟基硬脂酸锂	11	11	11	11	11	—	—
锂复合皂	—	—	—	—	—	11	—
脂环式脂肪族二脲							11
酯油 A	70	65	70	90	—	70	70
酯油 B	30	—	—	10	30	30	30
酯油 C	—	35	—	—	—	—	—
酯油 D	—	—	30	—	—	—	—
酯油 E	—	—	—	—	70	—	—
胺系抗氧化剂 A	2	2	2	2	2	2	2
胺系抗氧化剂 B	2	2	2	2	2	2	2

(5) 制备方法

一种以 12-羟基硬脂酸锂为增稠剂的润滑脂组合物，其制备方法如下：首先将 12-羟基硬脂酸锂与基础油混合，加热至完全溶解后冷却，制得基础润滑脂。随后，将规定量的抗氧化剂与基础油预先混合均匀，并将其加入上述基础润滑脂中充分搅拌，再通过三辊轧机进行混炼处理，最终制得 60 次混合锥入度为 250 的润滑脂。

(6) 典型润滑脂理化数据（见表 4-68）

表 4-68　典型润滑脂理化数据

项目	实施例						
	1	2	3	4	5	6	7
基油运动黏度 $(40℃)/(mm^2/s)$	18	18	18	22	22	18	18
锥入度/0.1mm	250	250	250	250	250	250	250
轴承寿命 $(150℃)/h$	1350	1380	1340	1450	1550	1420	2000<
轴承扭矩 $(25℃)/N·m$	0.025	0.026	0.025	0.032	0.033	0.025	0.023

项目	实施例						
	1	2	3	4	5	6	7
低温启动扭矩（－40℃）/mN·m	120	130	130	180	150	120	130
低温运转扭矩（ 40℃）/mN·m	44	46	47	55	50	45	47

（7）产品应用领域

滚动轴承、齿轮、滚珠丝杠、直线导轨轴承、连接部件以及凸轮等。具体应用范围涵盖以下领域：各类机械设备及办公设备中使用的马达滚动轴承；汽车相关部件中的滚动轴承，例如车轮轴承、交流发电机轴承、电磁离合器轴承、惰轮轴承、正时皮带张紧器轴承等电气装配部件；辅助部件中所使用的滚动轴承；风车、机器人、汽车等领域中减速机与增速机内使用的齿轮；电动助力转向系统及工业机械中使用的滚珠丝杠；产业机器与电子设备中使用的直线导轨轴承；汽车传动轴与驱动轴中使用的等速万向节等连接部件。特别地，该润滑方案在滚动轴承的应用中表现出优异性能。

（8）产品特点

该产品以 12-羟基硬脂酸锂稠化精制合成油为基础，并添加抗氧、防锈等功能性添加剂制备而成，具有低扭矩特性且在高温环境下展现出优异的耐久性能。

4.4.5.4 汽车电气润滑脂（四）

（1）技术难点

① 为满足汽车小型化、轻量化以及驾乘空间扩大的需求，发动机舱的空间布局需进一步优化以实现紧凑化设计。在此背景下，电气装置及辅助设备的小型化与轻量化进程显著加速。此外，为提升静音性能，发动机舱被设计为密闭结构，这使得电气装置和辅助设备在运行过程中面临更高的耐高温要求。

② 随着使用环境温度的升高，轴承中密封件的材料已从传统的树脂或橡胶逐步升级为以聚丙烯酸橡胶（ACM）为代表的高耐热性材料。在此类工况下，润滑脂不仅需要在高温条件下提供更长的轴承润滑寿命，还需与密封件材料（尤其是 ACM 材料）保持优异的相容性。

（2）解决方法

为解决轴承在高温环境下寿命缩短以及与丙烯酸橡胶密封件相容性不佳的问题，通过选用特定的基础油和增稠剂，开发出一种能够显著延长轴承高温使用寿命且与丙烯酸橡胶具有良好相容性的润滑解决方案。

（3）关键原料特性

① 增稠剂　由环己胺、对甲苯胺和 MDI 反应制得。

② 基础油

- 合成烃油：40℃黏度为 $68mm^2/s$ 的聚 α-烯烃。
- 苯醚油：40℃黏度为 $97mm^2/s$ 的烷基二苯基醚油。
- 酯油：40℃黏度为 $76.9mm^2/s$ 的二季戊四醇酯油。

③ 添加剂

- 胺系抗氧化剂：烷基二苯基胺。

（4）典型润滑脂配方（见表 4-69）

表 4-69　典型润滑脂配方

项目		实施例 1	实施例 2	实施例 3	实施例 4	实施例 5	实施例 6
增稠剂配比（脂环式脂肪族双脲中的环己基摩尔分数）/%		85	70	85	85	90	85
润滑脂配比（质量分数）/%	稠化剂	10	10	10	10	10	10
	合成烃油	60	60	20	60	40	80
	苯醚油	40	40	80	20	40	
	酯油				20	20	20

（5）制备方法

以芳香族二异氰酸酯（二苯基甲烷二异氰酸酯）与规定量的胺类化合物（环己胺、硬脂胺、对甲苯胺）为基础，在基础油中引发反应，并通过基础油稀释至混合稠度为 280，制备得到基础润滑脂。随后，在该基础润滑脂中添加功能性添加剂，进一步制备得到最终润滑脂。

（6）典型润滑脂理化数据（见表 4-70）

表 4-70　典型润滑脂理化数据

项目	实施例 1	实施例 2	实施例 3	实施例 4	实施例 5	实施例 6
轴承寿命(180℃)/h	>600	>600	>600	>600	>600	>600
丙烯酸橡胶浸渍试验体积变化率/%	<20	<20	<20	<20	<20	<20

（7）产品应用领域

适用于交流发电机、汽车空调用电磁离合器、中间皮带轮、惰轮、张紧轮等电气装置及辅助机械轴承的润滑。

（8）产品特点

该产品以聚脲稠化精制合成油为基础，并添加抗氧、防锈等功能性添加剂制备而成，能够有效延长轴承在高温环境下的使用寿命，同时展现出对丙烯酸橡胶优异的相容性能。

4.4.5.5 汽车电气润滑脂（五）

（1）技术难点

在汽车电气设备（如交流发电机、汽车空调用电磁离合器、中间皮带轮、电风扇电机等）以及发动机辅机部件中使用的轴承，需在高温、高速、高载荷和高振动等严苛工况下运行。在此类环境下，滚动轴承的固定圈和滚动体可能因钢材组织变化而引发早期剥离现象，即白层剥离。其主要原因包括以下两点：

① 滑动、高表面压力及冲击载荷等因素导致内部应力增大，从而在内外圈与滚动体摩擦面产生新生面。这些新生面会与大气中的水分或润滑脂发生化学反应生成氢，氢侵入轴承钢后加速了白层剥离的发生。

② 近年来，随着燃料电池汽车（FCV）数量的增加，其氢循环泵需在低压氢气环境中运行。由于氢气环境的影响，氢循环泵等部件中的轴承更易出现白层剥离现象。

（2）解决方法

为解决滚动轴承在严苛工况下易出现白层剥离的问题，开发了一种润滑脂组合物，该组合物通过添加预定量的磺酸锌、多硫化物、过碱性磺酸钙和亚磷酸三苯酯等功能性添加剂，有效提升了轴承在高温、高压及高振动环境下的耐久性能。

（3）关键原料特性

① 增稠剂　由二异氰酸酯（MDI）和环己胺反应制得。

② 基础油　烷基二苯基醚，40℃下的黏度为 $100mm^2/s$。

③ 添加剂

• 磺酸锌：含有 3.8%（质量分数）的锌。

• 多硫化物：含有 40%（质量分数）的硫。

• 过碱性磺酸钙：含有 12%（质量分数）的钙。

• 亚磷酸三苯酯：含有 100%（质量分数）的亚磷酸三苯酯。

（4）典型润滑脂配方（见表 4-71）

表 4-71　典型润滑脂配方　　　　　　　　　　单位：质量份

项目	实施例	比较例			
	1	1	2	3	4
脂环族双脲（MDI/环己胺）	12	12			
烷基二苯基醚	88	88			

项目	实施例	比较例			
	1	1	2	3	4
磺酸锌（NA-SUL ZS-HT）	1	—	1	1	1
多硫化物（DAILUBE GS-440L）	0.5	—	0.5	0.5	—
过碱性磺酸钙（Hybase C-311）	0.1	0.1	0.1	—	0.1
亚磷酸三苯酯（JP-360）	0.3	0.3	—	0.3	0.3

（5）制备方法

以环己胺作为增稠剂原料，将其与一半量的烷基二苯基醚混合并充分溶解，制备得到溶液 A。随后，将增稠剂原料二异氰酸酯化合物（MDI）与另一半量的烷基二苯基醚混合，并在 70℃ 条件下加热使其完全溶解，制备得到溶液 B。在持续搅拌溶液 B 的过程中，缓慢加入溶液 A，并在 150℃ 条件下保持 30min。之后，在持续搅拌的同时自然冷却至 60℃ 以下，随后添加相应添加剂，并继续搅拌直至冷却至室温。最后，通过三辊磨机进行均质化处理，最终制得润滑脂。

（6）典型润滑脂理化数据（见表4-72）

表 4-72　典型润滑脂理化数据

项目	实施例	比较例			
	1	1	2	3	4
工作锥入度/0.1mm	363	361	345	342	337
钢球磨痕面积/mm^2	0.30	0.45	0.43	0.58	0.53
轴承寿命/h	>300	242	164	146	>300
白色组织	无	有	有	有	有
发生剥离	无	有	无	有	有

（7）产品应用领域

适用于封入至交流发电机、汽车空调用电磁离合器、中间皮带轮、电风扇电机等汽车电气设备，以及汽车发动机辅机、CVT（钢带式无级变速器）中在严苛工况下运行的滚动轴承润滑。此外，还可用于燃料电池汽车（FCV）氢循环泵等暴露于氢气环境中的装置所使用的滚动轴承润滑。

（8）产品特点

该产品以有机聚脲增稠剂与精制基础油为基础，并添加抗氧化、防锈等功能性高性能添加剂制备而成，能够有效抑制滚动轴承在严苛工况下出现的白层剥离现象。

4.4.6 汽车电机润滑脂

4.4.6.1 汽车电机润滑脂（一）

（1）技术难点

电动汽车（EV）及混合动力汽车（IIEV）中所使用的驱动电动机支撑轴承，其运行工况从寒冷地域的低温环境到因电动机、变速器或减速机运行而产生的高温环境。因此，要求该类轴承能够在宽泛的温度范围内保持稳定性能。此外，随着电动机高输出功率的需求增加，轴承需要在高速旋转条件下具备良好的耐久性以提升整体旋转性能。另外，从高温使用环境的角度出发，对轴承润滑脂提出了更长抗咬合寿命的要求。然而，以矿物油为基础油、以锂皂为增稠剂的传统润滑脂，由于其基础油和增稠剂的耐热性不足，难以满足高温环境下对润滑脂抗咬合寿命的严格要求。

（2）解决方法

通过选用适宜的聚脲增稠剂与高性能基础油，开发出一种能够有效解决EV、HEV 驱动电动机轴承润滑寿命短及低温流动性不佳问题的润滑解决方案。

（3）关键原料特性

① 增稠剂 由环己胺、十八胺和 MDI 按照比例反应制得。

② 基础油

- 酯油 A：三羟甲基丙烷酯油，40℃时的运动黏度 19.7mm^2/s。
- 酯油 B：三羟甲基丙烷酯油，40℃时的运动黏度 15.1mm^2/s。
- 酯油 C：二酯油，40℃时的运动黏度 11.6mm^2/s。
- 合成烃油：聚 α-烯烃，40℃时的运动黏度 30.5mm^2/s。

③ 添加剂

- 胺系 A：二苯胺。
- 苯酚系 A：具有酯基的受阻酚。
- 硬化抑制剂（过碱性磺酸钙）：总碱值（TBN）为 50～500mg KOH/g。

（4）典型润滑脂配方（见表 4-73）

表 4-73 典型润滑脂配方

项目		实施例 1	实施例 2	实施例 3	实施例 4	实施例 5	实施例 6	实施例 7	实施例 8
增稠剂配比（摩尔比）	二苯基甲烷二异氰酸酯	50	50	50	50	50	50	50	50
	环己胺	30	40	20	30	30	30	30	30
	十八烷胺	70	80	80	70	70	70	70	70

项目		实施例 1	实施例 2	实施例 3	实施例 4	实施例 5	实施例 6	实施例 7	实施例 8
润滑脂配比（质量份）	增稠剂	15	16	16	11	15	15	15	13
	酯油 A	100	100	100	100		80	100	100
	酯油 B					100			
	酯油 C						20		
	合成烃油						20		
	抗氧剂胺系 A	1.5	1.5	1.5	1.5	1.5	1.5	1.5	1.5
	抗氧剂苯酚系 A	1.2	1.2	1.2	1.2	1.2	1.2	1.2	1.2
	过碱性磺酸钙	0.2	0.2	0.2	0.2	0.2	0.2	0.2	0.2

（5）制备方法

以二苯甲烷二异氰酸酯与规定量的胺类化合物为原料，在基油中引发反应，并通过升温、冷却等工艺步骤制备得到基质润滑脂。随后，将规定的添加剂和基油加入基质润滑脂中，经三辊研磨机处理后，最终制得目标润滑脂。

（6）典型润滑脂理化数据（见表 4-74）

表 4-74　典型润滑脂理化数据

项目	实施例 1	实施例 2	实施例 3	实施例 4	实施例 5	实施例 6	实施例 7	实施例 8
基油运动黏度(40℃)/(mm^2/s)	19.7	19.7	19.7	19.7	15.1	17.5	21.7	19.7
锥入度/0.1mm	235	235	235	295	235	235	235	280
轴承寿命(120℃)	3.3	2.7	2.9	1.9	2.5	2.6	3.0	3.2
润滑脂泄漏/%	10 以下	10 以下	10 以下	10 以下	10 以下	10 以下	10 以下	10 以下
低温扭矩比(-40℃)	0.5	0.6	0.6	0.4	0.4	0.4	0.5	0.4

在进行轴承润滑寿命试验时，需综合考虑负载特性、润滑条件、运转速度及环境温度等多种因素。通过模拟实际工况的动态试验与加速寿命试验，可评估轴承的使用寿命、疲劳极限以及承载能力。在试验过程中，润滑条件［如无润滑（干摩擦）、边界润滑（定期润滑）和流体润滑（持续润滑）］会对轴承的磨耗情况产生显著影响。此外，试验设备的选择、轴承样品的选取以及润滑条件的设置等环节，均对试验结果的准确性具有关键作用。

具体试验条件如下：选用内径 50mm、外径 90mm、宽 20mm 且带有非接触橡胶密封的深沟球轴承，将占轴承空间容积 30% 的试验润滑脂封入其中，并在以下条件下进行连续旋转试验：内圈旋转速度为 14300r/min，轴承外圈温度为 120℃，径向负荷为 1000N。当轴承外圈温度比设定温度升高＋10℃时，记录该时间为咬死寿命时间。

润滑脂泄漏试验基于上述试验条件进行，测定轴承旋转开始 20h 后的润滑脂泄漏量，并将润滑脂泄漏量控制在 10％（质量分数）以下作为合格标准。

低温流动性试验则在−40℃环境下进行。试验中，轴承连续旋转 10min 后，根据最后 15s 内扭矩测定装置读数的平均值计算旋转扭矩。

（7）产品应用领域

电动汽车（EV）及混合动力汽车（HEV）中所使用的驱动电动机支撑轴承。

（8）产品特点

该产品以聚脲稠化精制基础油为原料，并添加抗氧化剂、防锈剂及硬化抑制剂等功能性添加剂制备而成，能够有效提升电动汽车（EV）及混合动力汽车（HEV）驱动电动机轴承的润滑寿命，同时改善其在低温环境下的流动性。

4.4.6.2　汽车电机润滑脂（二）

（1）技术难点

汽车、电机产品以及各类机械部件或制品，通常通过铁路或卡车运输。在运输过程中，由于钢轨接缝或路况较差所引发的振动，可能导致润滑部件（已涂抹润滑脂）出现磨损现象。此类磨损是在微小振幅下产生的表面损伤，损伤部位在大气环境中会生成氧化磨耗颗粒，这些颗粒进一步通过研磨作用加剧了磨损程度。

（2）解决方法

通过开发并使用硫代磷酸酯类化合物与胺类化合物对接触面进行被覆处理，有效解决了接触面磨损率较高的问题。同时，通过供给润滑油或润滑脂，在接触面之间形成油膜或利用增稠剂的作用，成功解决了表面间直接黏附的问题，从而显著降低了摩擦损耗。

（3）关键原料特性

① 增稠剂

• 脂环族二脲增稠剂：由环己胺、十八胺和 MDI 反应制得。

• Li 皂。

② 基础油　基础油使用矿物油（P 系矿物油）和合成烃油为 75∶25（质量比）的混合油。该基础油的运动黏度（40℃）为 90mm^2/s。

③ 添加剂

• 抗氧化剂：苯酚系（0.3％）。

• 防锈剂：环烷酸锌（1.0％）；链烯基琥珀酸聚酰亚胺（0.5％）；烷基苯磺酸钙（0.2％）；亚硝酸钠（1.42％）。

- 极压剂（耐磨损添加剂）：ZnDTP（1.0%）；SP系（0.5%）。

（4）典型润滑脂配方（见表4-75）

表4-75　典型润滑脂配方　　　　　　　　单位：质量份

样品	实施例1	比较例1	比较例2	比较例3
增稠剂	10（脂环族二脲）	10（脂环族二脲）	10（Li皂）	10（Li皂）
矿物油	75	75	75	75
合成烃油	25	25	25	25
耐磨损添加剂	1.0	0.0	1.0	0.0

（5）制备方法

选用含有脂肪族和脂环族基团的二脲化合物（其中十八烷基与环己基的摩尔比为70：30），并通过调控使其稠度稳定在300。

（6）典型润滑脂理化数据（见表4-76）

表4-76　典型润滑脂理化数据

项目	实施例1	比较例1	比较例2	比较例3
锥入度/0.1mm	300	300	300	300
磨损量/mg	6.5	13.4	18.3	21.0

（7）产品应用领域

适用于汽车、电机产品以及各类机械部件中通用部位的润滑。

（8）产品特点

该产品以聚脲稠化精制合成油为基础，并添加抗氧化剂、防锈剂以及极压抗磨剂等多种功能性添加剂精心制备而成，适用于各类机械的通用润滑部位。能够显著提升润滑效果，同时有效增强部件的耐磨损性能。

4.4.6.3　汽车电机润滑脂（三）

（1）技术难点

① 在以汽车为代表的各类工业机械中所使用的电动机，由于需要适应从寒冷地区到高温机房等极端环境下的持续运行工况，因此对其轴承提出了在宽温度范围内保持长期稳定性能的严格要求。此外，随着近年来环保意识的不断增强，电动机行业在追求高效化的同时，对轴承也提出了更低扭矩的严苛要求。

② 在低温工况下，润滑脂基础油的黏度升高可能导致滚道面油膜破裂或分布不均，这种变化会引发滚动体与滚道面之间摩擦系数的周期性波动，从而诱发

滚动体的自激振动现象。

（2）解决方法

针对封入电动机用滚动轴承（用于支撑电动机转子）的润滑脂，通过开发并选用适宜的增稠剂、基础油及防锈剂，成功解决了低温条件下特殊异响的问题，同时确保润滑脂在宽温度范围内具备优异的低扭矩性能，并有效延长高温工况下轴承的润滑寿命，还展现出卓越的防锈能力。

（3）关键原料特性

① 增稠剂　由环己胺、十八胺和 MDI 合成。

② 基础油

- 酯油 A：季戊四醇酯油（40℃的运动黏度 $33mm^2/s$，倾点−52.5℃）。
- 酯油 B：季戊四醇酯油（40℃的运动黏度 $29mm^2/s$，倾点−50℃）。
- 酯油 C：季戊四醇酯油（40℃的运动黏度 $38mm^2/s$，倾点−55℃）。
- 酯油 D：二季戊四醇酯油（40℃的运动黏度 $220mm^2/s$，倾点−30℃）。
- 酯油 E：三羟甲基丙烷酯油（40℃的运动黏度 $19mm^2/s$，倾点−45℃）。
- 醚油：烷基二苯基醚油（40℃的运动黏度 $97mm^2/s$，倾点−30℃）。
- 合成烃油：聚 α-烯烃（40℃的运动黏度 $30mm^2/s$，倾点−65℃）。
- 矿物油：40℃的运动黏度 $39mm^2/s$，倾点−12.5℃。

③ 添加剂

- 防锈剂：山梨醇酐三油酸酯、二壬基萘磺酸锌。
- 抗氧化剂：胺系抗氧化剂、酚系抗氧化剂。
- ZnDTP：二硫代磷酸锌。

（4）典型润滑脂配方（见表 4-77）

表 4-77　典型润滑脂配方

项目		实施例 1	实施例 2	实施例 3	实施例 4	实施例 5	实施例 6
增稠剂配比（摩尔比）	二苯基甲烷二异氰酸酯	50	50	50	50	50	50
	环己胺	75	60	90	75	75	75
	十八烷胺	25	40	10	25	25	25
润滑脂配比（质量份）	增稠剂	11	12	13	9	11	11
	酯油 A	100	100	100	100		
	酯油 B					100	
	酯油 C						100
	酯油 D						
	酯油 E						

项目		实施例 1	实施例 2	实施例 3	实施例 4	实施例 5	实施例 6
润滑脂配比 （质量份）	醚油						
	合成烃油						
	矿物油						
	山梨醇酐三油酸酯	1	1	1	1	1	1
	二壬基磺酸锌	2	2	2	2	2	2
	胺系	2	2	2	2	2	2
	酚系	1	1	1	1	1	1
	ZnDTP	1	1	1	1	1	1

（5）制备方法

使二苯基甲烷二异氰酸酯与指定胺类化合物在基础油中发生反应，经过升温、冷却处理后制得基础润滑脂。随后，将指定的添加剂和基础油加入其中，并通过三辊混合机进行充分混合，最终获得混合稠度范围为 280～350 的成品润滑脂。

（6）典型润滑脂理化数据（见表 4-78）

表 4-78　典型润滑脂理化数据

项目	实施例 1	实施例 2	实施例 3	实施例 4	实施例 5	实施例 6
基油运动黏度(40℃)/(mm²/s)	33	33	33	33	29	38
锥入度/0.1mm	280	280	280	310	280	280
冷启动异响	无	无	无	无	无	无
低温扭矩(−40℃)/mN·m	70	80	90	60	70	80
常温扭矩(25℃)/mN·m	3.2	5.9	6.9	3	3	6.5
轴承润滑寿命(180℃)/h	200＜	200＜	200＜	200＜	200＜	200＜
漆生锈试验	无	无	无	无	无	无

（7）产品应用领域

专门用于支撑电动机转子的电动机用滚动轴承。

（8）产品特点

该产品以聚脲稠化精制酯类油为基础，并添加抗氧化剂、防锈剂等多种功能性添加剂精心制备而成。该润滑脂能够在宽泛的温度范围内保持优异的低扭矩性能，同时在高温工况下仍可显著延长轴承的润滑寿命，且可对金属表面提供可靠的防锈保护。

4.4.6.4 汽车电机润滑脂（四）

（1）技术难点

近年来，随着三相电动机在免维护和节能方面的需求不断增长，其高效率化已成为行业发展的必然趋势。在此背景下，电动机中所使用的滚动轴承不仅需要具备低转矩特性，还需满足长寿命的要求，以适应日益严苛的应用环境。

（2）解决方法

通过开发并使用具有特定结构的多种双脲混合物作为增稠剂，成功解决了润滑脂在低转矩性能与防止泄漏能力之间的平衡问题，从而满足了高性能应用的需求。

（3）关键原料特性

① 增稠剂　由环己胺、辛胺、十八胺和二异氰酸酯（MDI）反应制得。

② 基础油

• 酯油：多元醇酯，40℃运动黏度 $25mm^2/s$，100℃运动黏度 $4.9mm^2/s$。

③ 添加剂　胺类抗氧化剂、酚类抗氧化剂。

（4）典型润滑脂配方（见表 4-79）

表 4-79　典型润滑脂配方

项目		实施例						比较例			
		1	2	3	4	5	6	1	2	3	4
增稠剂配比（摩尔比）	MDI	50									
	环己胺	10	10	20	30	30	10	0	10	10	20
	辛胺	60	70	60	60	50	50	100	40	30	20
	十八胺	30	20	20	10	20	40	0	50	60	60
润滑脂配比（质量分数）/%	增稠剂含量	14									
	酯油	84									
	胺类抗氧化剂	1									
	酚类抗氧化剂	1									

（5）制备方法

首先，将环己胺、十八胺、辛胺及特定化合物与一半量的酯油混合，并加热至80℃以确保其完全溶解，制得溶液A。随后，将增稠剂原料二异氰酸酯化合物（MDI）与另一半量的酯油混合，并加热至60℃使其充分溶解，从而制备溶液B。在持续搅拌溶液B的过程中，缓慢加入溶液A，并在150℃下保持30min以促进反应的进行。接着，在维持搅拌的同时，通过自然冷却的方式将混合物降温至 60℃以下。随后，加入相应的添加剂并继续搅拌直至冷却至室温。最后，利用三辊磨机对混合物进行均质化处理，从而获得最终的润滑脂产品。

（6）典型润滑脂理化数据（见表 4-80）

表 4-80　典型润滑脂理化数据

项目	实施例						比较例			
	1	2	3	4	5	6	1	2	3	4
轴承转矩/mN·m	7.3	8.8	9.0	8.6	8.7	10.3	6.8	14.3	17.7	15.6
漏油量/%	3.3	3.9	31	4.5	5.7	5.6	19.5	6.0	8.0	4.2

（7）产品应用领域

该产品适用于高温环境下中小型精密轴承及微型轴承的润滑，同时适用于高温电机轴承和各类水泵轴承的润滑需求。此外，还可为其他在高温条件下运行的负载滚动轴承提供可靠的润滑与防护。

（8）产品特点

该产品以高温性能优异的增稠剂稠化酯油为基础，并添加抗氧化剂等多种功能性添加剂精心制备而成。凭借独特的生产工艺，确保产品具备卓越的清洁度，可有效抑制轴承在测试过程中可能出现的异音现象。其较高的滴点特性，保证了润滑脂在 150℃高温环境下仍能充分满足润滑需求。同时，该产品兼具低转矩性能与优异的抗泄漏能力，为设备运行提供可靠保障。

4.4.7　汽车电装润滑脂

（1）技术难点

作为应用于汽车电装或辅机用滚动轴承的润滑脂，主要考量其耐热性。为获得相同稠度的润滑脂，需合理调整润滑脂中的皂含量。若润滑脂中皂含量过高，则可能导致搅拌阻力增大，从而难以满足低扭矩性能的要求。

（2）解决方法

为解决低扭矩性问题，通过减少增稠剂用量（润滑脂搅拌阻力的主要原因）来实现目标。然而，若过度减少增稠剂用量，则可能导致无法达到目标稠度，并在受到剪切时出现稠度变化较大，进而导致润滑脂软化并从轴承中泄漏的情况。为此，开发了一种含有基础油中 30%（质量分数）以上低倾点合成烃油的配方，以确保低温条件下的低扭矩性能。当使用合成烃油以外的基础油时，采用低倾点高精制矿物油作为替代方案。此外，通过单独使用脂肪族二脲或将其与脂环族二脲并用作增稠剂，即使在较少增稠剂用量的情况下，也能制备出稠度合适的润滑脂，从而有效解决低扭矩性和防锈性问题。

（3）关键原料特性

① 增稠剂　由辛胺、环己胺、十八胺和 MDI 反应制得。

② 基础油

• 合成烃油 A：40℃的运动黏度为 70.2mm²/s、倾点为 -55℃的聚 α-烯烃。

• 合成烃油 B：40℃的运动黏度为 395mm²/s、倾点为 -35℃的聚 α-烯烃。

• 矿物油 C：40℃的运动黏度为 91.0mm²/s、倾点为 -35℃的高精制矿物油。

③ 添加剂

• 防锈剂 a：二壬基萘磺酸锌。

• 防锈剂 b：烯基琥珀酸酐（烯基碳原子数 12）。

（4）典型润滑脂配方（见表 4-81）

表 4-81　典型润滑脂配方

项目		实施例 1	实施例 2	实施例 3	实施例 4	实施例 5	实施例 6
增稠剂配比 （摩尔比）	二苯基甲烷二异氰酸酯	5	5	5	5	5	5
	辛胺	7	7	7	7	—	—
	十八烷基胺	3	3	3	3	3	3
	环己胺					7	7
润滑脂配比 （质量分数） /%	增稠剂	13	12	13	12	16	16
	基础油	余量	余量	余量	余量	余量	余量
	防锈剂 a	1	1	1	1	1	—
	防锈剂 b	—	—	—	—	—	1

（5）制备方法

以基油为介质，将辛胺、环己胺、十八胺与 MDI 进行反应，经冷却处理后制得脲基润滑脂。随后，按照预定比例添加功能性添加剂，并通过三辊机充分分散，最终完成润滑脂的调制。

（6）典型润滑脂理化数据（见表 4-82）

表 4-82　典型润滑脂理化数据

项目	实施例 1	实施例 2	实施例 3	实施例 4	实施例 5	实施例 6
旋转扭矩(25℃)/mN·m	20	24	21	29	36	37
旋转扭矩(-30℃)/mN·m	45	120	120	70	160	150
轴承防锈（52℃，48h，0.1%盐水）	1 级	1 级	1 级	1 级	1 级	1 级

（7）产品应用领域

专门用于汽车电装系统或辅机中的滚动轴承。

（8）产品特点

该产品以聚脲稠化精制合成油为基础，并添加抗氧化剂、防锈剂等特殊功能性添加剂精心配制而成，旨在显著提升低扭矩性能并强化防锈保护效果。

4.5
汽车其他部位润滑脂专利

4.5.1　汽车润滑脂

（1）技术难点

为应对汽车小型化、轻量化及使用空间扩展化的需求，需进一步缩减引擎室空间。在此背景下，交流发电机、张紧轮等电气与辅助部件亦需实现小型化和轻量化设计。此外，为提升静音性能，引擎室趋向密闭化，导致使用环境温度显著升高，因此对润滑脂提出了更高的耐高温要求。与此同时，自 20 世纪 80 年代中期起，随着滑轮直径减小、传动扭矩增大以及皮带耐久性提升的需求，多楔形皮带逐渐成为主流应用。然而，这也引发了滚动轴承滚动面上出现伴随白色组织变化的特殊早期异常剥落问题。

（2）解决方法

通过开发并使用特定的添加剂，成功解决了滚动轴承涂层剥离的问题，从而显著延长了滚动轴承的剥离寿命。

（3）关键原料特性

① 增稠剂

• 脂肪族二脲增稠剂：由辛胺和 MDI 合成。

• 脂环式脂肪族二脲增稠剂：由环己胺和 MDI 合成。

• 芳香族二脲增稠剂：由对甲苯胺和 MDI 合成。

② 基础油

• POE：复合酯油，40℃时的运动黏度 102mm²/s。

• PAO：合成烃油，40℃时的运动黏度 68.0mm²/s。

• ADE：烷基二苯基醚油，40℃时的运动黏度 100mm²/s。

• MO：矿物油，40℃时的运动黏度 90mm²/s。

③ 添加剂

• 耐剥离添加剂：双（辛基二硫代）噻二唑、硫化烯烃、硫化油脂、亚硝酸钠。

(4）典型润滑脂配方（见表 4-83）

表 4-83　典型润滑脂配方

项目	实施例							
	1	2	3	4	5	6	7	8
ADE	余量	—	—	—	余量	余量	余量	余量
POE	—	余量	—	—	—	—	—	—
PAO	—	—	余量	—	—	—	—	—
MO	—	—	—	余量	—	—	—	—
脂肪族二脲	10	10	10	10	—	—	—	—
脂环式脂肪族二脲	—	—	—	—	10	—	10	10
芳香族二脲	—	—	—	—	—	19	—	—
双(辛基二硫代)噻二唑	2	2	2	2	2	2	—	—
硫化烯烃	—	—	—	—	—	—	2	—
硫化油脂	—	—	—	—	—	—	—	2

（5）制备方法

以基础油为介质，将二苯基甲烷二异氰酸酯与定量的胺类化合物（包括辛胺、环己胺、十八胺和对甲苯胺）进行充分反应，制得基础润滑脂。随后，在基础润滑脂中加入基础油及功能性添加剂，并通过研磨处理调整混合物稠度至280，最终完成润滑脂的制备。

（6）典型润滑脂理化数据（见表 4-84）

表 4-84　典型润滑脂理化数据

项目	实施例							
	1	2	3	4	5	6	7	8
四球试验接触次数(L50)/(×10⁶)	>20	>20	>20	>20	>20	>20	>20	>20

（7）产品应用领域

适用于汽车交流发电机、张紧轮等电气与辅助部件的润滑。

（8）产品特点

该产品以聚脲稠化精制合成油为基础，并添加抗氧化剂、防锈剂及抗剥离剂等多种功能性添加剂精心配制而成，能够有效抑制滚动轴承涂层的剥离现象。

4.5.2 汽车润滑脂

（1）技术难点

近年来，基于削减能源消耗的考量，以汽车产业为代表，各行业对所使用的电气设备及机械零部件提出了更高的效率要求，并围绕零部件轻量化、结构优化等方面展开了广泛研究。特别是对于带有旋转部件的机械零部件而言，在搅拌润滑剂过程中会产生阻力，进而导致能量损耗。因此，亟需开发一种具备较低搅拌阻力的润滑剂以满足实际需求。例如，在发动机油和变速箱油领域，为降低润滑油搅拌阻力，通常采用低黏度化策略。然而，此类方法可能导致油膜因黏度过低而遭到破坏，从而引发润滑部位表面损伤的问题。

（2）解决方法

通过开发一种新型润滑脂，成功解决了降低搅拌阻力的问题，同时确保基础油的运动黏度不受影响，有效抑制了油膜破坏，并充分满足了长寿命的应用需求。

（3）关键原料特性

① 增稠剂 由十八胺、环己胺、辛胺、对甲苯胺和 MDI 反应制得。

② 基础油

• 聚 α-烯烃油：在 40℃时的运动黏度为 70.2mm^2/s。

• 癸二酸二辛酯：在 40℃时的运动黏度为 11.6mm^2/s。

③ 添加剂 胺系、酚系抗氧化剂，亚硝酸钠等无机钝化剂，磺酸盐系、琥珀酸系、胺系、羧酸盐防锈剂，苯并三唑金属防蚀剂，脂肪酸、脂肪酸酯、磷酸酯油性剂，磷系、硫系、有机金属耐磨剂等。

（4）典型润滑脂配方（见表4-85）

表 4-85　典型润滑脂配方

项目		实施例1	实施例2	比较例1	比较例2	比较例3
增稠剂配比（摩尔比）	二苯基甲烷二异氰酸酯	50	50	50	50	50
	环己胺	80	70	90	60	50
	十八胺	20	30	10	40	50
润滑脂配比（质量分数）/%	增稠剂	8	7	11	10	11
	合成烃油	余量	余量	余量	余量	余量

（5）制备方法

以基础油为介质，使 4,4-二苯基甲烷二异氰酸酯与指定的胺类化合物发生反应，经升温、冷却处理后，采用三辊磨机进行充分混炼，制得实际润滑脂。随后，通过调节稠度至 300 的方式完成最终混合。

（6）典型润滑脂理化数据（见表 4-86）

表 4-86　典型润滑脂理化数据

项目	实施例 1	实施例 2	比较例 1	比较例 2	比较例 3
锥入度/0.1mm	300	300	300	300	300
剪切应力(25℃)/Pa	1721	1674	2138	2092	2107

（7）产品应用领域

适用于滚动轴承、齿轮、滚珠丝杠、直线运动轴承、凸轮以及接头等部件的润滑。

（8）产品特点

该产品以聚脲稠化精制合成油为基础，并添加抗氧化剂、防锈剂等多功能添加剂精心配制而成，能够有效抑制油膜破坏，同时充分满足设备长寿命运行的需求。

4.5.3　汽车球窝接头润滑脂

（1）技术难点

① 近年来，随着球窝接头的小型化趋势，滑动部位的高表面压力化逐渐成为发展方向。球窝接头作为一种具备关节功能的关键部件，广泛应用于汽车领域，例如用于改变车辆行驶方向的转向装置、支撑车身的悬架系统以及其他连杆组件中。其结构主要包括沿轴向延伸的销部、通过伸缩部与该销部在轴向连接的球部（即球头销），以及能够以旋转和摆动方式保持该球头销球部的球座。此外，还包括通过壳体开口端盖槽安装的防尘罩，用于防止外部粉尘、泥水等异物侵入。然而，在球窝接头运行过程中，球部与球座之间的滑动会导致球座逐渐磨损。

② 防尘罩作为保护滑动部位免受外部污染的重要组件，可能因内部封入的润滑脂的热膨胀或冷收缩而出现破损现象。一旦防尘罩发生破损，外部粉尘、泥水等异物将侵入滑动部位，从而对设备性能造成影响。因此，润滑脂必须满足与防尘罩的相容性要求，并兼顾其他相关特性。

（2）解决方法

通过精心选择基础油的种类与运动黏度，以及添加剂的类型，开发出一种能够有效减少滑动部件中球座磨损、同时具备优异防尘罩相容性的润滑脂，从而解决了传统润滑脂在实际应用中的关键问题。

（3）关键原料特性

① 增稠剂　由二苯基甲烷二异氰酸酯与胺、辛胺和硬脂胺及羟基硬脂酸锂反应制得。

② 基础油

- 乙烯-α-烯烃共聚物：在40℃的运动黏度为9850mm^2/s。
- 聚α-烯烃：在40℃的运动黏度为19mm^2/s。
- 聚丁烯：在40℃的运动黏度为19.4mm^2/s。

③ 添加剂　固体润滑剂、抗氧化剂［十八烷基-3-(3,5-二叔丁基-4-羟基苯基)丙酸酯、烷基二苯胺］、防锈剂（氢化蓖麻油）、金属防腐蚀剂（硬脂酰胺）、油性剂、耐磨损剂、极压剂等。

（4）典型润滑脂配方（见表4-87）

表4-87　典型润滑脂配方　　　　　　　　　　　　单位：质量份

项目	实施例1	实施例2	实施例3	实施例4	实施例5	实施例6
羟基硬脂酸锂	2	2	2	2	—	2
脂肪族二脲	—	—	—	—	6	—
乙烯-α-烯烃共聚物	70	75	90	75	75	75
聚α-烯烃	30	25	—	—	25	25
聚丁烯	—	—	—	25	—	—
硬脂酰胺	—	—	—	—	—	5
氢化蓖麻油	5	5	5	5	5	—
十八烷基-3-(3,5-二叔丁基-4-羟基苯基)丙酸酯	1	1	1	1	1	1
烷基二苯胺	1	1	1	1	1	1

（5）制备方法

以二苯基甲烷二异氰酸酯与胺类化合物（辛胺和硬脂胺）为原料，通过反应并经升温、冷却处理后制得胶体润滑脂。随后，将预定量的蜡与基础油充分混合，并将其加入基体润滑脂中进行均匀分散。进一步地，将预定量的抗氧化剂加入胶体润滑脂中并充分混匀。最后，利用三辊研磨机对混合物进行研磨处理，最终制得混合稠度为300的润滑脂。

（6）典型润滑脂理化数据（见表4-88）

表4-88　典型润滑脂理化数据

项目	实施例1	实施例2	实施例3	实施例4	实施例5	实施例6
基础油运动黏度(40℃)/(mm^2/s)	2200	2600	5400	3000	2600	2600

项目	实施例 1	实施例 2	实施例 3	实施例 4	实施例 5	实施例 6
SRV 磨损量判定	合格	合格	优良	合格	合格	合格
浸渍试验体积变化率判定	优良	优良	优良	优良	优良	优良
低温转矩试验判定	优良	优良	合格	合格	优良	优良

（7）产品应用领域

适用于汽车球头接头等关键部位。

（8）产品特点

该产品以聚脲稠化精制合成油为基础，并添加抗氧化剂、防锈剂等多功能添加剂精心配制而成，是一种能够有效减少滑动部件中球座磨损、同时与防尘罩具备优异相容性的高性能润滑脂。

4.5.4　汽车润滑脂

（1）技术难点

随着汽车化、轻量化及使用空间扩大的需求日益增长，发动机舱的空间被要求进一步缩减。在此背景下，交流发电机、电磁离合器、张紧轮等电装与辅机部件也正逐步实现小型化和轻量化。此外，为提升安静性，发动机舱逐渐趋向密闭化，导致使用环境温度显著升高。同时，除了 EGR 阀、风扇离合器、电动涡轮增压器、变速器等电装与辅机部件外，汽车部件中的滚动轴承对耐热性能也提出了更高要求。因此，适用于滚动轴承，尤其是汽车部件用滚动轴承的润滑脂，必须具备优异的高温耐受性和长效润滑性能。另一方面，考虑到汽车在寒冷地区的使用需求，润滑脂还需兼具良好的低温流动性。

（2）解决方法

通过开发以特定烷基二苯醚为基础油（可单独使用或混合使用）的润滑脂，成功解决了润滑脂在高温环境下的长效润滑问题，同时显著提升了其在低温条件下的流动性。

（3）关键原料特性

① 增稠剂

· 脂环式-脂肪族二脲 A：由二苯甲烷二异氰酸酯和环己胺及硬脂胺合成的二脲化合物［环己胺：硬脂胺＝5∶1（摩尔比）］。

· 脂环式-脂肪族二脲 B：由二苯甲烷二异氰酸酯和环己胺及硬脂胺合成的二脲化合物［环己胺：硬脂胺＝9.5∶0.5（摩尔比）］。

· 脂环式-脂肪族二脲 C：由二苯甲烷二异氰酸酯和环己胺及硬脂胺合成的

二脲化合物［环己胺：硬脂胺＝6∶4（摩尔比）］。

② 基础油

• ADE1：由二苯醚、1-十二碳烯和 1-十四碳烯合成的醚油（68.3mm²/s 40℃）。

• ADE2：由二苯醚、1-十二碳烯和 1-十四碳烯合成的醚油（15.8mm²/s 40℃）。

• ADE3：由二苯醚、1-十二碳烯和 1-十四碳烯合成的醚油（103mm²/s 40℃）。

③ 添加剂

• 抗氧化剂 A：胺系抗氧化剂（烷基二苯基胺）。

• 抗氧化剂 B：苯酚系抗氧化剂［十八烷基-3-(3,5-二叔丁基-4-羟基苯基) 丙酸酯］。

(4) 典型润滑脂配方（见表 4-89）

表 4-89　典型润滑脂配方　　　　　　　　　　单位：质量份

项目	实施例 1	实施例 2	实施例 3	实施例 4
脂环式脂肪族二脲 A	15	—	—	15
脂环式脂肪族二脲 B	—	15	—	—
脂环式脂肪族二脲 C	—	—	15	—
ADE1	79.7	79.7	79.7	37.3
ADE3	—	—	—	24.8
抗氧化剂 A	1.5	1.5	1.5	1.5
抗氧化剂 B	1.2	1.2	1.2	1.2

(5) 制备方法

以二苯甲烷二异氰酸酯（1mol）与规定胺类化合物（2mol，包括辛胺、硬脂胺、环己胺或对甲苯胺）反应所得物质为基础润滑脂，将其与基础油及添加剂混合后，通过研磨处理调整工作锥入度至 300，从而制备出目标润滑脂。

(6) 典型润滑脂理化数据（见表 4-90）

表 4-90　典型润滑脂理化数据

项目	实施例 1	实施例 2	实施例 3	实施例 4
基础油运动黏度(40℃)/(mm²/s)	68.3	68.3	68.3	62.1
轴承寿命时间(180℃)/h	2660	2590	2420	3020
低温扭矩(−40℃)/mN·m	460	470	440	560

(7) 产品应用领域

适用于汽车部件中的滚动轴承，尤其是在电装与辅机部件中，例如交流发电机、汽车空调用电磁离合器、中间轮、惰轮、张紧轮等关键部位，以及 EGR 阀、风扇离合器、电动涡轮增压器、变速器等相关组件。

(8) 产品特点

该产品以聚脲增稠剂稠化精制合成油为基础，并添加抗氧化剂、防锈剂等多功能添加剂精心配制而成，是一种具备长效润滑性能和优异低温流动性的高性能润滑脂。

4.5.5 双质量飞轮润滑脂

(1) 技术难点

双质量飞轮能够有效消除传动系统中过多的齿轮碰撞声，减少换挡时的冲击，并显著提升燃油经济性。该装置通常装配于配备标准手动变速箱的轻型柴油卡车以及高性能豪华汽车中，旨在降低传动系统的振动水平，从而延长车辆运行寿命并避免长期损伤。在润滑脂领域，由锂盐与有机络合剂（如壬二酸、癸二酸）反应生成的锂复合皂常被用作增稠剂。然而，随着对润滑脂性能要求的不断提高，亟需开发具备改进润滑性能的产品，具体包括更高的滴点、更强的耐水性、更优的剪切稳定性、更低的析油率，以及经过优化的噪声特性和密度特性。此外，鉴于锂金属资源供应日益紧张，有必要开发一种锂含量低于传统锂复合润滑脂组合物的新型润滑脂配方。

(2) 解决方法

为解决传统锂基复合物润滑脂中锂金属含量较高的问题，开发了一种通过加入氢氧化钙和氧化镁部分替代锂的润滑脂组合物。该方案可使润滑脂中锂的含量降低约 40%～50%（质量分数），从而有效减少对锂金属资源的依赖。

(3) 关键原料特性

① 增稠剂　由 $LiOH \cdot H_2O$、$Ca(OH)_2$、MgO、癸二酸、12-羟基硬脂酸反应制得。

② 基础油　HVI 170，在 40℃下黏度为 $110mm^2/s$ 和黏度指数为 95 的矿物油。

③ 添加剂

• Naugalube AMS：由 Chemtura，USA 提供。

• Ralox LC：由 Raschig，Ludwigshafen，Germany 提供。

• Irganox L57：由 Ciba-Geigy Specialties，Switzerland 提供。

• Valirex Zn 8.0：由 Cormie Van Loocke，Belgium 提供。

（4）典型润滑脂配方（见表 4-91）

表 4-91　典型润滑脂配方　　　　　单位：%（质量分数）

项目	对比例 A	实施例 1	实施例 2
HVI 170	83.82	83.82	84.13
LiOH-H$_2$O	2.3	1.52	1.52
Ca(OH)$_2$	0	0.78	0
MgO	0	0	0.47
癸二酸	1.88	1.88	1.88
12-羟基硬脂酸	10	10	10
Naugalube AMS	0.5	0.5	0.5
Ralox LC	0.5	0.5	0.5
Irganox L57	0.5	0.5	0.5
Valirex Zn 8.0	0.5	0.5	0.5

（5）制备方法

首先，将 10% 的基础油、癸二酸、氢氧化钙或氧化镁以及 30mL 水混合，并在搅拌条件下持续 20min 以制备预制浆液。随后，将所制备的浆液与 50% 的基础油、12-羟基硬脂酸、一水合氢氧化锂和 100mL 水一同加入高压釜中，密封高压釜并将其加热至 145℃。当达到排气温度后，打开排气阀释放蒸汽 30min。待蒸汽压力降至 0 时，保持排气阀开启状态，继续加热直至温度升至 215℃。达到目标温度后，以 1℃/min 的速度通过夹套冷却强制高压釜降温至 165℃。当温度降至 165℃ 时，将剩余 50% 的基础油加入高压釜中。之后，将产物冷却至 80℃，并将所有添加剂加入容器内。最后，利用三辊研磨机对产物进行均化处理。

（6）典型润滑脂理化数据（见表 4-92）

表 4-92　典型润滑脂理化数据

项目	对比例 A	实施例 1	实施例 2
滴点/℃	224	226	221
未工作针入度/0.1mm	260	254	231
工作针入度/0.1mm	267	276	256
滚筒测试/0.1mm	319	305	278
滚筒测试(24h,80℃,10%水)/0.1mm	475	334	375
析油(120℃,18h)/%	8.8	6.9	3.2
析油(120℃,7 天)(质量分数)/%	16.5	18.9	7.9

（7）产品应用领域

适用于汽车双质量飞轮等关键部位。

(8) 产品特点

该产品以复合锂稠化精制矿物油为基础，并添加抗氧化剂、防锈剂等多功能添加剂精心配制而成，具备卓越的耐水性能、优异的剪切稳定性和良好的析油控制能力。

4.5.6 汽车润滑脂

(1) 技术难点

近年来，随着汽车驾驶舒适性要求的不断提高，尤其是对转向响应性和静音性的需求日益增加，电动助力转向系统（electric power steering，EPS）得到了广泛应用。根据结构设计的不同，电动助力转向系统主要分为柱助力式、小齿轮助力式和齿条助力式三种类型。其中，齿条助力式电动助力转向系统因其卓越的响应性能和高输出功率，预计将在未来电动助力转向市场中占据更大的份额。与此同时，对齿条助力式电动助力转向装置中滚珠丝杠部件所使用的润滑脂，也提出了长寿命化、宽速度范围内的低转矩化以及降低噪声与振动等多方面的要求。特别是为了显著提升驾驶员在转向过程中的响应速度和静音体验，抑制转矩波动已成为亟待解决的关键技术问题。

(2) 解决方法

为解决齿条助力型电动助力转向装置中滚珠丝杠部在宽速度区域内低转矩特性和转矩变动抑制之间的平衡问题，开发了一种润滑脂组合物。该组合物含有增稠剂、基础油以及选自磺酸钙、脂肪酸和甘油三酯的化合物，能够有效满足齿条助力型电动助力转向装置对滚珠丝杠部润滑性能的综合要求。

(3) 关键原料特性

① 增稠剂 二脲增稠剂，由辛胺、硬脂胺和 MDI 反应制得。

② 基础油 PAO，40℃下的运动黏度为 $15\sim70\text{mm}^2/\text{s}$。

③ 添加剂

- 甘油三酯：碳原子数 12～18 或天然油脂提取的蓖麻油、氢化蓖麻油。
- 磺酸钙：既可为中性也可为碱性，但优选中性，350mg KOH/g 以下。
- 二壬基萘磺酸钙盐：中性。
- 脂肪酸添加剂。

(4) 典型润滑脂配方（见表 4-93）

表 4-93　典型润滑脂配方　　　　单位：%（质量分数）

项目	实施例 1	实施例 2	实施例 3
二脲	11.0	11.0	11.0

项目	实施例1	实施例2	实施例3
PAO	84.0	84.0	84.0
磺酸钙	5.0		
甘油三酯		5.0	
脂肪酸			5.0

(5) 制备方法

以聚 α-烯烃（PAO）为基础油，将 $4'$,4-二苯基甲烷二异氰酸酯（1mol）与辛胺（1mol）及硬脂胺（1mol）进行反应。经过升温、冷却处理后，按照预定比例加入添加剂，并采用三辊磨机进行混炼，最终制得实施例润滑脂。

(6) 典型润滑脂理化数据（见表 4-94）

表 4-94 典型润滑脂理化数据

项目	实施例1	实施例2	实施例3
工作锥入度/0.1mm	300	300	300
转矩测试(1mm/s)/N	小于 55	小于 55	小于 55
转矩测试(20mm/s)/N	小于 130	小于 130	小于 130

① 各种速度下的转矩评估　在钢制滚珠丝杠螺纹槽部均匀涂布 10g 试验润滑脂，并将其置于设定温度为 25℃ 的恒温槽内。使丝杠轴以 10mm/s 的速度在 50mm 行程范围内往复运动 10 次，完成预处理过程。随后分别以 1mm/s、2mm/s、4mm/s、5mm/s、10mm/s、20mm/s 的速度，从低速开始依次各往复 3 次，将此作为 1 个循环，共进行 5 个循环。按照设定的时间间隔对滚珠丝杠轴以规定速度往复运动时产生的力（即"操作载荷"）进行采样，计算每次往复操作载荷的总和并除以采样数，得出单次往复操作载荷的平均值。通过分析第 5 个循环中 1mm/s 和 20mm/s 速度下各往复 3 次的平均值，评估润滑脂是否能够在宽速度范围内实现低转矩特性。

② 转矩变动的评估　针对第 5 个循环中 1mm/s 速度往复 3 次过程中产生的操作载荷变动（峰值），按幅值从大到小排序，分别选取第 1 次往复的前 5 个峰值高度，以及第 2、3 次往复的前 5 个峰值高度，共计 15 个峰值高度，并计算其平均值。选择最低速度（1mm/s）进行评估的原因在于：相较于高速工况，低速条件下转向系统卡滞现象对转矩变动的影响更为显著。此外，在车辆从生产线至交付期间，通常会在厂区内进行试驾，此时可认为转向系统的卡滞已趋于稳定状态。在转矩试验中，系统最迟将在第 5 个循环达到稳定状态，因此以第 5 个循环的变动数据模拟交付后的实际驾驶工况进行评估。

（7）产品应用领域

适用于齿条助力式电动助力转向装置中滚珠丝杠部件的润滑。

（8）产品特点

该产品以聚脲稠化精制合成油为基础，并添加抗氧化剂、防锈剂等多功能添加剂精心配制而成。该润滑脂能够有效抑制转矩波动，从而显著提升齿条助力式电动助力转向装置在转向过程中的响应性和静音性能。同时，其在宽泛的速度范围内仍可保持低转矩特性，满足高性能转向系统的需求。

第**5**章
重工特种行业润滑脂专利

5.1
概述

5.1.1 重工特种行业润滑脂进展

全球铁矿石储量约为 1700 亿吨，基于当前矿石储量及开采速度，在不使用废钢的情况下，预计可供开采 50 年至 60 年。中国铁矿床分布广泛，覆盖 31 个省、市和自治区，但主要集中在辽宁、四川、河北等地。展望未来，到 2025 年，中国钢铁产业的 60％～70％产量预计将集中于约 10 家大型集团内，其中年产 8000 万吨以上的集团将达到 3 至 4 家，年产 4000 万吨以上的集团将达到 6 至 8 家。宝武、河钢、鞍钢、首钢、山钢、沙钢、德龙、新天钢、中信特钢等企业将成为行业龙头。随着联合重组的持续推进，预计到"十五五"末期（即 2030 年前后），全国将形成"1＋4＋5＋N"的总体产业重组格局，具体包括：1 个以中国宝武为核心的超大型钢铁集团（规模约为 2 亿吨）、4 个区域性的大型钢铁集团（规模约为 8000 万吨）、5 个中型钢铁企业集团（规模为 4000 万至 8000 万吨），以及 N 个专注于"专精特新优"领域的特色企业。届时，中国钢铁行业的产业集中度（CR10）有望达到 70％以上。根据统计数据，2020 年中国粗钢产量为 10.65 亿吨，润滑脂总用量为 8.17 万吨，平均每吨钢使用润滑脂 0.0767 千克。

全球飞机制造领域呈现出寡头垄断的市场格局。2015 年，在全球商用飞机市场中，波音公司占据了 49％的市场份额，产值高达 670 亿美元；空中客车公司紧随其后，占据 45.6％的市场份额，产值达到 623 亿美元。同年，在全球军用飞机市场中，洛克希德·马丁公司以 57.5％的市场份额遥遥领先，产值达 501 亿美元；欧洲战斗机公司以 23.4％的市场份额位居第二；波音公司以 10.9％的市场份额位列第三；法国达索航空则以 7.3％的市场份额排名第四。根据空中客车公司的最新全球市场预测，未来 20 年全球航空客运量预计将以年均 4.5％ 的速度增长，全球对新飞机的需求量将超过 40850 架，主要用于替代退役客机及支持机队扩展，总价值超过 5 万亿美元。根据中国航空工业集团公司发布的《2017—2036 年民用飞机中国市场预测年报》，截至 2016 年底，中国航空运输业机队规模达到 2950 架，其中客机 2818 架、货机 132 架，飞机总量净增 300 架。预计到 2036 年末，中国民航客机机队规模将达到 7079 架。未来 20 年，中国预计将补充民用客机 6103 架，其中包括大型喷气客机 5120 架和支线客机 983 架，市场空间达到 1 万亿美元规模。基于对未来航空运输发展环境的综合评估，预计 2017 年至 2036 年间，中国航空运输市场将保持稳定增长，旅客周转量年均增速为 6.8％，货邮周转量年均增速为 8.6％。作为世界第二大民用航空市场，中国在全球客机总产量中的占比约为 30％。巨大的市场需求决定了我国民用航空产业拥有广阔的发展前景。国产大型客机 C919 项目于 2008 年 11 月正式启动，并于 2017 年 5 月 5 日完成首飞。C919 是我国首款完全按照国际适航标准和主流市场标准研制的具有自主知识产权的民用客机。

日本、欧洲等国家和地区正在积极开展 400km/h 动车组的研发工作，计划将现有高速铁路的运营速度提升至最高 360km/h。根据《中华人民共和国国民经济和社会发展第十四个五年规划和 2035 年远景目标纲要》的要求，明确提出推进 CR450 高等级中国标准动车组的研发与应用。为此，亟需攻克 400km/h 及以上速度等级的高速铁路线路工程建设与运营成套技术难题，以满足新建高速铁路（如成渝中线）以及既有线路提速的需求。中国高速动车组的发展历程可分为多个阶段，从早期的技术引进到逐步实现自主创新，现已全面迈向高速化、标准化、绿色化和智能化的发展方向。截至目前，中国国家铁路动车组的保有量已达到 4156 标准组。

2022 年，全球新增风电装机容量达到 776 万千瓦，累计总装机容量增至 90600 万千瓦，同比增长 9％。根据《2023 年全球风能报告》，2022 年全球陆上风电新增装机容量为 68.8GW，占全球风电新增装机总量的 88.7％。在中国，陆上风电累计装机容量同比增长 19.21％，展现出强劲的增长势头。然而，与前一年相比，新增装机量下降了 5％。这一降幅的主要原因包括拉丁美洲、非洲和中东地区增长放缓，以及美国新增装机量的显著下降。尽管美国风电行业在 2022 年最后一个季度表现强劲，但全年仅实现新增装机 86 万千瓦，主要受到供应链限制和电网互联问题的影响。欧洲在 2022 年的表现尤为突出，得益于瑞典、芬兰、波兰创纪录的装机表现以及德国市场的恢复，新增陆上风电装机容量达到 1670 万千瓦，市场份额占比达 24％，创下历史新高。相比之下，北美地区的陆上风电新增装机容量同比下降了 28％。亚太地区（APAC）新增项目数量保持稳定，但由于北美和亚太地区在全球陆上风电市场中的主导地位，两者合计占比仍高达 92％。根据全球风能理事会发布的《2023 年全球海上风电报告》，2022 年全球海上风电新增装机容量达到 8.83GW，截至 2022 年底，全球海上风电累计装机容量增至 64.3GW。

当代世界轴承产业随着现代工业技术的迅猛发展，已彻底摆脱了被动等待主机需求、仓促进行研发攻关的传统模式。全球领先的轴承企业集团不仅关注市场对轴承产品数量、品种及性能的现实需求，还通过深入调研主机设备的数量、品种、性能与寿命等潜在需求，实现对轴承新产品的超前预测与研发。因此，在轴承技术领域，新型轴承产品不断涌现，技术边界持续拓展，并在材料学、摩擦学、机械工程以及机电一体化等诸多学科领域的技术水平处于世界前沿。随着现代技术的飞速进步，工业、交通、航空、航天以及日常生活领域对轴承产品的要求日益严苛。早期轴承工业所依赖的通用化、系列化产品已难以满足当前的发展需求。为优化主机设计空间或适应特殊工况（如防腐蚀、防污染等），需要开发定制化的特殊轴承或轴承单元组件，例如汽车轮毂轴承单元、滚轮轴承单元，以及航天领域应用的真空自润滑轴承、耐高温陶瓷轴承等。面对主机工业对轴承质量要求的不断提升，世界知名轴承企业集团在零部件制造、结构设计，特别是在润滑技术、新材料研发以及热处理和表面处理技术等方面持续加大投入，从而不断提升轴承的技术性能与产品品质。例如，瑞典 SKF 公司不仅深入研究轴承摩擦磨损理论与疲劳断裂机理，还成功开发出循环性能优化的轴承产品，如 SKF Infinium 系列，充分彰显了其技术创新实力。日本 NSK 研究中心则专注于超低温环境下的材料选型与润滑技术研发，其低温润滑技术确保了轴承在极端工况下的可靠性能，进一步巩固了其行业领先地位。

5.1.2　重工特种行业润滑脂特点

随着我国高铁、冶金、建筑、交通运输、机械加工、风力发电、纺织和航天等行业的迅猛发展，对轴承及其润滑脂的性能提出了更加严格的要求。为确保相关设备的正常运转，必须使用高温长寿命润滑脂以满足各类关键轴承的润滑需求，例如高速铁路电机牵引轴承、高铁轮毂轴承、航空电机轴承、高速磨床主轴轴承、高速纺纱机绕线头轴承、仪器仪表电机轴承、长寿命陀螺马达轴承以及高速家用微电机轴承（如家用粉碎机、电动剃须刀等）。

轴承作为高速运转设备的核心部件，在设备运行中起着至关重要的作用。因此，需采用高性能、长寿命且环保型的高温高速润滑脂对其进行润滑。理想的高温高速润滑脂应具备以下特性：良好的高低温性能，确保轴承在宽泛温度范围内稳定运行；优异的机械安定性和胶体安定性，保证润滑脂牢固附着于润滑部位而不流失；卓越的防锈性能，有效防止轴承受到外界环境的侵蚀；出色的润滑性能，显著减少轴承的磨损；优异的氧化安定性，延长润滑脂的使用寿命，降低维护成本。

5.2

重工行业润滑脂专利

5.2.1 冶金轧辊轴承润滑脂

（1）技术难点

在钢铁设备、工程机械及矿山机械等领域的连续铸造工序中，滚动轴承（通常为滚子轴承）广泛应用于辊支撑装置、托盘用底盘、辊道、挤干辊及输送机等关键部位。然而，在润滑脂供给过程中，外部水分和杂质（如垢）可能混入轴承内部，因此无法完全避免润滑不良现象的发生。这种情况下，轴承可能会产生过度磨损，甚至出现滚道圈损坏的情况。此外，在辊维护期间，离线保管的轴承由于受到水的影响容易发生锈蚀现象。当维护结束后重新启动运转时，滚道圈上的锈点可能导致进一步损坏，从而影响设备的正常运行。

（2）解决方法

为解决高温环境下润滑油性能衰退及极低速、高温和水混入条件下润滑失效的问题，开发了一种以烷基二苯醚为基础油的高性能润滑油。该润滑油通过与芳香族二脲化合物协同作用，在苛刻工况下能够稳定形成油膜，确保顺畅润滑并有效保护接触表面免受损伤。此外，该产品在水混入条件下展现出卓越的耐磨损性能，显著提升了设备在复杂工况下的可靠性和使用寿命。

（3）关键原料特性

① 增稠剂　由对甲苯胺、TDI、辛胺、MDI 反应制得。

② 基础油　烷基二苯醚油（ADE）。

（4）典型润滑脂配方（见表 5-1）

表 5-1　典型润滑脂配方　　　　　单位：%（质量分数）

项目	实施例 1	实施例 2	实施例 3	实施例 4
芳香族二脲	40	40	68	87
脂肪族二脲	60	60	32	13

（5）制备方法

以二苯基甲烷二异氰酸酯（1mol）与单胺（如辛胺、对甲苯胺）为原料，在反应完成后进行升温与冷却处理，制得基础油脂。随后，将添加剂和基础油按一定比例加入基础油脂中，并通过三辊研磨工艺充分混炼，最终制备出润滑脂。

（6）典型润滑脂理化数据（见表 5-2）

表 5-2 典型润滑脂理化数据

项目	实施例 1	实施例 2	实施例 3	实施例 4
基础油运动黏度（40℃）/（mm²/s）	80	100	100	100
工作锥入度/0.1mm	280	280	300	325
油膜厚度/nm	50	50	60	75
表观黏度/Pa·s	0.4	0.45	0.5	0.6
流入性（相对值）	2.2	2.2	1.6	1.3
耐磨损性（相对值）	0.25	0.14	0.08	0.08

（7）产品应用领域

适用于钢铁行业中轧机与轧辊滚动轴承的集中润滑系统，同时亦可广泛应用于矿山、机械及交通运输等领域中各类轴承的润滑需求。

（8）产品特点

该产品以聚脲稠化精制油为基础，并添加抗氧化剂、防锈剂等多功能添加剂精心配制而成。其在极低速、高温以及水混入等苛刻工况下，能够有效抑制轴承损伤，同时展现出卓越的耐久性能。

5.2.2 冶金通用润滑脂

（1）技术难点

制铁设备中的轴承润滑环境极为严苛。例如，连铸设备的轴承在高温条件下以极低速旋转，并承受较大负荷，导致轴承滚道表面难以形成充分的润滑膜。同时，由于水和水垢的混入，进一步加剧了轴承运行环境的严峻性。此外，在钢铁用轧机的滚动轴承、锻压机的轴颈轴承等高负荷制铁机械中，其旋转与滑动机构包含多个需要润滑的关键部位。这些设备通常暴露于高温环境中，使用后的润滑脂滴落至设备下方并逐渐堆积。若堆积的润滑脂长期处于高温状态或接触飞溅的水垢，存在引发火灾的风险。因此，为确保安全运行，要求润滑脂具备自熄性能。

（2）解决方法

为解决高温环境下润滑油易蔓延、耐热性不足及耐负荷性能较差的问题，开发了一种含有以下成分的组合物：动态黏度在 40℃ 时超过 $300mm^2/s$ 的基油、脲系增稠剂、硫系耐负荷添加剂，以及至少 $0.2\% \sim 10\%$（质量分数）的多元醇（选自甘油、三羟甲基乙烷和三羟甲基丙烷）。该组合物中硫元素浓度控制在

0.59%～2.70%（质量分数），磷元素浓度不超过100mg/L。通过合理配比上述成分，有效提升了润滑油的非蔓延性、耐热性和耐负荷性能。

（3）关键原料特性

① 增稠剂

- 脂肪族脲：由辛胺、MDI合成。
- 脂环式脲：由环己胺、MDI合成。
- 芳香族脲：由苯胺和MDI合成。

② 基础油

- 矿物油：40℃时的动态黏度为480mm²/s。
- 矿物油：40℃时的动态黏度为320mm²/s。
- 矿物油：40℃时的动态黏度为132mm²/s。

③ 添加剂

- 硫化烯烃：ANGLAMOL33。
- 多硫化物：TPS-32。
- ZnDTP：Lubrizol 1395。
- 硫化油脂和甘油添加剂。

（4）典型润滑脂配方（见表5-3）

表 5-3　典型润滑脂配方

项目		实施例1	实施例2	实施例3	实施例4	实施例5	实施例6	实施例7	实施例8	实施例9
增稠剂配比（摩尔比）	脂肪族脲	80	100	80	50	80	80	80	80	80
	脂环式脲					20				
	芳香族脲	20		20	50		20	20	20	
润滑脂配比（质量分数）/%	聚脲	5.5	5		12	7	5.5	5.5	5.5	5.5
	矿物油	93.5	94.2	93.5	87.2	92.2	93.7	89	93.5	93
	硫化烯烃								0.5	
	多硫化物	0.5	0.3	0.5	0.3	0.3	0.3	5.0		
	硫化油脂									1
	甘油	0.5	0.5	0.5	0.5	0.5	0.5	0.5	0.5	0.5

（5）制备方法

以4,4′-二苯甲烷二异氰酸酯（1mol）为基础油原料，按照辛胺（2mol）的配比进行反应，冷却后制得含有脂肪族脲的基础润滑脂。若将辛胺替换为环己胺，则可制得含有脂环族脲的基础润滑脂；若将辛胺替换为苯胺，则可制得含有芳香族脲的基础润滑脂。随后，按照既定比例添加功能性添加剂，并通过三辊机充分分散处理，最终制备出目标润滑脂。

（6）典型润滑脂理化数据（见表5-4）

表5-4　典型润滑脂理化数据

项目	实施例1	实施例2	实施例3	实施例4	实施例5	实施例6	实施例7	实施例8	实施例9
基础油运动黏度（40℃）/（mm^2/s）	320	480	480	480	480	480	480	480	480
耐热性(滴点为210℃以上)	合格	合格	合格	合格	合格	合格	合格	合格	合格
耐负荷性(1961N以上)	合格	合格	合格	合格	合格	合格	合格	合格	合格
非蔓延性(在950℃下300s以内灭火)	合格	合格	合格	合格	合格	合格	合格	合格	合格
磷浓度(100mg/L以下)	合格	合格	合格	合格	合格	合格	合格	合格	合格
硫浓度[%（质量分数）]	0.71	0.68	0.71	0.64	0.67	0.68	1.33	0.85	0.69

（7）产品应用领域

适用于轧铁设备、锻造设备等塑性加工设备中轴承与齿轮的润滑需求。

（8）产品特点

该产品以聚脲稠化精制合成油为基础，复配抗氧化剂、防锈剂、极压抗磨剂等高效功能性添加剂精心研制而成。该润滑脂在非蔓延性、耐热性以及耐负荷性能方面展现出显著提升。

5.2.3　冶金连铸润滑脂

（1）技术难点

适用于电气安装件中的交流发电机、汽车空调用电磁离合器、导轮、中间滑轮、电动风扇马达、液力耦合器、水泵、配电器及起动机单向超越离合器等部件的润滑。针对这些部件苛刻的润滑条件，开发了一种具备长寿命特性的润滑脂组合物。为实现润滑脂在高温环境下仍具有长寿命性能，需着重提升其抗氧化能力。

（2）解决方法

为解决润滑脂在长期高温、高湿等苛刻条件下易硬化、寿命缩短的问题，开发了一种以双脲化合物作为增稠剂的润滑脂，并通过添加极少量特定高碱性金属磺酸盐，有效补充因氧化降解而生成的物质，抑制润滑脂硬化现象，确保润滑脂持续流入润滑部位，从而显著延长其使用寿命。

（3）关键原料特性

① 增稠剂　基础润滑脂增稠剂，由辛胺、对甲苯胺和MDI反应制得。

② 基础油

• 基础油：烷基二苯醚油。

• 基础油：聚 α-烯烃油。

③ 添加剂　使用高碱性金属磺酸盐（钙、镁、钠盐），其一般作为发动机油等的清洁分散剂而使用，在润滑脂中通常用以提高防锈性、极压性、耐剥离性。高碱性金属磺酸盐的优选含量（质量分数）为 $0.10\%\sim0.40\%$。若含量低于 0.05%，其效果将不明显；而若添加量超过 1.00%，则会加速基础油的氧化降解，进而缩短烧结寿命。

（4）典型润滑脂配方（见表 5-5）

表 5-5　典型润滑脂配方　　　　　　　　　单位：质量份

项目	实施例					
	1	2	3	4	5	6
基础润滑脂	A	A	A	A	B	C
高碱性磺酸钙	0.10	0.20			0.20	0.20
高碱性磺酸镁			0.40			
高碱性磺酸钠				0.15		

（5）制备方法

基础润滑脂 A 增稠剂为芳香族双脲，由甲苯二异氰酸酯与对甲苯胺反应生成；基础润滑脂 B 增稠剂为脂肪族双脲，由二苯甲烷-4,4′-二异氰酸酯与辛胺反应生成；基础润滑脂 C 增稠剂为芳香族双脲，由甲苯二异氰酸酯与对甲苯胺反应生成。

在上述基础润滑脂中，按照既定比例加入功能性添加剂，并通过充分搅拌实现初步混合。随后，利用三辊研磨机进行精细混炼，以确保添加剂均匀分散于润滑脂基体中。

（6）典型润滑脂理化数据（见表 5-6）

表 5-6　典型润滑脂理化数据

项目	实施例					
	1	2	3	4	5	6
锥入度/0.1mm	300	300	300	300	300	300
轴承寿命试验/h	598	744	623	733	623	594

（7）产品应用领域

适用于汽车电气安装部件、吸尘器电机等在高速、高温旋转条件下运行的家用电器，以及连铸设备等工业装置中的轴承润滑。

（8）产品特点

该产品以聚脲稠化精制合成油为基础，并复配抗氧化剂、防锈剂及磺酸盐类高效添加剂精心研制而成，展现出优异的高温长寿命性能。

5.2.4 冶金磺酸钙润滑脂

（1）技术难点

① 复合磺酸钙皂增稠的润滑脂因具备多种优异性能（如耐极压性、抗磨性、机械稳定性、耐腐蚀性、耐水性和热稳定性）而被广泛开发与应用。然而，所使用的复合磺酸钙皂并不具备天然黏合特性。

② 在工业应用中，润滑脂在机械稳定性、抗磨性、抗载荷性、抗腐蚀性和耐热性等方面仍需进一步改进以满足更高要求。

（2）解决方法

为解决润滑脂在高温环境下机械稳定性不足的问题，开发了一种通过添加特定二羧酸酯类添加剂来改善其黏合性能的润滑脂组合物。

（3）关键原料特性

① 增稠剂　磺酸钙皂

② 基础油

• 基础油 1：聚 α-烯烃。

• 基础油 2：白色矿物油。

• 基础油 3：环烷矿物油。

• 基础油 4：轻质链烷基础油。

• 二羧酸酯共聚物：100℃下运动黏度 $30\sim50\text{mm}^2/\text{s}$，40℃下运动黏度 $350\sim450\text{mm}^2/\text{s}$，倾点 $-10\sim-3℃$。

③ 添加剂

• 抗氧化剂：烷基化二苯胺。

• 聚合物：聚丁烯。

• 抗腐蚀剂：水杨酸盐清净剂。

（4）典型润滑脂配方（见表 5-7）

表 5-7　典型润滑脂配方　　　　单位:%（质量分数）

项目	润滑脂 A	润滑脂 B	润滑脂 C
基础油 1	27.9	29.9	
基础油 2	14.5	14.0	

项目	润滑脂 A	润滑脂 B	润滑脂 C
基础油 3	—	—	27.8
基础油 4	—	—	27.1
二羧酸酯共聚物	8.3	8.8	8.3
磺酸钙皂	32.8	29.9	25.1
磺酸	2.1	1.9	1.6
12-羟基硬脂酸	2.5	2.3	1.9
石灰	1.9	1.7	1.4
70%乙酸	0.6	0.6	0.5
碳酸钙	—	1.5	1.5
水	2.9	2.9	2.9
抗氧化剂	0.5	0.5	0.5
聚合物	6	6	—
抗腐蚀剂	—	—	1.4

（5）制备方法

在环境温度下，取基础油 1、基础油 2 的主要部分以及磺酸钙皂，并将混合物加热至 75℃。在加热过程中，依次加入 12-羟基硬脂酸和消泡剂，随后添加磺酸，接着加水，最后逐滴加入乙酸。关闭中试设备后，将混合物进一步加热至 90℃。打开反应器，通过红外检测确认方解石转化的起始点，加入石灰后重新关闭反应器。继续加热至 140℃，缓慢减压的同时逐渐加入剩余的基础油 2，必要时补充碳酸钙。冷却至 80℃后，添加其余功能性添加剂并保持温度为 80℃，最终制得润滑脂。

（6）典型润滑脂理化数据（见表 5-8）

表 5-8　典型润滑脂理化数据

特性	润滑脂 A	润滑脂 B	润滑脂 C	标准
锥入度/0.1mm	258	276	281	ASTM D217
十万次锥入度/0.1mm	+18	+23	+17	ISO 2137
滚筒试验/0.1mm	+8	+11	+14	ASTM D1831
滴点/℃	>300	>300	>300	NF T 60-627
100℃下的热析/%	1.2	1.9	<0.6	ASTM D6184
40℃下的热析/%	0.4	0.4	0.6	NF T 60-191

特性	润滑脂 A	润滑脂 B	润滑脂 C	标准
极压试验/N	3600~3800	3600~3800	4000~4200	DIN 51350/4
抗腐蚀性	—	0-0	0-0	ISO 1 1007
抗磨性/mm	0.45	0.69	0.55	ASTM D2266
黏合性/%	43	63	43	DIN 51807

（7）产品应用领域

特别适用于高温、高负荷以及与水接触的工业领域中的关键设备润滑，例如钢厂热连轧工作辊轴承、大型炉卷轧机工作辊轴承、冷轧辊轴承、大包回转台回转轴承以及连铸设备等。

（8）产品特点

该产品以新型复合磺酸钙增稠剂稠化深度精制的高黏度基础油为基材，并复配多种高效功能性添加剂，通过特殊工艺精心研制而成。

5.2.5 水泥磺酸钙润滑脂

（1）技术难点

① 在磺酸钙复合润滑脂的制备过程中，通过优化反应阶段可显著缩短制备时间，同时维持或提高产品收率，并确保润滑脂性能保持或得到进一步改善。

② 在磺酸钙复合润滑脂的制备反应阶段，避免引入气体（尤其是二氧化碳）进行加压处理。

③ 在磺酸钙复合润滑脂的制备过程中，反应阶段避免使用释放挥发性有机化合物（VOC）的溶剂或助溶剂。

④ 在制备磺酸钙复合润滑脂时，特意避免在反应阶段使用硼酸。鉴于硼酸属于致癌、致突变或具有生殖毒性的物质（CMR），其存在可能对人类健康构成潜在风险。

（2）解决方法

为解决传统磺酸钙复合润滑脂制备过程中存在的效率低、收率不稳定以及潜在健康风险等问题，开发了一种在密闭反应器中制备包含碳酸钙（以方解石形式存在）的磺酸钙复合皂的方法。该方法通过在至少 400kPa 的压力下将反应器温度升高至至少 130℃，并在润滑脂混合物加压步骤中避免使用硼酸或释放挥发性有机化合物（VOC）的助溶剂，从而有效缩短制备时间、保持或提高产品收率，同时减少对人类健康的潜在风险并避免起泡现象。最终获得的磺酸钙复合润滑脂展现出优异的机械稳定性和抗磨损性能。

（3）关键原料特性

① 增稠剂　磺酸钙皂、磺酸、12-羟基硬脂酸、石灰、硼酸、70%乙酸、碳酸钙、水。高碱性磺酸钙具有优异的碱性储备和良好的油溶性，能够及时中和油品中的有机酸和无机酸，具备优良的高温清净性及热稳定性，总碱值不小于400mg KOH/g。

② 基础油

- 基础油 1：100℃下的运动黏度约为 $12mm^2/s$。
- 基础油 2：100℃下的运动黏度约为 $30mm^2/s$。
- 环烷基基础油 3：40℃下的运动黏度为 $100mm^2/s$。

③ 添加剂

- 胺类抗氧化剂复合添加剂：Irganox L57。
- 消泡剂、偏硼酸钙添加剂。

（4）典型润滑脂配方（见表 5-9）

表 5-9　典型润滑脂配方　　　　　　　　　　单位：质量份

项目	润滑脂 A	润滑脂 B	润滑脂 C
基础油 1	18.9	18.9	17.5
基础油 2	22.5	22.5	28.5
基础油 3	13.5	13.5	12.2
磺酸钙皂	45.1	45.1	41.6
磺酸	2.4	2.4	2.2
12-羟基硬脂酸	2.2	2.2	1.2
石灰	0.9	0.9	2.5
硼酸	—	—	2.1
70%乙酸	0.7	0.7	0.7
碳酸钙	—	—	1.5
水	6	6	5.6
抗氧化剂	0.5	0.5	0.4
消泡剂	0.01	0.01	—
偏硼酸钙	—	2.9	—

（5）制备方法

在反应器中制备以下成分的混合物（以质量分数计）：18.9%的 SN 型基础油、22.5%的 BSS 型基础油、13.5%的环烷族基础油以及 45.1%的高碱性磺酸钙。按照 1.5℃/min 的升温速率将混合物加热至 75℃。当温度达到 50℃时，向反应器中依次添加 2.2％的 12％-羟基硬脂酸和 0.01％的硅氧烷型消泡剂。

当温度升至 55℃时，向反应器内加入 2.4％的十二烷基苯磺酸；随后，在 57℃下加入 6％的水；接着，在 60℃至 65℃范围内缓慢滴加 0.7％的乙酸至反应器中。之后封闭反应器，以 90℃恒温保持 30min。随后，在 90℃条件下打开反应器，加入 0.9 重量％的石灰及 10.5％的基础油。再次封闭反应器后，向反应器内施加 600kPa 的压力，并同步加热升温至 140℃，在此温度下保持 1h。然后对反应器进行减压处理，并通过打开旁路在 140℃下保持至少 1h。在 140℃时，缓慢加入 9.5％的基础油，随后按照 2℃/min 的降温速率将温度恢复至 80℃。最后，向反应器中添加 0.5％的胺类抗氧化剂复合添加剂，并使用三辊研磨机对混合物进行精细研磨。

（6）典型润滑脂理化数据（见表 5-10）

表 5-10 典型润滑脂理化数据

项目	润滑脂 A	润滑脂 B	润滑脂 C
滴点/℃	>300	>300	>300
凝胶收缩作用（50 h,100℃）/％	0.70	0.85	2.70
凝胶收缩作用（168 h,40℃）/％	0.47	0.77	0.74

（7）产品应用领域

特别适用于水泥行业中大型重载低速轴承的润滑，该润滑脂展现出卓越的承载能力和抗冲击性能，同时亦可广泛应用于其他重载低速轴承的润滑需求。

（8）产品特点

该产品以新型复合磺酸钙增稠剂稠化深度精制的高黏度基础油为基材，并复配多种高效功能性添加剂，通过特殊工艺精心研制而成。该润滑脂展现出卓越的极压抗磨性能，能够充分满足轴承在苛刻工况下的润滑需求，同时具备出色的抗冲击负荷能力、优异的低温流动性和泵送性能，以及卓越的防腐蚀性能，可有效保护润滑表面。

5.2.6 钢丝绳润滑脂

（1）技术难点

① 钢丝绳的工作环境通常较为恶劣，容易因腐蚀、润滑不足等原因导致断丝甚至报废。随着设备性能的不断提升，对钢丝绳强度的要求日益提高，因此其润滑需求也变得更加重要，对润滑脂的性能要求也随之提升。在裸露工作条件

下，钢丝绳润滑脂需要具备牢固的黏附性，以确保在较宽温度范围内保持稳定性能，并具有较高的滴点和优异的防腐蚀能力等特性。然而，目前市场上的现有产品大多存在滴点较低（通常低于90℃）、分油量较大等一系列热稳定性问题，这些问题显著限制了钢丝绳润滑脂的适用范围和使用寿命。

② 传统钢丝绳用润滑脂为调整其稠度等特性，通常会添加石油蜡等组分，但这些组分会导致润滑脂滴点较低且耐高温性能较差，从而使广泛使用的钢丝绳润滑脂滴点普遍低于90℃。在夏季阳光直射下，钢丝绳表面温度可能超过常用润滑脂的滴点，导致润滑脂出现明显的滴油或分油现象，同时处于运行状态的钢丝绳还可能出现甩油问题。此外，由于石蜡类成分延展性不足，在冬季低温环境下，润滑脂容易发生脆裂脱落，从而无法有效保护钢丝绳。

（2）解决方法

为解决传统钢丝绳润滑脂在高温环境下易分油、滴点低等问题，开发了一种高性能钢丝绳润滑脂。该润滑脂由以下成分组成（以质量分数计）：40%～85%的基础油、10%～15%的锂钙皂基增稠剂、4%～8%的高聚物、0～2%的腐蚀抑制剂、1.5%～2.5%的多功能添加剂以及1.0%～2.5%的抗氧剂。通过优化配方设计，该润滑脂具备不低于170℃的高滴点，并在100℃条件下存放7天后，分油率可控制在5%（质量分数）以下，显著提升了钢丝绳润滑脂在高温环境下的稳定性和可靠性。

（3）关键原料特性

① 增稠剂　由12-羟基硬脂酸、$Ca(OH)_2$、LiOH反应制得。

② 基础油

• 环烷基基础油：在100℃时的运动黏度范围为$20\sim40mm^2/s$。

• 煤制油基（CTL 10）：基础油通过煤炭的高温气化工艺制得，具体过程为煤炭与氧气和水蒸气发生反应，完全转化为一氧化碳、甲烷和氢气的混合气体，随后在铁基或钴基催化剂的作用下合成碳氢化合物，其主要成分为异构烷烃。该基础油具有高加氢饱和度、低蒸发损失、优异的热稳定性、较低的倾点、较高的黏度指数以及极低的芳烃含量，符合食品级和化妆品级标准。此外，其重金属含量极低，几乎可视为零。

• 150BS基础油。

③ 添加剂

• 抗氧剂：胺类抗氧剂和/或酚类抗氧剂、irganoxL67、irganox168等。

• 腐蚀抑制剂：包括烷基苯磺酸盐、烷基萘磺酸盐、取代烷基苯磺酸盐、取代烷基萘磺酸盐。

• 抗磨剂：二烷基二硫代磷酸锌（ZDDP）、二烷基二硫代氨基甲酸盐、乙氧基胺等。

- 琥珀酸半酯。
- 苯乙烯-二烯共聚物（KRATON G 1701 MU）。

（4）典型润滑脂配方（见表 5-11）

表 5-11　典型润滑脂配方　　　　　　　　　　　单位：质量份

原材料	实施例 1	实施例 2	实施例 3
150BS	40.75	40.75	41.95
CTL 10	40.75	40.75	41.95
12-羟基硬脂酸	9.70	9.70	9.70
Ca(OH)$_2$	0.45	0.45	0.45
LiOH	1.15	1.15	1.15
苯乙烯-二烯共聚物（KRATON G 1701 MU）	4.00	4.00	4.00
腐蚀抑制剂	2.00	1.00	—
ZDDP	0.20	0.20	—
琥珀酸半酯	—	—	1.00
抗氧剂 irganoxL67	1.00	1.00	—
抗氧剂 irganox168	—	—	0.80

（5）制备方法

在反应釜中投入基础油，并按预定比例加入 12-羟基硬脂酸，混合均匀后升温至 80～85℃，确保其完全溶解。随后，按照预定量依次加入 Ca(OH)$_2$ 和 LiOH，充分混合并逐步升温至 100～120℃ 以完成皂化反应。待皂化反应完全后，继续升温至 160℃，加入高聚物，随后进一步升温至 200℃ 进行稠化处理，完成后将物料转入下一工序的反应釜中。当温度降至 70℃ 以下时，加入剩余的基础油及功能性添加剂，调整润滑脂的锥入度至目标范围。最后，在确认产品滴点和锥入度均符合质量标准后，对产品依次进行过滤、均质、脱气处理，并最终完成包装。

（6）典型润滑脂理化数据（见表 5-12）

表 5-12　典型润滑脂理化数据

性能	实施例 1	实施例 2	实施例 3	标准
稠度等级	2	2	2	DIN 51818
滴点/℃	236	236	195	GB/T 4929

性能	实施例 1	实施例 2	实施例 3	标准
工作锥入度/0.1mm	299	290	281	GB/T 269
钢网分油(100℃，7d)/%	0	0.1	—	SH/T 0324
压力分油(40℃，7d)/%	0.06	0.12	—	DIN 51817
蒸发损失(99℃，22h)/%	0.27	0.19	—	GB/T 7325
泵送压力(−30℃)/mbar	725	775	—	DIN 51805
氧化安定性(99℃，100h)/MPa	0.0325	0.0426	—	SH/T 0325
防腐性(168 h,35℃)	通过	通过	—	NFX 41-002
闪点/℃	246	242	—	ASTM D3828B
四球磨斑(1200r/min,60h,392N)/mm	—	—	0.576	ASTM D2256

（7）产品应用领域

适用于钢丝绳、导轨、夹条、滑道及链条的润滑与长期封存防护。

（8）产品特点

该产品以羟基脂肪酸锂钙皂稠化精制矿物油为基础，并复配多种功能性添加剂精心研制而成。该润滑脂展现出优异的防锈性能，能够有效隔绝钢丝绳与湿气、盐雾的接触，显著降低外部腐蚀风险；具备良好的黏附性和渗透性，在使用过程中不易流失或脱落，从而确保工作环境的干净整洁；同时具有卓越的极压抗磨性能，可有效减少摩擦磨损，显著延长钢丝绳的使用寿命；此外，其优异的抗水淋性能能够抵御雨水冲刷，确保产品在各种气候条件下均能满足使用需求。

5.2.7 风电轴承润滑脂

（1）技术难点

① 风力发电机轴承通常设置于室外环境中，可能面临低至 −40℃ 的极端低温条件。传统高基础油黏度的风力发电机轴承用润滑脂在低温条件下表观黏度显著升高，从而导致泵送困难甚至无法补给的问题。此外，在低温环境下，润滑脂还可能引发微动磨损寿命大幅缩短的现象。

② 近年来，随着陆地可用安装场地的限制日益增加，风力发电机的建设逐渐向海上转移。然而，海上环境中的风力发电机轴承易受海风携带的盐雾侵蚀，从而引发锈蚀问题，可能导致轴承无法正常旋转等故障。因此，锈蚀损伤已成为海上风力发电机轴承运行中的关键挑战之一。

（2）解决方法

为解决传统润滑脂在低温环境下流动性差及抗咬合寿命短的问题，开发了一种基于特定基油和双脲化合物增稠剂的润滑脂配方。该配方选用 40℃时运动黏度为 $10 \sim 70 mm^2/s$ 且流动点低于 $-40℃$ 的基油，显著提升了润滑脂在低温条件下的流动性能，并有效延长了抗咬合寿命。此外，针对低黏度基油可能导致油膜厚度不足的问题，通过采用双脲化合物作为增稠剂，在摩擦表面形成稳定的厚膜，确保了足够的油膜厚度，从而大幅延长了润滑脂的疲劳寿命。

（3）关键原料特性

① 增稠剂

• 脂肪族双脲：由 C8 辛胺和 MDI 合成。

• 脂环式-脂肪族双脲：由环己胺、十八胺和 MDI 合成。

• 芳香族-脂肪族双脲：由对甲苯胺、辛胺和 MDI 合成。

② 基础油

• 矿物油 A：200 中性油，运动黏度 $40 mm^2/s$（40℃）的石蜡系矿物油。

• 合成烃油 A：运动黏度 $18 mm^2/s$（40℃）的聚 α-烯烃油。

• 合成烃油 B：运动黏度 $48 mm^2/s$（40℃）的聚 α-烯烃油。

• 合成烃油 C：运动黏度 $71 mm^2/s$（40℃）的聚 α-烯烃油。

• 合成烃油 D：运动黏度 $460 mm^2/s$（40℃）的聚 α-烯烃油。

• 酯油：运动黏度 $79 mm^2/s$（40℃）的季戊四醇酯油。

• 醚油：运动黏度 $100 mm^2/s$（40℃）的烷基二苯基醚油。

③ 添加剂

• 磺酸钙盐（中性）：二壬基萘磺酸钙盐。

• 磺酸锌盐（中性）：二壬基萘磺酸锌盐。

• 磺酸铵盐（中性）：二壬基萘磺酸铵盐。

• 磺酸钙盐（TBN＝200）：过碱性石油磺酸钙盐。

• 琥珀酸酐：烯基琥珀酸酐。

• 二硫代磷酸锌盐、酚系抗氧化剂等添加剂。

（4）典型润滑脂配方（见表 5-13）

表 5-13　典型润滑脂配方　　　　　　单位：%（质量分数）

项目	实施例							
	1	2	3	4	5	6	7	8
矿物油 A	8	—	—	—	—	—	—	—
合成烃油 A	—	—	81	—	—	—	—	—

项目	实施例							
	1	2	3	4	5	6	7	8
合成烃油 B	73	81	—	29	49	81	81	90
酯油	—	—	—	44	—	—	—	—
醚油	—	—	—	—	33	—	—	—
脂肪族双脲	10	10	10	—	—	10	10	10
脂环式-脂肪族双脲	—	—	—	—	9	—	—	—
芳香族-脂肪族双脲	—	—	—	18	—	—	—	—
磺酸钙盐(中性)	5	—	—	5	—	—	—	—
磺酸锌盐(中性)	—	5	—	—	5	—	—	—
磺酸铵盐(中性)	—	—	5	—	—	—	—	—
磺酸钙盐(TBN=200)	—	—	—	—	—	5	—	—
琥珀酸酐	—	—	—	—	—	—	5	—
二硫代磷酸锌盐	2	2	2	2	2	2	2	2
酚系抗氧化剂	2	2	2	2	2	2	2	2

(5) 制备方法

① 脂肪族双脲润滑脂制备　以 1mol 二苯基甲烷-4,4'-二异氰酸酯为基础, 加入 2mol C8 烷基胺, 在基油中于 80℃ 条件下进行反应, 从而合成目标化合物。

② 脂环式-脂肪族双脲润滑脂制备　以 1mol 二苯基甲烷-4,4'-二异氰酸酯为基础, 按照环己胺 1.4mol 和 C18 烷基胺 0.6mol 的比例, 在基油中于 80℃ 条件下进行反应, 从而合成目标化合物。

③ 芳香族-脂肪族双脲润滑脂制备　以 1mol 二苯基甲烷-4,4'-二异氰酸酯为基础, 按照对甲苯胺 1.4mol 和 C8 烷基胺 0.6mol 的比例, 在基油中于 80℃ 条件下进行反应, 从而合成目标化合物。

(6) 典型润滑脂理化数据 (见表 5-14)

表 5-14　典型润滑脂理化数据

项目	实施例							
	1	2	3	4	5	6	7	8
运动黏度(40℃)/(mm²/s)	60	48	18	64	64	48	48	48
流动点(−40℃)	合格	合格	合格	合格	合格	合格	合格	合格

项目	实施例							
	1	2	3	4	5	6	7	8
EHL 油膜厚度(70℃)	合格	合格	合格	合格	合格	合格	合格	合格
卡咬寿命屈服值(25℃)	合格	合格	合格	合格	合格	合格	合格	合格
表观黏度(—40℃)	合格	合格	合格	合格	合格	合格	合格	合格
轴承防锈	合格	合格	合格	合格	合格	不合格	不合格	不合格

（7）产品应用领域

适用于各类风力发电机轴承（包括主轴承、偏航轴承及变桨轴承等）。

（8）产品特点

该产品以聚脲为增稠剂，采用精制合成油为基础油，并复配抗氧化剂、防锈剂等多功能添加剂精心研制而成。该润滑脂能够形成较厚且稳定的油膜，从而有效延长设备的疲劳寿命，提升运行可靠性。

5.2.8 风电润滑脂

（1）技术难点

轴承所发生的损伤在轴承表面以"波纹"形式出现。在风力发电机俯仰和偏航轴承中，由于涡轮机在低风条件下静止，或相反，当高速风速需要关闭以避免超速时，可能会遇到微动现象。当这种情况发生时，轴承受到风诱发的振动，这可能会加速润滑剂从轴承接触面流失，产生微动磨损和轴承失效的可能性。除了防水性能外，防腐蚀性能是风力涡轮机润滑脂的另一个非常重要的性能特征，因为风力涡轮机通常在偏远的风雨地区运行，通常在海上。因此，腐蚀抑制剂是添加剂的必要组成部分，考虑到恶劣的操作环境，可能需要采用最有效的腐蚀抑制剂类型。鉴于风电机组轴承长时间暴露于重载荷下而没有机会进行例行维护，耐磨性能也具有重要意义。

（2）解决方法

为解决微动磨损及恶劣工况下的性能挑战，开发了一种以复合锂盐皂增稠剂与油不溶性聚酰胺共增稠剂为核心，并辅以防锈剂、抗氧化剂、缓蚀剂和抗磨剂等多功能添加剂的润滑脂配方。该配方通过优化增稠体系与添加剂组合，有效提升了润滑脂在微动条件下的抵抗能力，同时确保其在潮湿环境中的耐水性和机械稳定性，以及低温条件下的优异流动性能。

（3）关键原料特性

① 增稠剂　复合锂增稠剂。

② 基础油

• PAO：ISO VG460。

③ 添加剂

• 腐蚀抑制剂：含有氨基磷酸盐和烷基咪唑啉。

• 聚酰胺。

（4）典型润滑脂配方（见表5-15）

表 5-15　典型润滑脂配方　　　　　单位：％（质量分数）

项目	实施例			
	1	2	3	4
聚酰胺	0.0	0.5	0.95	3.0
复合锂增稠剂	13	13	13	13
PAO(ISO VG460)	余量	余量	余量	余量
腐蚀抑制剂包	4.10	4.10	4.10	4.10

（5）制备方法

以 PAO（ISO VG460）为基础油，采用复合锂增稠剂制备润滑脂。通过将含有氨基磷酸盐和烷基咪唑啉的腐蚀抑制剂包［占比 4.10％（质量分数）］加入反应釜中，进一步优化润滑脂的防腐蚀性能。

（6）典型润滑脂理化数据（见表5-16）

表 5-16　典型润滑脂理化数据

项目	实施例			
	1	2	3	4
不工作锥入度/0.1mm	281	292	315	255
水淋(79℃)/％	71.6	1.4	8.7	6.6
滚筒试验 1/2 锥入度/0.1mm	142	145	152	118
加水滚筒试验锥入度/0.1mm	339	335	339	297
美钢联测试(−18℃)/(g/min)	9.9	10.2	13.7	4.85

（7）产品应用领域

适用于极端严苛工况下风电设备的润滑与防护。特别适合用于主轴轴承、变桨轴承、偏航轴承，同时亦可广泛应用于电机轴承及主轴承等关键部件。

（8）产品特点

该产品以复合锂皂稠化聚 α-烯烃合成油为基础，并复配优质添加剂，经特殊工艺精心研制而成。该润滑脂能够在苛刻工况下为轴承、齿轮等关键部位提供可靠的润滑与防护性能。其卓越的抗磨与极压性能可有效应对高负荷润滑挑战；出色的黏附力确保润滑剂紧密贴合于摩擦表面；优异的高低温稳定性使其同时满足高温环境下的长效润滑及低温条件下的泵送需求；此外，其卓越的防锈性能能够有效防止润滑表面受到腐蚀侵蚀，从而显著延长设备使用寿命。

5.2.9 钢丝绳复合磺酸钙基润滑脂

（1）技术难点

润滑脂最重要的流变性质包括稠度和屈服点，这些特性能够有效防止在热应力和机械应力作用下出现固化现象或过量的油分离，并确保其具备稳定的黏度/温度特性。通常情况下，润滑脂的触变性（剪切稀化）和剪切响应不稳定性对特定应用场景是有利的。

钢丝绳在实际应用中可执行静态任务（如作为支索），也可用于动态场景以传递力（例如在起重机、电梯、缆车或滑雪索道中）。特别是在动态应用中，钢丝绳在长期使用后会因不断变化的载荷和磨损而性能下降，因此需要定期更换。钢丝绳的磨损主要由各元件之间的相互摩擦引起。

目前，钢丝绳润滑领域除了采用沥青基润滑剂外，还广泛使用基于溶剂型并通过打蜡实现触变效果的润滑剂，但极少使用皂基润滑脂。

（2）解决方法

为解决传统润滑脂在极端工况下性能不足的问题，开发了一种基于磺酸钙的高性能润滑脂。该润滑脂通过优化配方设计，采用20％～55％的基础油、高碱性有机磺酸钙盐、方解石、活化剂、羟基羧酸以及凝固点高于70℃的蜡等关键成分制备而成。其主要特性包括：

提供优异的黏度/温度特性，确保润滑脂在宽温范围内的稳定表现；改善输送性能，降低使用过程中的操作难度；具备低滴点的同时拥有高滴点特性以适应高温环境；提升防腐蚀性能，有效保护金属表面免受腐蚀侵害；增强与弹性体材料的相容性，避免密封件老化或损坏；提供卓越的抗磨损性能和良好的极压性能，延长设备使用寿命；减少油沉积，保持润滑系统清洁；提升氧化稳定性，防止润滑脂在长期使用中劣化；增强黏附性，确保润滑脂在摩擦表面形成稳定的油膜；提供良好的pH缓冲能力，适应复杂化学环境；最小化吸水后稠度下降的影响，确保润滑脂在潮湿环境下的可靠性；提供优异的剪切稳定性，保证润滑脂在动态工况下的持续有效性。

此外，在低浓度芳烃或不含芳烃的应用场景中，该润滑脂完全不含沥青，进一步提升了环保性和适用性。

（3）关键原料特性

① 增稠剂 高碱性磺酸钙，其TBN值为400。自来水、丁二醇、十二烷基

苯磺酸、Ca(OH)$_2$、12-羟基硬脂酸、乙酸、磷酸、CaCO$_3$。

②基础油 在40℃时，其黏度范围为100~500mm^2/s，能够为润滑脂提供较厚的油膜，但需注意高黏度可能导致润滑脂有效利用率降低和摩擦力增大。

③添加剂

• 活化剂：异丙醇、烷氧基链烷醇或二醇。

(4) 典型润滑脂配方 (见表5-17)

表5-17 典型润滑脂配方　　　　　　　　单位:%（质量分数）

原料	质量分数/%
高碱性磺酸钙	54
基础油	19.7
自来水	5
丁二醇	1.3
十二烷基苯磺酸	5.3
Ca(OH)$_2$	2.8
12-羟基硬脂酸	3.65
乙酸(60%,质量分数)	0.6
磷酸(75%,质量分数)	2.75
CaCO$_3$	4.9

(5) 制备方法

首先，将基础油与磺酸钙一同加入反应容器中，并加热至80℃。随后，在持续搅拌的条件下依次加入自来水和丁二醇，充分混合后继续搅拌并缓慢加入预先加热至80℃的十二烷基苯磺酸。在此过程中，体系会出现时间延迟凝胶现象。约1h后，将温度升高至105℃，依次加入氢氧化钙和12-羟基硬脂酸。静置15min后，分批加入乙酸，并重复相同步骤加入磷酸。

接着，将反应体系加热至175~180℃，保持30min以完成反应过程，随后逐步冷却至室温。当温度降至约60℃时，加入碳酸钙（CaCO$_3$）进行进一步均质化处理。最后，将制备好的润滑脂通过三辊研磨机进行均质化处理，以确保其具备理想的微观结构和性能。

(6) 典型润滑脂理化数据 (见表5-18)

表5-18 典型润滑脂理化数据

项目	检测值
根据 DIN EN 12593 的断裂点/℃	-62

项目	检测值
根据 DIN 51350/4 的焊接负载/N	6500
根据 DIN 51350/5 的磨损特性值(1h,300N)/mm	0.33
根据 DIN EN ISO 9227 的盐雾试验	
腐蚀(30h)/%	0
腐蚀(50h)/%	0
腐蚀(125h)/%	0
腐蚀(150h)/%	0
腐蚀(220h)/%	5
腐蚀(290h)/%	5
腐蚀(310h)/%	5
腐蚀(370h)/%	40
腐蚀(460h)/%	70
腐蚀(490h)/%	80
腐蚀(550h)/%	95
腐蚀(620h)/%	100
腐蚀(650h)/%	100
腐蚀(770h)/%	100

（7）产品应用领域

适用于钢丝绳、梳导轨、夹条、滑道及链条的润滑与长期封存防护。

（8）产品特点

该产品以精选的磺酸钙皂为增稠剂，结合高品质精制矿物油，并复配多种高效功能添加剂精心调制而成。其具备以下优异性能：良好的防锈能力，可有效隔绝钢丝绳与湿气、盐雾的接触，显著降低外部腐蚀风险；出色的黏附性和渗透性，在使用过程中不易流失或滑落，从而确保工作环境的干净整洁；卓越的极压抗磨性能，能够有效减少摩擦磨损，显著延长钢丝绳的使用寿命；优异的抗水淋性能，可抵抗雨水冲刷，确保在各种气候条件下均能满足使用需求。

5.2.10 环保型钢缆润滑剂

（1）技术难点

钢缆润滑剂的主要功能是通过形成润滑膜将各股钢缆彼此分离，从而有效减少摩擦与磨损，并为钢缆整体提供全面的防腐蚀保护。此外，该润滑剂还需满足多项附加性能要求。在海洋工业及石油和天然气工业领域中，润滑剂不仅需要具备优异的润滑性能，还必须能够在宽泛的温度范围内以及潮湿或水接触环境中保持正常使用。若应用于镀锌钢缆，润滑剂不得对钢缆表面的锌镀层产生任何不良影响。

随着环保意识的不断增强，符合 2013 年船舶通用许可证附录 A 环保要求的高性能润滑剂需求日益增长，特别是在海水接触部件的应用场景中。此类环保润滑剂需具备良好的生物降解性、极低毒性且无生物蓄积性，以确保其对环境的影响降至最低。

（2）解决方法

为解决钢缆（特别是镀锌钢缆）在潮湿环境及宽温范围内的润滑与防护问题，开发了一种基于可生物降解基础油的高性能润滑剂。该润滑剂采用可生物降解的酯类作为基础油，并结合可生物降解的钙皂以及膨润土、热解二氧化硅、聚合物和固体润滑剂等关键成分。通过这一配方设计，有效提升了润滑剂在水存在条件下的适用性，并确保其在较宽温度范围内具备出色的润滑性能。

（3）关键原料特性

① 增稠剂　由 12-羟基硬脂酸钙、膨润土、热解二氧化硅反应制得。

② 基础油　多元醇酯。

③ 添加剂

- 附着力改进剂：异丁烯/丁烯共聚物、聚甲基丙烯酸酯、复合酯。
- 固体润滑剂：硫化锌、碳酸钙。
- 防腐蚀保护：氧化镁。
- 抗氧化剂：酚类抗氧化剂。

（4）典型润滑脂配方（见表 5-19）

表 5-19　典型润滑脂配方　　　　单位：%（质量分数）

组合物	实例 1	实例 2	实例 3	实例 4	实例 5
多元醇酯	75.0	70.0	68.0	71.0	75
12-羟基硬脂酸钙	6.0	5.5	5.0	5.0	4
膨润土			4.0	3.0	
热解二氧化硅	5.0	4.0	4.0	4.0	6.0
异丁烯/丁烯共聚物	11.0	15.0	6.0	9.0	8.0
聚甲基丙烯酸酯				4.0	2.0
复合酯			10.0		3.0
硫化锌			3.0	4.0	2.0

组合物	实例1	实例2	实例3	实例4	实例5
碳酸钙	3.0	2.0			
氧化镁		2.5			
酚类抗氧化剂		1.0			

（5）制备方法

通过将各组分充分混合制备得到润滑脂。

（6）典型润滑脂理化数据（见表5-20）

表5-20　典型润滑脂理化数据

测试名称	实例1	实例2	实例3	实例4	实例5	标准
滴点/℃	>200	>200	>200	>200	>200	DIN ISO 2176
静态耐水性	0	0	0	0	1	DIN 51807
喷水/%	<20	<20	<10	<10	<30	ASTM D4049
锌腐蚀/%	<0.01	<0.01	<0.05	<0.1	<0.02	KL-PN 010
蒸发损失/%	<5	<5	<5	<5	<5	DIN 58397T1

（7）产品应用领域

专为钢缆（特别是镀锌钢缆）的涂覆设计，适用于海洋工业及石油和天然气工业中对高性能钢缆有严格要求的各种应用场景。

（8）产品特点

该产品以12-羟基硬脂酸钙皂稠化环保型多元醇酯类油为基础，并复配防锈、抗氧化等多种高效添加剂精心调制而成。其具备以下优异性能：

卓越的抗水性能，即使在长期风吹雨淋的环境下，仍能为钢缆提供可靠的防护；优异的防锈性能，在潮湿或涉水条件下，有效防止钢缆表面锈蚀，确保其正常运行；出色的抗盐雾性能，即使在海洋气候等高盐分环境中，亦可为钢缆提供持久的保护；优良的胶体安定性，在长期使用过程中，不会因重力或温度变化而自然析油，从而避免影响外观及使用寿命；卓越的黏附性能，能够牢固地附着于钢缆表面，为其提供持续有效的润滑与防护作用。

5.2.11　航空低温润滑脂

（1）技术难点

流动点和剪切黏度是润滑脂最重要的黏弹性能指标，对采用润滑脂润滑的驱动器或轴承效率具有显著影响。特别是在滑动速度或转速较高的情况下,当存在弹性流体动力润滑(EHL)时,这种影响尤为明显。在低温应用条件下,流动点和剪切黏度对润滑脂润滑部件的断裂扭矩和运行转矩会产生显著作用。

润滑脂在航空领域被广泛使用,但其黏弹性行为在极端低温环境下可能表现出不足。在航空工业中,润滑脂必须在低至−54℃的温度下,甚至有时在低至−73℃的温度下保持可靠的性能。例如,在起落架轮轴轴承中使用的润滑脂,需确保飞机在长时间高空飞行导致低温暴露后,于降落过程中仍能正常运行。航空润滑脂的断裂扭矩需严格控制在特定阈值范围内,因此相关部件(如齿轮、滑动轴承等)的最大转矩设计必须充分考虑润滑脂的特性。低温下的低流动点和剪切黏度可有效降低断裂扭矩和运行转矩,从而允许选用驱动功率较低的组件,进一步优化系统设计。

羟基硬脂酸(特别是12-羟基硬脂酸)是制备金属皂润滑脂(尤其是锂基及锂复合皂润滑脂)的经典原料。其主要来源于蓖麻油酸 [(9Z,12R)-12-羟基-9-硬脂酸] 及其甘油三酯——即蓖麻油。目前,其他羟基十八烷酸(如10-羟基硬脂酸)尚未实现工业化应用。

(2)解决方法

为解决锂润滑脂在效率和低温性能方面的缺点,特别是基于12-羟基硬脂酸的金属皂润滑脂需要相对高含量的金属皂作为增稠剂以达到所需稠度的问题,开发了一种基于R-10-羟基硬脂酸的润滑脂制备方案。该方案通过减少增稠剂的使用量,在稠度相同的情况下显著降低了润滑脂的流动压力、流动点以及启动扭矩,特别是在低温条件下表现出更优的性能。此外,针对锂皂和锂复合皂润滑脂,通过减少单水氢氧化锂的用量,有效降低了制备成本。

特别是在电池制造及电动汽车行业对锂需求日益增长的背景下,使用R-10-羟基硬脂酸代替12-羟基硬脂酸能够显著减少锂盐的消耗,从而为润滑脂的制备提供更具成本效益的解决方案。这一改进不仅提升了润滑脂在滑动轴承、滚动轴承和齿轮箱等摩擦学系统中的性能,还满足了工业领域对高效、低成本润滑材料的需求。

(3)关键原料特性

① 增稠剂

• R-10-羟基硬脂酸:纯度>99%的R-10-羟基硬脂酸。

• R-11-羟基硬脂酸:纯度为91.5%,8.5%硬脂酸。

• 12-羟基硬脂酸。

• 一水氢氧化锂。

② 基础油 聚α-烯烃,由PAO 6(金属茂基):PAO 150=3:1构成的混合物。

③ 添加剂 包含氮基、磷基、锌基、钼基有机化合物。具体为：含氮基的抗氧化剂（烷基化二苯胺）、酚类抗氧化剂（空间位阻苯酚）、次级抗氧化剂（烷基亚磷酸盐）、磨损保护添加剂、防腐蚀添加剂（羧酸锌）、硼酸三(2-乙基己基)酯。

（4）典型润滑脂配方（见表 5-21）

表 5-21 典型润滑脂配方 单位:%（质量分数）

基础油	实施 1	实施 2	实施 3	对比 1	对比 2
PAO	83.61	83.28	83.19	76.12	77.73
10-羟基硬脂酸(类型 1)	4.05				
10-羟基硬脂酸(类型 2)		4.34			
10-羟基硬脂酸(类型 3)			4.42		
12-羟基硬脂酸				10.65	8.76
硼酸三(2-乙基己基)酯					0.49
一水氢氧化锂	0.59	0.63	0.64	1.48	1.27
含氮基的抗氧化剂(烷基化二苯胺)	2.00	2.00	2.00	2.00	2.00
酚类抗氧化剂(空间位阻苯酚)	0.50	0.50	0.50	0.50	0.50
次级抗氧化剂(烷基亚磷酸盐)	0.50	0.50	0.50	0.50	0.50
磨损保护添加剂	7.25	7.25	7.25	7.25	7.25
防腐蚀添加剂(羧酸锌)	1.50	1.50	1.50	1.50	1.50

（5）制备方法

在搅拌反应器中加入 171g 聚 α-烯烃和 35.16g R-10-羟基硬脂酸，将体系加热至 91℃。随后，加入事先溶解于 21g 蒸馏水中的 5.07g 一水氢氧化锂。之后，将反应温度升高至 210℃，并在 20min 内冷却至 100℃ 以下，随后添加所需添加剂。接着，利用三辊研磨机对润滑脂进行均化处理，并通过连续添加聚 α-烯烃调节至所需的稠度。最终制备的润滑脂增稠剂含量（质量分数）分别为 4.64%（B1）、4.97%（B2）和 5.06%（B3），对应的针入度值分别为 339mm（B1）、332mm（B2）和 320mm（B3）。

（6）典型润滑脂理化数据（见表 5-22）

表 5-22 典型润滑脂理化数据

项目	实施 1	实施 2	实施 3	对比 1	对比 1	测试方法
增稠剂含量/%	4.64	4.97	5.06	12.13	10.52	
工作锥入度/0.1mm	339	332	320	332	328	DIN ISO 2137

项目	实施1	实施2	实施3	对比1	对比1	测试方法
滴点/℃	193	198	205	210	300	IP 396
流动点(−40℃)/hPa	125			250	200	DIN 51805
剪切黏度(−35℃)/Pa·s	31.7			60.4		DIN51810-1

(7) 产品应用领域

适用于航空电机轴承、齿轮、操作机构支点、组装连接部位以及某些仪器和仪表的润滑需求。

(8) 产品特点

该产品以 10-羟基硬脂酸锂皂增稠剂稠化合成油为基础，并复配抗氧化等高效添加剂精心调制而成。其具备以下优异性能：良好的高低温性能，确保润滑部件在宽温度范围内稳定运行；出色的氧化安定性，保障润滑部位在高温条件下长期正常工作；卓越的机械安定性和胶体安定性，确保润滑脂能够牢固黏附于润滑部位而不会流失；同时，还具有优异的防锈性能，可有效防止轴承金属部件受到外界环境的侵蚀。

5.2.12 航天密封酰胺钠润滑脂

(1) 技术难点

在航天领域，润滑脂对于确保空间机械部件在极端环境条件下实现长期可靠运转具有至关重要的作用。目前，在空间应用中最为广泛的液体基础润滑材料包括聚 α-烯烃（PAO）、多烷基环戊烷（MAC）和全氟聚醚（PFPE）。鉴于空间环境的真空特性，以及部分装备对载荷承载能力和使用寿命的高要求，润滑脂必须具备卓越的低挥发性能、抗氧化性能以及极压抗磨性能，以满足实际应用需求。

(2) 解决方法

为解决润滑材料在高温、高负荷及苛刻工况下的性能不足问题，开发了一种基于润滑基础油与酰胺钠皂增稠剂混合炼制，并复配有机钼化合物、防锈剂、抗氧剂和极压抗磨剂的高性能润滑脂。通过精细研磨工艺制备而成，该方案有效提升了润滑脂的抗氧化性能、防锈性能、低挥发性能以及极压抗磨性能，满足复杂工况下的应用需求。

(3) 关键原料特性

① 增稠剂 酰胺钠皂。

② 基础油 PAO 40，100℃运动黏度为 40.0mm²/s。

③ 添加剂

- 有机钼添加剂：钼的质量分数为 5.5%。
- 苯并三氮唑。

（4）典型润滑脂配方（见表 5-23）

表 5-23　典型润滑脂配方　　　　　　　　　　单位：质量份

项目	实施例 1	实施例 2	实施例 3	对比例 1
PAO 40	85	85	85	85
酰胺钠皂	15	15	15	15
有机钼添加剂	1	3	5	—
苯并三氮唑	0.02	0.02	0.02	0.02

（5）制备方法

在 150℃ 条件下，将 1mol 对苯二甲酸二甲酯与 1mol 十八胺溶解于二甲基甲酰胺中，并进行 8h 的回流反应。随后，加入 1mol 氢氧化钠，在相同温度下进行 4h 的皂化反应。反应完成后，通过蒸发去除溶剂，并对所得产物进行水洗和干燥处理，最终制得酰胺钠皂增稠剂。

（6）典型润滑脂理化数据（见表 5-24）

表 5-24　典型润滑脂理化数据

项目		实施例 1	实施例 2	实施例 3	对比例 1
外观		棕色油膏	棕色油膏	棕色油膏	白色油膏
滴点/℃		301	297	299	294
锥入度/0.1mm		278	272	274	275
蒸发损失(99℃,22h)/%		0.18	0.15	0.17	0.24
铜片腐蚀(100℃,24h)/级		lb	lb	lb	lb
氧化诱导期(200℃)/min		48	＞60	＞60	12
氧化安定性,压力降（99℃,100h)/kPa		12	10	8	50
钢网分油 10(TC,30h)/%		0.2	0.2	0.2	0.2
四球试验	P_B/N	618	981	1236	490
	P_D/N	1961	2452	3089	1569
	磨斑直径/mm	0.51	0.39	0.37	0.61

（7）产品应用领域

适用于航天机械设备等要求高可靠性密封润滑的场景。

(8）产品特点

该产品以酰胺钠增稠剂稠化高黏度基础油，并通过特殊工艺制备而成，具备卓越的耐高温性、黏附性、极压抗磨性以及耐低温性能。例如，制动轮轴承润滑脂采用酰胺钠增稠剂制备，其滴点高于300℃，在-40℃的低温条件下仍可保持优异的启动力矩和运转力矩，展现出杰出的高低温适应能力。

5.2.13　铁路润滑脂

（1）技术难点

润滑脂组合物通常由增稠剂、基础油和添加剂三部分组成，广泛应用于圆锥滚子轴承等滚动轴承的润滑。例如，圆锥滚子轴承作为支撑车辆车轴（如铁路车辆和汽车）的关键部件被广泛使用。在汽车车轴支撑系统中，滚动轴承包括使用滚珠的球形轮毂单元和使用圆锥滚子的锥形轮毂单元。对于以SUV、小型卡车为代表的大型车辆以及商用卡车等高负载场景，为了承受更大的负荷，通常采用圆锥滚子轴承或锥形轮毂单元。然而，在使用锥形轮毂单元或圆锥滚子轴承的情况下，尽管能够承载更高的负荷，但其滑动润滑点（如滚柱端面与凸缘部、滚柱与保持器之间的润滑）显著增加，导致磨损和剥离问题更为突出。此外，为提高汽车燃油效率，对变速器等使用的圆锥滚子轴承提出了低扭矩化的要求。相较于球形轴承，锥形轴承的扭矩较高，实现低扭矩化面临较大挑战。随着使用环境的扩展，润滑脂还需满足更宽的温度范围要求，尤其是在低温环境下，货车运输过程中可能出现微动磨损，同时对润滑脂的低温流动性和启动性能提出了更高标准。因此，针对圆锥滚子轴承及锥形轮毂单元的应用需求，润滑脂必须具备更高的耐磨性、低扭矩特性和低温适应性。

（2）解决方法

为解决圆锥滚子轴承在高负荷、低扭矩和低温环境下的性能问题，开发了一种基于聚脲稠化的润滑脂。该润滑脂通过稠化含有40％以上黏度指数为110以上且倾点为-35℃以下的基础油，并添加游离金属基的二价烷基苯磺酸钙盐高碱性盐、二壬基萘磺酸锌盐以及抗氧化剂，有效提升了圆锥滚子轴承的耐磨耗性、耐剥离性、低扭矩性和低温特性。

（3）关键原料特性

① 增稠剂　脂环式脂肪族二脲增稠剂，由辛胺、环己胺、硬脂胺和MDI反应制得。

② 基础油

•合成烃油A：聚α-烯烃，40℃运动黏度62.1mm²/s，倾点-60℃。

•矿物油A：精制矿物油，40℃运动黏度102mm²/s，倾点-12.5℃。

- 矿物油 B：精制矿物油，40℃运动黏度 40.3mm²/s，倾点−12.5℃。

③ 添加剂

- 有机磺酸钙盐 A：高碱性的烷基苯磺酸钙盐（碱值 405）。
- 有机磺酸钙盐 B：二壬基萘磺酸钙盐（碱值 0.26）。
- 有机磺酸锌盐 A：二壬基萘磺酸锌盐（碱值 0.50）。
- 有机磺酸钠盐 A：烷基萘磺酸钠盐（碱值 0.20）。
- 碳酸钙 A：CaCO₃（平均粒径 2μm）。
- 碳酸铝 A：Al₂(CO₃)₃（平均粒径 4μm）。
- 胺系抗氧化剂 A。

（4）典型润滑脂配方（见表 5-25）

表 5-25　典型润滑脂配方　　　　　单位：质量份

项目	实施例							比较例	
	1	2	3	4	5	6	7	1	2
脂环式脂肪族二脲	11	11	11	11	11	11	11	11	11
合成烃油 A	100	100	100	100	100	100	100	100	100
有机磺酸钙盐 A	1	—	—	—	0.5	4	—	—	—
有机磺酸钙盐 B	—	1	—	—	—	—	—	—	—
有机磺酸锌盐 A	—	—	1	—	—	—	—	—	—
碳酸钙 A	—	—	—	4	—	—	—	1	1
胺系抗氧化剂 A	2	2	2	2	2	2	2	2	2

（5）制备方法

以 4,4′-二苯基甲烷二异氰酸酯为原料，按照 1mol 与环己胺和硬脂胺（摩尔比为环己胺∶硬脂胺＝7∶1）总计 2mol 的比例进行精确配比，在受控条件下进行反应。随后对反应产物进行加热处理，并在冷却后制得基础润滑脂。将规定量的添加剂与基础油充分混合后，加入至上述基础润滑脂中，通过三辊磨机进行均匀混炼，最终制备出工作锥入度范围为 250～350、滴点高于 260℃ 的高性能润滑脂。

（6）典型润滑脂理化数据（见表 5-26）

表 5-26　典型润滑脂理化数据

项目	实施例							比较例	
	1	2	3	4	5	6	7	1	2
运动黏度(40℃)/(mm²/s)	62	62	62	62	62	62	62	62	62
黏度指数	145	145	145	145	145	145	145	145	145

项目	实施例							比较例	
	1	2	3	4	5	6	7	1	2
倾点/℃	−60	−60	−60	−60	−60	−60	−60	−60	−60
工作锥入度/0.1mm	300	300	300	300	300	300	300	300	300
滴点/℃	>260	>260	>260	>260	>260	>260	>260	>260	>260
FE8 磨损量/g	0.02	0.06	0.06	0.02	0.04	0.02	0.03	0.14	0.15
FE8 轴承扭矩/N·m	3.1	4.2	4.4	2.8	3.8	3.0	3.5	6.3	6.5
低温流压(−35℃)/mbar	660	680	670	660	660	660	650	680	690

（7）产品应用领域

圆锥滚子轴承广泛应用于以铁路车辆和汽车为代表的各类车辆的车轴支撑系统中。

（8）产品特点

该产品以聚脲稠化精制合成油为基础，并添加抗氧化剂、防锈剂等高性能添加剂制备而成，能够在圆锥滚子轴承中展现出卓越的耐磨耗性、耐剥离性、低扭矩特性和低温适应性。

5.2.14 减速机、机器人润滑脂

（1）技术难点

近年来，随着机器人产业的持续发展，减速器作为机器人的重要组成部分，在传递扭矩和调节转速等方面发挥着关键作用。在众多类型的减速器中，谐波减速器因其尺寸紧凑、减速比大等优势而被广泛应用。根据工业机器人谐波减速器的实际工况需求，其通常需要在长期运行及频繁启停过程中保持较高的传动精度，同时控制温升和噪声处于较低水平。研究表明，谐波减速器的传动精度、温升以及噪声特性往往与其所使用的润滑脂的极压性能、抗磨损性能等因素密切相关。

（2）解决方法

为解决减速器在传动精度、温升及噪声等方面的性能问题，开发了一种基于特定基础油和增稠剂的润滑脂，并通过添加粒径小于等于 $100\mu m$ 的固体添加剂（如二丁基二硫代氨基甲酸钼或其与磷酸锆的组合），有效改善了减速器在长期运行中的传动精度，同时降低了温升和噪声水平。

（3）关键原料特性

① 增稠剂 十二羟基硬脂酸锂。

② 基础油 矿物油、酯油混配，40℃黏度 40mm²/s。

③ 添加剂 二苯胺、抗腐蚀剂（市售品）、铜腐蚀抑制剂 BTA、ZnDDP 等添加剂（见表 5-27）。

表 5-27 典型添加剂理化数据

项目	D10/μm	D50/μm	D90/μm
MoDTC（N）	1.96	8.65	25.3
MoDTC（U）	0.73	1.66	3.81
磷酸锆	0.71	1.68	4.21
石墨	Max. 2.5	3.0～5.5	Max. 10
BN	1.0	4.0	10.0

（4）典型润滑脂配方（见表 5-28）

表 5-28 典型润滑脂配方　　　　　　单位:%（质量分数）

| 项目 | 实施例 | | | | | | 比较例 | |
	1	2	3	4	5	6	1	2
矿物油	85.3	83.3	81.3	80.3	78.3	86.3	83.3	83.3
酯油	2	2	2	2	2	2	2	2
12-羟基硬脂酸锂	10	10	10	10	10	10	10	10
二苯胺	0.5	0.5	0.5	0.5	0.5	0.5	0.5	0.5
抗腐蚀剂(市售品)	0.1	0.1	0.1	0.1	0.1	0.1	0.1	0.1
铜腐蚀抑制剂 BTA	0.1	0.1	0.1	0.1	0.1	0.1	0.1	0.1
ZnDDP	1	1	1	1	1	1	1	1
MoDTC（N）	—	—	—	—	—	—	3	—
MoDTC（U）	1	3	5	3	3	—	—	—
磷酸锆	—	—	—	3	5	—	—	3

（5）制备方法

将约一半的基础油加入反应釜中，预热至 80℃ 左右。随后将 12-羟基硬脂酸加入反应釜中，在搅拌条件下使其完全溶解。将一水合氢氧化锂溶解于适量水中形成溶液，并缓慢加入反应釜中，保持搅拌并反应 60～120min。随后将温度升至 130℃，充分去除水分。接着加入剩余基础油的一半，继续升温至 200～210℃，直至 12-羟基硬脂酸锂皂基完全熔融。之后加入剩余的基础油，持续搅拌并逐步降温至 80℃ 左右。在该温度下加入添加剂，搅拌约 60min 后降至室温。最后，通过后处理设备进行过滤、分散和均质处理，最终完成成品灌装。

（6）典型润滑脂理化数据（见表 5-29）

表 5-29　典型润滑脂理化数据

项目	实施例						比较例	
	1	2	3	4	5	6	1	2
颜色	黄	黄	黄	黄	黄	白	黄	黄
稠度等级	2	2	2	2	2	2	2	2
SRV 摩擦系数	0.084	0.05	0.05	0.05	0.05	0.106	0.035	0.103
极压/N	2400	2800	3000	2800	2800	<2000	2800	2800
抗磨损/mm	0.463	0.463	0.456	0.454	0.55	0.996	0.412	0.893
台架测试	中等	优良	优良	优秀	优秀	差	中等	中等

（7）产品应用领域

广泛应用于减速器、机器人等相关部件中。

（8）产品特点

该产品以十二羟基硬脂酸锂皂稠化精制基础油为基材，并添加抗氧化剂、防锈剂等高性能添加剂（粒径≤100μm），其中包括二丁基二硫代氨基甲酸钼或其与磷酸锆的复合添加剂，经科学配比和工艺制备而成。该润滑脂能够有效改善减速器在传动精度、温升控制及噪声抑制等方面的性能表现。

5.3
特种行业润滑脂专利

5.3.1　食品有机膨润土润滑脂

（1）技术难点

近年来，在产业用机器人等领域中广泛应用的减速器，以及风力发电设备等场景中使用的增速器，分别承担着不同的扭矩传递功能。其中，减速器通过在输入侧施加扭矩实现减速，并将扭矩传递至输出侧；而增速器则通过在输入侧施加扭矩实现增速，并将扭矩传递至输出侧。对于应用于减速器和增速器润滑部位的润滑脂而言，为有效降低输入侧扭矩（能量）的损耗并确保其高效传递至输出侧，对其能量传递效率提出了更高的要求。

（2）解决方法

为解决减速器和增速器在运行过程中可能出现的润滑脂泄漏及能量传导效率低下问题，开发了一种含有特定纳米纤维的基础油润滑脂。该润滑脂通过优化配方设计，显著提升了设备的防漏性能，并有效改善了能量传导效率，从而确保设备在长时间运行中的稳定性和可靠性。

（3）关键原料特性

① 增稠剂

• 纳米纤维（B1）：包含聚合度 600 的纤维素纳米纤维（CNF）［粗度 $d'=$ 20～50nm（平均值 35nm）、长径比＝100 以上（平均值 100 以上）］的水分散液。

• 有机膨润土（C）：BARAGEL 3000。

② 基础油

• 低黏度基础油（A1）：聚 α-烯烃，40℃运动黏度 46mm^2/s，黏度指数 137。

• 高黏度基础油（A2）：聚 α-烯烃，40℃运动黏度 403mm^2/s，黏度指数 150。

③ 添加剂

• 硫-磷系极压剂：硫代磷酸三苯基酯。

• 分散剂：山梨糖醇酐酸酯。

• 抗氧化剂：胺系抗氧化剂。

• 磷系极压剂。

（4）典型润滑脂配方（见表 5-30）

表 5-30　典型润滑脂配方　　　　单位:％（质量分数）

项目	实施例 1	实施例 2	实施例 3	实施例 4	实施例 5
基础油(A)	89.7	84.8	85.8	88.4	86.3
纤维素纳米纤维(B1)	7.5	4.0	4.0	2.8	4.0
有机膨润土(C)	—	8.8	8.8	6.5	8.8
磷系极压剂	1.0	1.0	—	1.0	—
硫—磷系极压剂	0.5	0.5	0.5	0.5	—
山梨酐酸酯醇	0.8	0.4	0.4	0.3	0.4
胺系抗氧化剂	0.5	0.5	0.5	0.5	0.5
合计	100.0	100.0	100.0	100.0	100.0

（5）制备方法

将 40 质量份纤维素纳米纤维（B1）的分散液（其中 CNF 含量为 4.0 质量份）、84.8 质量份基础油（A）以及 0.4 质量份分散剂混合，在 25℃条件下充分搅拌，制备得到混合液。随后，将该混合液加热至 150℃，通过蒸发除去水分。冷却至室温（25℃）后，依次加入 8.8 质量份有机膨润土（C）、1.0 质量份磷系极压剂、0.5 质量份硫-磷系极压剂和 0.5 质量份抗氧化剂，并充分搅拌以确保各组分均匀分散。最后，利用三辊磨机对混合物进行均质化处理，成功制备出符合配方要求的润滑脂。

(6) 典型润滑脂理化数据（见表 5-31）

表 5-31 典型润滑脂理化数据

项目	实施例 1	实施例 2	实施例 3	实施例 4	实施例 5
工作锥入度/0.1mm	272	294	281	350	277
滚筒安定性试验锥入度变化	6	9	7	18	9
能量传导效率/%	70.1	69.5	68.9	70.5	66.4

(7) 产品应用领域

① 适用于工业机器人等装备中的减速器以及风力发电设备中的增速器（如齿轮减速器）。

② 纳米纤维（B）具有较低的环境负担，且对人体安全性较高，因此可广泛应用于配备减速器或增速器的食品机械等领域。此外，有机膨润土（C）同样表现出较低的环境负担和优异的人体安全性，亦可适用于配备减速器或增速器的食品机械等相关领域。

(8) 产品特点

该产品以膨润土稠化精制油为基础，并添加抗氧化剂、防锈剂以及极压抗磨剂等高性能添加剂制备而成，展现出在减速器和增速器应用中卓越的防漏性能及能量传递效率。

5.3.2 高洁净润滑脂

(1) 技术难点

通常情况下，半导体制造装置、液晶制造装置以及印刷基板制造装置等精密电子仪器制造设备需要在尘埃含量极低的洁净环境中运行，因此通常被安装于洁净室内。这些设备的驱动部分主要包括滚珠螺杆、直线导轨和伺服电机等关键组件。此外，在食品制造工厂、医药品制造工厂等场所中，为避免产品受到异物污染，同样要求高度洁净的环境。在此类洁净环境下使用的装置或仪器通常包含轴承、滑动部、接合部等摩擦组件，其润滑部位需使用具备低产尘性的润滑脂以减少油雾飞散，从而确保设备运行的稳定性和洁净环境的维持。

传统上，低产尘性润滑脂多采用氟系产品。然而，氟系润滑脂不仅成本高昂，其低产尘性能也难以完全满足实际需求。同时，与其它类型润滑脂相比，氟系润滑脂存在润滑性能不足的问题，这可能导致摩擦部位在运行过程中因摩擦及搅拌作用而产生较大的扭矩损失，进而影响设备的整体效率和稳定性。此外，在半导体装置等精密电子部件制造过程中，若润滑脂中含有卤素成分，则可能对产品良率造成严重影响。例如，气体纯度不足或润滑脂中的杂质污染可能导致制程良率下降，甚至引发污染扩散至整条生产线，从而造成严重的经济损失。

（2）解决方法

为解决洁净室等尘埃含量极低的洁净环境下装置轴承、滑动部和接合部润滑部位的产尘问题，开发了一种以烷基萘为基础油，并添加特定量的特定脂肪族二脲制备而成的润滑脂。该润滑脂能够有效降低润滑部位的产尘性，满足洁净环境下的使用需求。

（3）关键原料特性

① 增稠剂　脂肪族二脲增稠剂，由十八烷基胺、辛胺和 MDI 合成。

② 基础油　基础油（A-1），使用 40℃ 运动黏度为 $28mm^2/s$、黏度指数 78 的烷基萘。

③ 添加剂

- 抗氧化剂：烷基化二苯基胺、苯基-α-萘基胺等胺系抗氧化剂。
- 极压剂：磷系化合物等。
- 固体润滑剂：聚酰亚胺、三聚氰胺氰尿酸酯（MCA）等。
- 清净分散剂：丁二酰亚胺、硼系丁二酰亚胺等无灰分散剂。
- 防腐蚀剂：苯并三唑系化合物、噻唑系化合物等。
- 金属惰化剂：苯并三唑系化合物等。

（4）典型润滑脂配方（见表 5-32）

表 5-32　典型润滑脂配方　　　　　　单位：%（质量分数）

项目	实施例 1	比较例 1
基础油（A-1）	75	80
脂肪族二脲（B-1）	25	—
脂肪族二脲（B-2）	—	20

（5）制备方法

在 1L 金属容器的反应釜中，加入 350.0g 烷基萘和 81.3g（325mmol）作为增稠剂原料的二苯基甲烷-4,4′-二异氰酸酯（MDI），加热使其完全溶解，制备得到含 MDI 的烷基萘溶液。另取一个 1L 金属容器，加入 350g 烷基萘和 168.7g（632mmol）硬脂胺，加热溶解后制备得到含硬脂胺的烷基萘溶液。随后，将上述含硬脂胺的烷基萘溶液缓慢加入至含 MDI 的烷基萘溶液所在的反应釜中，在加热条件下进行搅拌并确保混合均匀。接着，向盛有含硬脂胺的烷基萘溶液的金属容器中补充加入 50.0g 烷基萘油，充分搅拌后，将容器内残留的溶液全部转移至反应釜中，并继续搅拌以确保反应液混合均匀。最后，将反应液升温至 90℃

以上，保持 1h 完成反应，从而成功合成脂肪族二脲（B1）。

（6）典型润滑脂理化数据（见表 5-33）

表 5-33　典型润滑脂理化数据

项目	实施例 1	比较例 1
工作锥入度/0.1mm	253	242
导轨产尘试验平均产尘数(个/L)	34	48

（7）产品应用领域

在洁净室等尘埃含量极低的洁净环境中，半导体制造装置、液晶制造装置以及印制电路板制造装置等精密设备的轴承、滑动部和接合部等润滑部位，需要使用具备优异低产尘性能的润滑材料。此外，在食品制造工厂、医药品制造工厂等对洁净度要求较高的场所中使用的装置，其轴承、滑动部及接合部等润滑部位同样适用。

（8）产品特点

该产品以聚脲稠化精制油为基础，同时添加抗氧化剂、防锈剂以及摩擦改进剂等高性能添加剂制备而成，能够为洁净环境下的应用提供具备卓越低尘性能的润滑脂。

5.3.3 低噪声聚脲润滑脂

5.3.3.1 低噪声聚脲润滑脂（一）

（1）技术难点

在二脲系润滑脂中，通常会存在被称为团块的不均匀颗粒。这些团块可能包含由异氰酸酯与胺反应生成的物质，以及在制造或储存过程中混入的杂质。在传统的脲润滑脂制备方法中，首先将异氰酸酯加入基础油并加热至约 60℃，随后在持续搅拌的情况下，缓慢添加预先混合胺并加热至约 60℃ 的基础油溶液，短暂搅拌后，将混合物升温至约 160℃，最后自然冷却至室温。然而，这种方法不仅合成反应过程耗时较长，而且容易导致团块的形成。此外，已有研究表明，较大的团块会在润滑脂应用于轴承等机械设备时显著降低其噪声特性。

（2）解决方法

为解决润滑脂在应用过程中可能出现的噪声问题及离心分油性能不足的问题，开发了一种通过激光衍射散射法测定颗粒体积基准算术平均粒径的方法，并以不低于 $10s^{-1}$ 的剪切速度对单胺化合物与二异氰酸酯化合物的混合液施加剪切作用，从而形成高效的增稠剂。该方法能够显著改善润滑脂的噪声特性和离心分油性能，满足实际应用需求。

（3）关键原料特性

① 增稠剂 由环己胺、辛胺和MDI反应制得。

② 基础油 矿物油，40℃运动黏度为$90mm^2/s$。

③ 添加剂

• 抗氧化剂：2,6-二叔丁基-4-甲基苯酚，配合量（质量分数）以润滑脂总量为基准，应控制在0.05%～5%的范围内。

• 极压剂：二硫代氨基甲酸锌，配合量（质量分数）以润滑脂总量为基准计为0.1%以上且5%以下。

• 防锈剂：脱水山梨糖醇单油酸酯，配合量（质量分数）以润滑脂总量为基准计为0.01%以上且10%以下。

（4）典型润滑脂配方（见表5-34）

表5-34 典型润滑脂配方　　　　　　　　　　　单位：质量分数

项目	实施例1	实施例2	实施例3	实施例4	实施例5	实施例6	实施例7
增稠剂	12%	8%	8%	10%	10%	12%	10%
基础油	余量	余量	余量	余量	余量	余量	余量
抗氧化剂	0.05%～5%	0.05%～5%	0.05%～5%	0.05%～5%	0.05%～5%	0.05%～5%	0.05%～5%
极压剂	0.1%～5%	0.1%～5%	0.1%～5%	0.1%～5%	0.1%～5%	0.1%～5%	0.1%～5%
防锈剂	0.01%～10%	0.01%～10%	0.01%～10%	0.01%～10%	0.01%～10%	0.01%～10%	0.01%～10%

（5）制备方法

将加热至70℃的500N矿物油（含11.0%MDI，质量分数）与同样加热至70℃的500N矿物油（含11.1%辛胺、2.13%环己胺，质量分数），分别以258mL/min和214mL/min的流量连续导入制造装置内。随即通过高速旋转部件对混合液施加最低剪切速度为$10200s^{-1}$的剪切作用，其中最高剪切速度（Max）与最低剪切速度（Min）之比（Max/Min）为1.03。从两种溶液开始混合至对混合液施加最高剪切速度的时间约为3s。随后，将从制造装置喷出的润滑脂置于预热至60℃的容器中，在250r/min的搅拌条件下立即升温至120℃并保持30min，再升温至160℃并保持1h。在维持搅拌的条件下自然冷却至室温后，使用辊磨机对所得润滑脂进行两次混炼处理。

（6）典型润滑脂理化数据（见表5-35）

表5-35 典型润滑脂理化数据

项目	实施例1	实施例2	实施例3	实施例4	实施例5	实施例6	实施例7
锥入度/0.1mm	264	233	314	321	254	240	221

项目	实施例1	实施例2	实施例3	实施例4	实施例5	实施例6	实施例7
离心分油/%	4.3	1.6	5.3	7.6	6	2.7	0.5
最高剪切速度/s^{-1}	10500	10500	216000	216000	21000	216000	216000
最低剪切速度/s^{-1}	10200	10200	210000	210000	20400	210000	21000
Max/Min	1.03	1.03	1.03	1.03	1.03	1.03	1.03
算术平均粒径/μm	0.29	2.96	0.2	0.21	0.15	1.6	2.6
噪声特性峰值	0.81	0.58	1.87	0.57	0.6	2.65	0.49
噪声特性水平	8.05	6.22	7.46	6.25	7.26	14.4	6.21

(7) 产品应用领域

静音轴承等关键部位。

(8) 产品特点

该产品以聚脲稠化精制油为基础，并添加抗氧化剂、防锈剂等高性能添加剂制备而成，旨在满足高速轴承对润滑脂的严苛要求。该润滑脂具备卓越的低噪声特性，同时通过优化基础油黏度与提升机械稳定性，显著改善了离心分油性能。

5.3.3.2 低噪声聚脲润滑脂（二）

(1) 技术难点

一个至关重要的性能指标是"噪声"。对于轴承制造商而言，在选择出厂前注入的润滑脂时，深槽滚珠轴承润滑脂的低噪声运转性能正变得日益重要。随着轴承加工公差控制的精细化，固有噪声显著降低，润滑脂对噪声的影响逐渐凸显。因此，主要的轴承制造商纷纷独立开发了用于测量润滑脂对轴承噪声影响的专用仪器。

Chevron Research 开始采用改进型轴承振动水平测试仪（Anderonmeter）来评估润滑脂的噪声特性，并系统研究添加剂及工艺变量对润滑脂噪声性能的影响。传感器信号经过放大和滤波处理，被划分为三个覆盖可听频率范围的频段：低频段（50～300Hz）、中频段（300～1800Hz）以及高频段（1800～10000Hz）。由润滑脂引起的振动（噪声）主要在中频段和高频段中被检测到。润滑脂噪声的主要成因可归结为润滑脂中颗粒物的存在。

(2) 解决方法

为解决润滑脂在高压和高流量冲击条件下混合不均匀的问题，开发了一种将胺/润滑基础油混合物与异氰酸酯/润滑基础油混合物高效混合的方法。该方法通过强制试剂流以高流量相互冲击，实现极其彻底的混合效果。混合过程的停留时间通常控制在10s或更短，从而确保完全反应生成基于脲的增稠剂。同时，利用高压和高流量冲击技术，使脲增稠剂在整个润滑脂中达到接近完全分散的状态。这种方法有效降低了润滑脂的噪声特性，并显著减少了脲增稠剂颗粒的存在。

（3）关键原料特性

① 增稠剂　由胺与 MDI 反应制得。

② 基础油　600SUS。

③ 添加剂

• 腐蚀抑制剂：油胺。

（4）典型润滑脂配方（见表 5-36）

表 5-36　典型润滑脂配方

规格	实施例	对比例
增稠剂含量/%	12.4	12.4

（5）制备方法

采用反应注射成型（RIM）装置合成脲基润滑脂，其中胺与二异氰酸酯的重量比控制为 1.4∶1，并在润滑基础油的存在下进行混合反应。RIM 装置中的每个储罐分别装载不同的反应组分，具体为：罐 1 中装载二异氰酸酯与基础油的混合物，罐 2 中装载胺与基础油的混合物。将罐 1 和罐 2 中的混合物引入 RIM 装置的混合室，在 2500psi（1psi＝6894.76Pa）的压力条件下充分反应。随后，将添加剂均匀分散至反应体系中，并使产物冷却过夜以完成制备过程。

（6）典型润滑脂理化数据（见表 5-37）

表 5-37　典型润滑脂理化数据

规格	实施例	对比例
外观	棕色	棕色
滴点/℃	261	251
不工作锥入度/0.1mm	253	214
工作锥入度/0.1mm	278	261
十万次工作锥入度/0.1mm	334	410
轴承振动水平测试仪	2.2	2.3

（7）产品应用领域

适用于各类中小型电机、工业精密仪器、办公设备及家用电器中滚动轴承的润滑，尤其适合微小型低噪声精密轴承的终身润滑。

(8) 产品特点

该产品以有机聚脲增稠剂稠化精制基础油，并添加抗氧化剂、防锈剂等高性能添加剂制成。该润滑脂具备优异的耐高温性能、长效使用寿命、卓越的降噪特性、良好的胶体安定性以及可靠的防锈性能，能够满足多种精密应用场景的需求。

5.3.3.3 低噪声聚脲润滑脂（三）

(1) 技术难点

目前，脲基润滑脂已在多种应用场景中得到广泛使用。然而，市场上大多数脲润滑脂的噪声性能并不理想。相比之下，聚脲润滑脂因其卓越的低噪声特性而被开发，并广泛应用于对噪声要求极为严格的精密轴承领域。在异氰酸酯原料的选择上，通常采用甲苯二异氰酸酯（TDI）或 3,3′-二甲基-4,4′-二亚苯基二异氰酸酯（TODI），以赋予润滑脂优异的噪声性能。然而，由于众多用户对高性价比润滑脂的需求日益增长，而采用昂贵原料 TODI 的脲润滑脂在复杂的生产流程下难以在市场中保持竞争力。此外，在润滑脂生产规模逐渐扩大的背景下，有必要更加谨慎地处理 TDI 原料［根据工业安全与健康法规（Industrial Safety and Health Law），其被归类为第 2 类特殊化学物质］。为了进一步提升润滑脂的噪声性能，还需考虑对生产设备进行升级以及增加生产流程中的关键步骤。

(2) 解决方法

为解决现有润滑脂在噪声性能、高温寿命及滴点等方面的不足，本发明开发了一种新型脲润滑脂组合物。通过在二脲润滑脂组合物中引入至少含有烯基基团和十二烷基基团（特别是正十二烷基基团）的化合物，并优选加入辛基基团（特别是正辛基）的化合物，有效提升了润滑脂的综合性能。该组合物不仅具备优异的吸声性能、长高温使用寿命和高滴点，还显著改善了润滑脂的基本性能，包括剪切稳定性、耐热性以及适当的油分离性质。

(3) 关键原料特性
- 异氰酸酯 A：二苯基甲烷-4,4′-二异氰酸酯，分子量为 250.26。
- 异氰酸酯 B：甲苯二异氰酸酯，分子量为 174.16。
- 胺 A：平均分子量为 128.7 的直链伯胺，其主要构成（至少 90%）为 8 个碳的饱和烷基基团（工业辛胺）；
- 胺 B：平均分子量为 255.0 的直链伯胺，其主要构成（至少 70%）为 18 个碳的不饱和烷基基团（工业油胺）；
- 胺 C：平均分子量为 184.6 的直链伯胺，其主要构成（至少 90%）为 12 个碳的饱和烷基基团（工业十二烷基胺）。

- 矿物油：100℃ 下的运动黏度为 10.12mm^2/s。
- 合成油 A：聚 α-烯烃油，其在 100℃ 的运动黏度为 12.70mm^2/s。
- 合成油 B：烷基二苯基醚油，其在 100℃ 的运动黏度为 12.69mm^2/s。

（4）典型润滑脂配方（见表 5-38）

表 5-38　典型润滑脂配方

实施例	1	2	3	4	5
异氰酸酯 A/g	44.7	44.9	44.2	44.6	44.8
组分 B1（胺 A）/g	36.5	36.5	36.5	36.5	36.5
组分 B2（胺 B）/g	4.0	5.4	5.4	5.4	8.1
组分 B3 　胺 A/g 　胺 B/g	1.2 2.4	1.6 3.2	1.6 3.2	— —	— —
组分 B4 　胺 A/g 　胺 C/g	1.4 2.0	1.8 2.6	— —	1.8 2.6	2.7 3.9
组分 B5 　胺 B/g 　胺 C/g	1.6 2.2	— —	2.2 2.9	2.2 2.9	— —
矿物油/g	704	704	704	704	704
总量/g	800	800	800	800	800

（5）制备方法

向一个封闭的润滑脂反应釜中加入润滑基油和组分 A（二苯基甲烷-4,4′-二异氰酸酯），在搅拌条件下将其加热至 60℃。随后，加入预先与润滑基油混合的组分 B1（工业辛胺），使其与组分 A 发生反应，生成脲化合物 a。通过反应热使温度自然升至约 80℃，并将该温度维持 10min。

接着，向反应釜中加入预先与润滑基油混合并溶解的组分 B2（工业油胺），使其与剩余的组分 A 反应，生成脲化合物 b，并继续搅拌 5min。

然后，加入预先与润滑基油混合并溶解的组分 B3（工业辛胺和工业油胺），使其与剩余的组分 A 反应，生成脲化合物 c，再搅拌 5min。

之后，加入预先与润滑基油混合并溶解的组分 B4（工业辛胺和工业十二烷基胺），使其与剩余的组分 A 反应，生成脲化合物 d，再搅拌 5min。

最后，加入预先与润滑基油混合并溶解的组分 B5（工业油胺和工业十二烷基胺），使其与剩余的组分 A 反应，生成脲化合物 e。完成上述步骤后，迅速重新启动加热，将温度升高至 170℃，并在该温度下保持 30min 以确保反应完全。

反应完成后，开始冷却。在冷却过程中，当温度降至 125℃ 时，向润滑脂中加入 1.0%（质量分数）的辛基二苯胺（抗氧化剂）。进一步冷却至 80℃后，将润滑脂在三辊磨机中进行处理，最终得到成品润滑脂。

（6）典型润滑脂理化数据（见表 5-39）

表 5-39　典型润滑脂理化数据

实施例	1	2	3	4	5
锥入度/0.1mm	267	262	255	268	263
滴点/℃	249	255	250	248	252
油分离/%	0.6	0.4	0.4	0.5	0.6
噪声测试(120s 后)	8	10	7	11	8
安定性(室温，24h)/0.1mm	340	335	329	358	335
安定性(150℃，24h)/0.1mm	348	350	317	310	353
轴承寿命测试(150℃)/h	785	—	—	800	813

（7）产品应用领域

在家用电器设备（如吸尘器、洗衣机、电冰箱压缩机、空调压缩机、风扇、电扇、暖风机、干燥器、排风扇和空气净化器）传动部件中使用的轴承润滑脂，必须具备卓越的低噪声性能和长效使用寿命。在汽车工业领域，尤其是发动机部件中使用的轴承润滑脂，同样需要具备优异的低噪声特性和长寿命特性，以满足严苛的工作环境要求。

（8）产品特点

该产品以聚脲增稠剂稠化合成油为基础，并添加抗氧化剂等高性能添加剂，通过独特工艺精制而成。该润滑脂组合物具备卓越的降噪性能、高温环境下的长效使用寿命，同时展现出润滑脂应有的基本特性，包括优异的剪切稳定性、耐热性以及适宜的分油性能。

5.3.3.4　低噪声聚脲润滑脂（四）

（1）技术难点

真空吸尘器作为家用电器和办公自动化设备中的关键部件，在 30000～40000r/min 的高转速下运行，这会导致显著的气动噪声和滚动噪声。此外，摄像机、磁带录像机及电子设备中的轴承所产生的噪声可能会被误认为信号，并对电子元件造成不利影响。胺与异氰酸酯反应生成的脲化合物通常呈现硬质颗粒状特性，这种特性不仅削弱了降噪效果，还对润滑性能的平滑性产生了负面影响。在许多情况下，甲苯二异氰酸酯（TDI）或 3,3'-二甲基-4,4'-二亚苯基二异氰酸酯（TODI）被用作制备具有良好声学特性的润滑脂组合物的起始材料。其制备方法包括使用捏合机进行混合、在高压釜中进行反应，或者通过加热并混合两种或多种类型的润滑脂来溶解脲化合物，从而避免其团聚现象。随着中国聚脲基润滑脂产量的快速增长以及市场对低噪声润滑脂需求的持续上升，清洁生产环境和具备更优声学特性的润滑脂产品的需求也在不断增加。许多用户期望获得一种性价比高的润滑脂产品，而采用昂贵的 TODI 作为原材料且需要复杂生产工艺的脲润滑脂可能缺乏商业竞争力。鉴于 TDI 作为润滑脂生产的关键原材料所具有的健康与安全风险，其妥善处理和特种设备的安全安装变得尤为重要。随着润滑脂产量的增加，必须加强对 TDI 的管理，确保符合特种设备安全管理标准，以预防事故并保障工作人员的健康。因此，有必要考虑增设改善声学特性的生产设施，并适当延长生产流程时间。

（2）解决方法

为了解决现有润滑脂在高温条件下油分离度较高、声音特性不佳以及润滑性能不足的问题，本发明开发了一种特定的脲润滑脂组合物。该组合物通过优化配方设计，得到了令人满意的稠度系数，并显著降低了高温环境下的油分离度。同时，其出色的声音特性和润滑性能进一步提升了产品的应用价值。此外，为解决传统润滑脂生产过程中增稠剂分散不均的问题，本发明使用常规润滑脂生产设备即可完成制造，无需依赖高压釜或捏合机等专用设备，从而有效降低了生产成本并提高了工艺可行性。

（3）关键原料特性

① 增稠剂　由 MDI（二苯基甲烷-4,4′-二异氰酸酯）、辛胺、油胺反应制得。

② 基础油　100℃下黏度，矿物油 $10.12mm^2/s$，烷基二苯基醚 $12.69mm^2/s$，聚 α-烯烃 $12.70mm^2/s$。

（4）典型润滑脂配方（见表 5-40）

表 5-40　典型润滑脂配方　　　　　　　　　　单位：质量份

项目	实施例						
	1	2	3	4	5	6	7
MDI/g	10.84	9.88	8.91	10.84	9.88	9.50	9.50
辛胺/g	9.15	6.10	3.05	9.15	6.10	4.91	4.91
油胺/g	4.01	8.02	12.04	4.01	8.02	9.59	9.59
矿物油/g	176	176	176	—	—	176	—
烷基二苯基醚/g	—	—	—	176	176	—	—
聚 α-烯烃/g	—	—	—	—	—	—	176

（5）制备方法

将配比量的 MDI（二苯基甲烷-4,4′-二异氰酸酯）和基础油加入润滑脂釜中，加热至约 50℃ 以确保 MDI 充分溶解。在快速搅拌条件下，缓慢加入预先分散于 20 质量份基础油中的辛胺，并持续搅拌约 10min。随后，加入已分散于 20 质量份基础油中的油胺，继续搅拌以促进反应进行。由于二异氰酸酯与胺之间的化学反应，润滑脂釜内的物料温度逐渐升高。为确保反应完全，将物料进一步加热至 168℃ 并维持该温度约 30min。待物料冷却至室温后，通过三辊磨机处理制得最终润滑脂产品。

（6）典型润滑脂理化数据（见表 5-41）

表 5-41　典型润滑脂理化数据

项目	实施例						
	1	2	3	4	5	6	7
锥入度/0.1mm	245	241	241	232	245	225	247
滴点/℃	>250	>250	>250	>250	>250	>250	>250
油分离/%	0.6	1.1	2.4	0.4	0.8	0.4	0.7
120s 后噪声测试	5	12	12	10	8	7	7

（7）产品应用领域

用于真空吸尘器的润滑脂，其作为家用电器设备和办公自动化设备中的轴承，在 30000～40000r/min 的高转速运行条件下，可能会引发较高的气动噪声和滚动噪声。

（8）产品特点

该产品以聚脲增稠剂稠化醚类合成油为基础，并通过独特工艺精制而成，同时添加了抗氧化等高效能添加剂。该润滑脂展现出优异的稠度稳定性，即使在高温条件下，其油分离度依然极低。此外，该产品具备卓越的声音抑制性能和润滑效果，能够有效满足高精度设备的运行需求。

5.3.3.5　低噪声聚脲润滑脂（五）

（1）技术难点

在汽车、家电产品、信息设备及工业机械等领域，电机的需求持续增长。对于电机旋转部件中所使用的轴承，除了要求具备良好的耐久性外，静音性能也日益受到重视。特别是在家电产品和信息设备中的电机（如无刷电机和风扇电机），由于其通常运行于贴近人体的环境中，降低轴承噪声显得尤为重要。轴承噪声的产生主要与填充于轴承内的润滑脂配方成分密切相关。尽管轴承滑动面通过润滑脂形成的油膜实现润滑功能，但不同配方的润滑脂可能导致油膜稳定性下降，而油膜的不稳定被认为是引发轴承振动并产生噪声的关键因素。

（2）解决方法

为了解决滚动轴承在高温环境下噪声寿命较短的问题，本发明开发了一种润滑脂组合物。该组合物通过将基油、特定的二脲系增稠剂与金属钝化剂进行合理组合，有效提升了滚动轴承在高温区域的性能表现，从而显著延长其噪声寿命。

（3）关键原料特性

① 增稠剂　由环己胺（CHA）、硬脂酰胺（SA）和 MDI 反应而制得。

② 基础油

• 矿物油：石蜡基矿物油。

• 合成烃油：聚 α-烯烃。

• 酯油：二季戊四醇油和季戊四醇油。

③ 添加剂

• 金属钝化剂

• A 苯并三唑系化合物（1-［N,N-双（2-乙基己基）氨基甲基］-4-甲基苯并三唑）。

• B 噻二唑系化合物［2,5-双（烷基二硫代）-1,3,4-噻二唑］。

• C 苯并咪唑系化合物（2-巯基苯并咪唑）。

• 抗氧化剂：二苯胺。

（4）典型润滑脂配方（见表 5-42）

表 5-42　典型润滑脂配方

项目		实施例							比较例	
		1	2	3	4	5	6	7	1	2
增稠剂配比（摩尔比）	MDI	1	1	1	1	1	1	1	1	1
	CHA	0.6	0.6	0.6	0.6	—	0.6	0.6	0.6	0.6
	SA	1.4	1.4	1.4	1.4	2	1.4	1.4	1.4	1.4
润滑脂配比（质量份）	矿物油	75	100	75	75	75	75	75	75	70
	合成烃油	25	—	25	25	25	25	25	25	—
	酯油	—	—	—	—	—	—	—	—	30
	金属钝化剂 A	0.5	0.5	0.1	5	0.5	—	—	—	0.5
	金属钝化剂 B	—	—	—	—	—	0.5	—	—	—
	金属钝化剂 C	—	—	—	—	—	—	0.5	—	—
	二苯胺	2.5	2.5	2.5	2.5	2.5	2.5	2.5	2.5	2.5

（5）制备方法

以 4,4'-二苯基甲烷二异氰酸酯（MDI）与特定量的胺［环己胺（CHA）

和/或硬脂酰胺（SA）] 为基础，在基础油中通过化学反应制备基础润滑脂。随后，向该基础润滑脂中添加金属钝化剂等添加剂，进一步制备出目标润滑脂。

（6）典型润滑脂理化数据（见表 5-43）

表 5-43　典型润滑脂理化数据

项目	实施例							比较例	
	1	2	3	4	5	6	7	1	2
基油的苯胺点/℃	130	110	130	130	130	130	130	130	130
基油在 40℃ 的运动黏度/(mm²/s)	48	48	48	48	48	48	48	48	48
工作锥入度/0.1mm	235	235	235	235	235	235	235	235	235
音响耐久性	○	○	○	○	○	○	○	×	○
耐橡胶性	◎	◎	◎	◎	◎	◎	◎	◎	×

① 音响耐久性　将试验润滑脂组合物（160mg）封入内径为 8mm、外径为 22mm、宽度为 7mm 的小型深沟球轴承中，进行音响耐久性试验。试验条件如下：环境温度 140℃，内圈旋转速度 5600r/min，轴向负荷 19.6N，试验持续时间 1500h。音响耐久性依据以下标准进行判定：

○：安德鲁值≤5；

×：安德鲁值>5。

② 耐橡胶性　将作为密封材料的 NBR（丁腈橡胶）完全浸没于试验润滑脂组合物中，在 100℃ 条件下静置 70h 后取出，并测定其体积膨胀率。耐橡胶性依据以下标准进行判定：

◎：体积膨胀率<10%；

○：体积膨胀率≥10%且<15%；

×：体积膨胀率≥15%。

（7）产品应用领域

该产品适用于需要在高温环境下具备较长使用寿命的应用场景，例如家电设备（如空调、空气净化器和吸尘器等）以及信息设备（如个人计算机、电视和硬盘等）。特别地，该产品非常适合用于上述设备中的小型电机（如无刷电机和风扇电机等）。

（8）产品特点

该产品以聚脲稠化精制矿物油为基础，并添加了抗氧化剂、防锈剂及金属钝化剂等多种功能性添加剂精心制备而成。该润滑脂能够有效提升滚动轴承在高温环境下的疲劳寿命性能。

5.3.3.6 低噪声聚脲润滑脂（六）

（1）技术难点

通过将脲系增稠剂与特定添加剂和基础油进行合理组合，可以在确保润滑性能的同时显著改善低温微振特性。然而，在高温和高负荷条件下长期使用此类润滑脂时，可能会因增稠剂化学稳定性下降而产生杂质。这些杂质的生成不仅会导致轴承内部出现异常噪声，还会使轴承扭矩变得不稳定，从而加速产品性能的劣化。此外，这种现象还可能缩短密封有该润滑脂的滚动轴承等部件的疲劳寿命。

（2）解决方法

为了解决润滑脂在长期使用过程中化学稳定性不足以及密封滚动轴承疲劳寿命缩短的问题，开发了一种通过优化基础油与增稠剂溶解度参数（SP值）差值的润滑脂配方。具体而言，通过缩小基础油和增稠剂之间的SP值差异，显著提升了润滑脂的化学稳定性。此外，结合特定添加剂与其他组分的合理共混，在考虑SP值匹配性的基础上，有效确保了密封有该润滑脂的滚动轴承等部件在长时间运行条件下的疲劳寿命。

（3）关键原料特性

① 增稠剂　由脂族胺（十八胺）、脂环族胺（环己胺）、芳香胺（对甲苯胺）和二异氰酸酯（MDI）反应制得。

② 基础油
- 聚 α-烯烃 1：运动黏度 $410mm^2/s$（40℃）。
- 聚 α-烯烃 2：运动黏度 $31mm^2/s$（40℃）。
- 聚 α-烯烃 3：运动黏度 $17.5mm^2/s$（40℃）。

③ 添加剂
- 氧化蜡的甲基酯：ALOX350。
- 二苯基氢亚磷酸酯：JP-260。
- 磺酸钡：NA-SUL BSN-HT。
- 磺酸钙：NA-SUL CA-1089。
- 杂环醚：LZ730。
- MoDTP：ADEKA SAKURA-LUBE 300。

（4）典型润滑脂配方（见表5-44）

表5-44　典型润滑脂配方

原料		实施例1	实施例2	实施例3	实施例4	实施例5
基础油配比（质量比）	聚 α-烯烃 2	100	50	100	100	100
	聚 α-烯烃 3	—	50	—	—	—

	原料	实施例 1	实施例 2	实施例 3	实施例 4	实施例 5
增稠剂配比（摩尔比）	脂族胺	20	20	10	15	30
	脂环族胺	80	80	90	85	70
润滑脂配比（质量分数）/%	增稠剂	10	11	15	10	12.5
	基础油	余量	余量	余量	余量	余量
	氧化蜡的甲基酯	2	2	2	2	2
	二苯基氢亚磷酸酯	0.5	0.5	0.5	0.5	0.5
	磺酸钡	1	1	1	1	1
	杂环醚	1	1	1	1	1
	MoDTP	0.9	0.9	0.9	0.9	0.9
	其他添加剂	2.55	2.55	2.55	2.55	2.55

（5）制备方法

将作为增稠剂原料的胺化合物与一半量的聚 α-烯烃混合并使其完全溶解，制备得到溶液 A。随后，将增稠剂原料二异氰酸酯化合物（MDI）与另一半量的聚 α-烯烃混合，并在 70℃ 条件下加热以确保其充分溶解，制备得到溶液 B。在持续搅拌溶液 B 的过程中，缓慢加入溶液 A，并将混合物在 150℃ 下保持 30min 以促进反应进行。之后，在保持搅拌的同时，使混合物自然冷却至较低温度。当温度降至 60℃ 以下时，添加相应添加剂，并在持续搅拌的情况下进一步冷却至室温。最后，利用三辊磨机对所得产物进行均质化处理，从而获得最终润滑脂。

（6）典型润滑脂理化数据（见表 5-45）

表 5-45　典型润滑脂理化数据

项目	实施例 1	实施例 2	实施例 3	实施例 4	实施例 5
添加剂的总量	7.95	7.95	7.95	7.95	7.95
基础油运动黏度(40℃)/(mm²/s)	31	23	31	31	31
基础油的 SP 值	8.40	8.40	8.40	8.40	8.40
增稠剂的 SP 值	11.62	11.62	11.88	11.73	11.40
杂质(铃木型摩擦试验机)	良好	良好	中等	中等	良好
疲劳寿命试验/h	12.6	10.7	11.5	11.9	12.1

（7）产品应用领域

适用于含有金属滑动部件的各种类型接头、排挡、轴承及齿轮等的润滑场景。此外，还可广泛应用于汽车车轮轴承在内的汽车用滚动轴承，以及各类工业设备所使用的滚动轴承。

（8）产品特点

该产品以有机聚脲增稠剂稠化精制基础油，并复配抗氧、防锈等高性能添加剂,从而实现性能的全面提升。该润滑脂在滚动轴承中的应用显著增强了抗疲劳性能,有效保障了轴承在实际工况下的长寿命与高可靠性。

5.3.4 高温聚脲润滑脂

5.3.4.1 高温聚脲润滑脂(一)

(1)技术难点

在滚动或滑动润滑中,润滑部位的寿命主要受限于疲劳引起的剥落现象。为防止剥落并延长使用寿命,需减少润滑表面之间的直接接触机会。通常,通过增加润滑油(即润滑脂)基础油的黏度以加厚油膜,是实现两表面不直接接触的有效方法。然而,要发挥这一效果,需要适量的增稠剂来确保油膜的稳定性。另一方面,若增稠剂用量过多,则会损害润滑脂组合物流入润滑部位的能力,从而影响其流动性。而润滑脂组合物的流动性对于汽车等速接头、齿轮及滚动轴承等机械部件的润滑性能至关重要。

(2)解决方法

为了解决等速接头、齿轮、滚动轴承等机械部件在使用过程中因润滑脂性能不足而导致的剥落问题,同时满足其对长期稳定性和流动性的需求,开发了一种增稠剂含量适中的润滑脂。该润滑脂通过优化配方设计,在确保优异流动性的同时,能够有效防止剥落现象的发生,从而显著延长机械部件的使用寿命。

(3)关键原料特性

① 增稠剂 由苯胺、环己胺和 MDI 反应制得。

② 基础油

• 矿物油:500 中性油(40℃的运动黏度为 $100mm^2/s$)。

• 烷基二苯基醚油:40℃的运动黏度为 $100mm^2/s$。

(4)典型润滑脂配方(见表 5-46)

表 5-46 典型润滑脂配方

项目		实施例				
		1	2	3	4	5
增稠剂配比 (质量比)	苯胺	100	90	50	15	0
	环己胺	0	10	50	85	100
润滑脂配比 (质量分数) /%	增稠剂量	22	18	16	12	10
	矿物油	余量	余量	余量	余量	余量

（5）制备方法

按照预定比例，将二苯甲烷 4,4′-二异氰酸酯与苯胺和/或环己胺在基油中进行反应，生成二脲化合物。随后，在所得产物中添加适量基油，调整稠度至 300，最终制得试验润滑脂组合物。

（6）典型润滑脂理化数据（见表 5-47）

表 5-47　典型润滑脂理化数据

项目	实施例				
	1	2	3	4	5
锥入度/0.1mm	300	300	300	300	300
疲劳寿命/（×1000 转）	200	3000	5500	4200	1800

（7）产品应用领域

广泛适用于各类滚动轴承，尤其适合用于剥落现象较为显著的汽车电气装置及辅助设备中的滚动轴承。例如，该类产品可应用于汽车空调电磁离合器、中间滑轮、空转轮滑轮、张力滑轮等部件中使用的轴承，以及交流发电机等设备中所使用的轴承。此外，该产品还适用于多种类型的等速接头，包括固定型（如球笼型、巴菲尔德式）和滑动型（如双偏移型、叉槽型）等。

（8）产品特点

该产品以聚脲稠化精制基础油为原料，并复配抗氧化剂、防锈剂等高性能添加剂精心制备而成，具备长时间有效防止剥落的优异性能，同时展现出卓越的流动性，适用于各类精密机械部件的长效润滑。

5.3.4.2　高温聚脲润滑脂（二）

（1）技术难点

鉴于全球环境问题的日益严峻，当前正积极开展以减少环境负荷为目标的研究工作，其中包括以碳中和为代表的、基于动植物油脂的替代能源探讨以及生物燃料的研发。其中，微细藻类中的绿藻葡萄藻因其能够产出高产量且高纯度的烃类物质，被视作石油的理想替代品而备受关注。为应对环境挑战，尤其是削减温室气体排放的需求，汽车行业正在加速推进轻量化设计，并在多种关键部位引入离合器及扭矩限制器机构，这些部件的应用频率也持续提升。因此，在润滑材料的选择上，必须充分考虑其耐磨性和耐热性，以确保相关部件的长期稳定运行。

（2）解决方法

为解决传统硅润滑脂和牵引油在扭矩传递性、耐磨耗性及耐热性方面的局限性，开发了一种新型润滑脂组合物。该组合物通过在基础油中引入葡萄藻油及其氢化油，成功实现了与传统产品相当的扭矩传递性能，同时显著提升了耐磨耗性和耐热性，从而满足高性能润滑材料的需求。

（3）关键原料特性

① 增稠剂　Li 皂、二氧化硅、复合锂皂。

② 基础油　葡萄藻油或氢化葡萄藻油，在 40℃下的运动黏度为 $10\sim30mm^2/s$。

③ 添加剂　通常使用抗氧化剂、极压剂、防锈剂、表面活性剂、二甲基硅酮等添加剂。

（4）典型润滑脂配方（见表 5-48）

表 5-48　典型润滑脂配方　　　　单位：%（质量分数）

项目	实施例1	实施例2	实施例3	比较例1	比较例2	比较例3
聚脲增稠剂	8.0			4.57		
Li 皂增稠剂		8.0				市售不明
二氧化硅增稠剂			8.0			
复合锂皂增稠剂				市售不明		
葡萄藻油	余量	余量	余量			
角鲨烯、角鲨烷				余量		
PAO				余量		余量
二甲基硅酮					余量	

（5）制备方法

向反应容器中加入基础油总量的一半以及二苯基甲烷-4,4'-二异氰酸酯的全部量，并将体系加热至 70～80℃。在另一容器中，加入剩余的基础油一半量以及十八烷基胺和环己胺的全部量，同样加热至 70～80℃后，将其缓慢加入反应容器中并充分搅拌。由于该反应为放热反应，反应物温度会随之升高，在此条件下持续搅拌约 30min 以确保反应完全进行。随后将反应体系升温至 155℃并自然冷却。最后，通过三辊磨机对产物进行混炼处理，最终成功制备出目标润滑脂。

（6）典型润滑脂理化数据（见表 5-49）

表 5-49　典型润滑脂理化数据

项目	实施例1	实施例2	实施例3	比较例1	比较例2	比较例3
运动黏度/(mm^2/s)	14.3	14.3	14.3	14.9	13.9	17
闪点/℃	208	208	208	205	330	228
锥入度/0.1mm	302	269	227	435	305	280

项目	实施例 1	实施例 2	实施例 3	比较例 1	比较例 2	比较例 3
最大牵引系数	0.091	0.082	0.084	0.053	0.083	0.042
SRV 摩擦系数(100N)	0.122	0.135	0.143	0.178	0.975	0.097
SRV 磨耗痕迹面积(100N)/mm^2	0.372	0.277	0.153	0.279	16.17	0.149

最大牵引系数：通过球/盘 EHL（弹性流体动力润滑）试验机测定最大牵引系数。试验中，钢制盘以转速 U_d 旋转，而球保持自由状态，其转速为 U_b。球的旋转轴偏离盘的中心位置。由于滑移运动 U_s（相对于球旋转产生的滑移速度）的存在，利用负载传感器检测球轴方向的牵引力，并将该牵引力的最大值与载荷之比定义为最大牵引系数。

试验条件：最大赫兹压力 0.711GPa；滑动速度 0.5m/s；环境温度 25℃。

（7）产品应用领域

适用于离合器、扭矩限制器机构及动力传输机构中的润滑部位，同时也可作为轴承润滑的应用。

（8）产品特点

该产品以聚脲稠化精制葡萄藻油或氢化葡萄藻油为基础，并复配抗氧化剂、极压剂、防锈剂及表面活性剂等高性能添加剂精心制备而成。该润滑脂展现出卓越的耐磨耗性和耐热性，具备优异的润滑性能。

5.3.4.3 高温聚脲润滑脂（三）

（1）技术难点

在汽车电气装置及辅助设备中，滚动轴承等高温、高速运行的关键部位对润滑脂提出了长效润滑寿命的要求。为实现这一目标，润滑脂需具备优异的耐热性能，同时应具有良好的流入性以确保其能够充分覆盖润滑部位。当所使用的轴承为外圈旋转型时，由于离心力等因素的影响，润滑脂的流入性显得尤为重要，否则难以有效进入润滑区域。然而，若流入性过强，则可能导致润滑脂软化并从轴承中渗漏，从而显著缩短其使用寿命。

（2）解决方法

通过提高二脲化合物中环己基的比例，有效提升了润滑脂的耐热性能，同时对其流动性进行了合理抑制。另一方面，选用具有极性且与增稠剂具有良好亲和性的酯系合成油，显著改善了润滑脂的流动性。由此，在耐热性和流动性之间实现了良好的平衡。

（3）关键原料特性

① 增稠剂

- 增稠剂 A1～A5：脂环式脂肪族二脲（使用环己胺和/或硬脂胺）。
- 增稠剂 B：芳香族二脲（使用对甲苯胺）。
- 增稠剂 C：Li 皂（12-羟基硬脂酸锂）。

② 基础油
- 酯油 A：三羟甲基丙烷酯油（40℃运动黏度 24.5mm²/s）。
- 酯油 B：季戊四醇酯油（40℃运动黏度 30.8mm²/s）。
- 酯油 C：二季戊四醇烷酯油（40℃运动黏度 209mm²/s）。
- 酯油 D：复合酯油（40℃运动黏度 102mm²/s）。
- 矿物油：40℃运动黏度 102mm²/s。
- 合成烃油：40℃运动黏度 63.3mm²/s。
- 苯醚油：二烷基二苯基醚油（40℃运动黏度 100mm²/s）。

③ 添加剂
- 添加剂 A：胺系抗氧化剂（烷基二苯胺）。
- 添加剂 B：磺酸盐系防锈剂（二壬基萘磺酸锌）。

（4）典型润滑脂配方（见表 5-50）

表 5-50　典型润滑脂配方　　　　单位：%（质量分数）

成分	实施例1	实施例2	实施例3	实施例4	比较例1	比较例2	比较例3	比较例4
增稠剂 A1	14.0							
增稠剂 A2		14.0						
增稠剂 A3			14.0					
增稠剂 A4				14.0		14.0		
增稠剂 A5					14.0			
增稠剂 B							23.0	
增稠剂 C								9.0
酯油 A		20.5						
酯油 B			45.1		45.1			87.0
酯油 C	73.8		36.9		36.9			
酯油 D				49.2		8.2	73.0	
矿物油	8.2							
合成烃油		61.5						
苯醚油				32.8		73.8		
添加剂 A	3.0	3.0	3.0	3.0	3.0	3.0	3.0	3.0
添加剂 B	1.0	1.0	1.0	1.0	1.0	1.0	1.0	1.0

（5）制备方法

试验润滑脂的制备过程如下：首先，在基础油中按照规定比例加入胺类物质（环己胺、硬脂胺及对甲苯胺），并与芳香族二异氰酸酯（二苯基甲烷二异氰酸酯）发生反应。随后，使用基础油对反应产物进行稀释，并调整至混合稠度为280，最终制得基础润滑脂。

（6）润滑脂的理化指标（见表 5-51）

表 5-51　典型润滑脂理化数据

项目	实施例 1	实施例 2	实施例 3	实施例 4	比较例 1	比较例 2	比较例 3	比较例 4
锥入度/0.1mm	280	280	280	280	280	280	280	280
增稠剂中的 CH 率/%	70	75	87	90	50	90	0	0
基油中的酯油率/%	90	25	100	60	100	10	100	100
外圈转动试验(160℃)/h	520	550	1020	770	300	390	240	20
轴承寿命试验(180℃)/h	600	610	1000	810	330	370	515	28

注：环己基(CH)的含有率(%)＝[{(环己基的摩尔数)/(环己基的摩尔数＋烷基的摩尔数)}×100]。

（7）产品应用领域

在外圈转动的情况下，汽车电气装置及辅助设备中所使用的滚动轴承主要包括汽车空调用电磁离合器、中间滑轮、空转轮滑轮以及张力滑轮等部件中的轴承；而在内圈转动的情况下，则包括交流发电机等设备中所使用的轴承。

（8）产品特点

该产品以聚脲稠化精制油为基础，并复配抗氧化剂、防锈剂等高性能添加剂精心制备而成，显著提升了对润滑部位的渗透性能，同时在高温工况下仍能有效保障轴承的长使用寿命。

5.3.5　高速聚脲润滑脂

5.3.5.1　高速聚脲润滑脂（一）

（1）技术难点

① 近年来，随着汽车轻量化需求的不断增长，汽车电器设备逐渐向小型化和轻量化方向发展。同时，为了满足高输出功率与高效率的要求，汽车电器通过提高旋转速度来弥补因小型化而导致的输出功率下降。

② 传动轴承需要具备在高速旋转及高负荷条件下稳定运行的能力。然而，通常情况下，封入轴承中的润滑脂寿命短于轴承本身的疲劳寿命，因此轴承的整

体使用寿命往往受限于润滑脂的性能。特别是在高速、高负荷工况下，选用具有优异高温耐久性的润滑脂显得尤为重要。

③ 近年来，随着各类机械部件的小型化与高性能化趋势加剧，在严苛使用条件（尤其是高温和高负荷工况）下的润滑脂耐高温寿命不足问题日益突出。为有效延长润滑脂的耐高温寿命，仅依靠传统抗氧剂或极压剂已难以达到理想效果，需进一步开发新型添加剂或改进润滑脂配方以满足更高要求。

（2）解决方法

为解决高温环境下润滑脂易氧化劣化的问题，开发了一种由基油、增稠剂以及酰胺系蜡构成的配方体系。其中，选用熔点高于 80℃ 的酰胺系蜡，通过其优异的抗氧化性能有效抑制基油在高温条件下的氧化反应。该方案能够显著提升润滑脂在高温工况下的使用寿命，满足严苛环境下的应用需求。

（3）关键原料特性

① 增稠剂

- 脂肪族二脲：由 4,4'-二苯基甲烷和辛胺合成。
- 脂环族二脲：由 4,4'-二苯基甲烷二异氰酸酯和环己胺合成。
- 芳香族二脲：由 4,4'-二苯基甲烷二异氰酸酯和对甲苯胺合成。

② 基础油

- 合成烃油 1：聚 α-烯烃油黏度在 40℃ 为 $30mm^2/s$。
- 合成烃油 2：聚 α-烯烃油黏度在 40℃ 为 $47mm^2/s$。
- 酯油：季戊四醇酯油黏度在 40℃ 为 $33mm^2/s$。
- 醚油：烷基二苯基醚油黏度在 40℃ 为 $97mm^2/s$。

③ 添加剂

- N,N'-亚乙基双（硬脂酰胺）：熔点为 143℃。
- 酰胺系蜡的硬脂酸酰胺：熔点为 100℃。
- 酰胺系蜡的羟甲基硬脂酰胺：熔点为 108℃。
- 酰胺系蜡的油酸酰胺：熔点为 74℃。

（4）典型润滑脂配方（见表 5-52）

表 5-52　典型润滑脂配方　　　　单位：%（质量分数）

项目	实施例							比较例	
	1	2	3	4	5	6	7	1	2
合成烃油 1	15					15		15	
合成烃油 2		84							15
酯油			86		15		15		

项目	实施例							比较例	
	1	2	3	4	5	6	7	1	2
烷基二苯醚油	60			72	60	60	60	62	60
增稠剂脂族二脲		7							
脂环族二脲		6	13.5						
芳香族二脲	20			18	20	20	20	23	20
胺系蜡化合物(熔点143℃)	5	3	0.5	10	5				
酰胺系蜡化合物(熔点100℃)						5			
酰胺系蜡化合物(熔点108℃)							5		
酰胺系蜡化合物(熔点74℃)									5

(5) 制备方法

通过 4,4′-二苯基甲烷与胺类化合物的反应，可制备出脂肪族二脲、脂环族二脲以及芳香族二脲等聚脲类化合物。

(6) 典型润滑脂理化数据 (见表 5-53)

表 5-53　典型润滑脂理化数据

项目	实施例							比较例	
	1	2	3	4	5	6	7	1	2
基础油黏度(40℃)/(mm²/s)	72	47	33	97	81	72	81	72	72
锥入度/0.1mm	300	275	280	300	290	300	300	300	300
高温高速试验/h	5050	5400	4050	5250	7050	4800	6650	2100	2150
急加减速试验/h	＞300			＞300	＞300			＞300	

高温高速试验：向滚动轴承（型号 6204）中填充 1.8g 不同种类的试验用润滑脂，在轴承外圈外径温度为 150℃、径向负荷 67N、轴向负荷 67N 的条件下，以 10000r/min 的转速进行旋转，测定直至轴承发生烧损所需的时间。

急加减速试验：以电气辅机中的交流发电机为例，针对支撑皮带轮旋转轴（该皮带轮用于驱动皮带绕卷）的滚动轴承进行急加减速性能测试。试验条件设定为：皮带轮负荷 3234N，转速范围为 0～18000r/min。耐久时间（即寿命时间）的评估标准为：当轴承出现异常剥离、振动监测器的振动值达到预设阈值或发电机停止工作时所记录的时间。

（7）产品应用领域

该产品适用于工业机械及电气设备中对高耐热性有严格要求的滚动轴承场景。特别是针对因小型化需求而对耐热性提出更高要求的电气设备，例如交流发电机、皮带轮、电磁离合器等，能够提供卓越的性能保障。尤其在高温、高速旋转工况下，该润滑脂及其封入式轴承展现出优异的适用性与可靠性。

（8）产品特点

该产品以聚脲稠化精制合成油为基础，并复配抗氧化剂、防锈剂以及酰胺类蜡等高性能添加剂精心制备而成，展现出卓越的耐热性能和优异的抗氧化能力。

5.3.5.2 高速聚脲润滑脂（二）

（1）技术难点

① 目前，主流汽车动力转向装置是液压型。但在采用这种液压动力转向装置的情况下，必须考虑因使用液压油（动力转向流体）导致的环境问题。当安装这种液压动力转向装置时，存在发动机动力的相应损失，这是因为产生油压所需要的液压泵由发动机的动力驱动并且是连续驱动的（即使转向轮不操作时也是如此）。因此，这是导致燃料消耗增加的关键因素。当前，主流汽车动力转向装置仍以液压型为主。然而，在采用液压动力转向装置时，必须关注因使用液压油（动力转向流体）而引发的环境问题。此外，由于液压泵由发动机驱动并持续运行（即使在转向轮未操作的情况下），这会导致发动机动力的额外损耗，从而成为燃料消耗增加的关键因素。

② 在电力转向装置中，电动机作为助力动力源，通过控制单元实现按需驱动，仅在需要助力时启动电动机。同时，电动机的动力来源于车辆运行产生的电力，因此能够显著减少对发动机功率的依赖。然而，当前电力转向装置的功率输出仍低于液压动力转向装置。因此，提升电动机功率的同时，还需尽可能降低各组成部件之间的摩擦，以最大限度地减轻电动机负载，从而进一步优化性能。

③ 特别是在寒冷地区，电力转向装置的低温起动性能至关重要。在液压动力转向装置中，与发动机直接相连的液压泵可通过液压油作为传热介质，预热转向装置的各个部件。因此，润滑剂具备常规的低温特性即可满足需求。而在电力转向装置中，由于缺乏来自发动机的直接热源，转向装置无法迅速预热。因此，用于电力转向装置中的润滑脂必须具备稳定的低摩擦扭矩性能，以确保低温条件下的可靠运行。

此外，考虑到车辆在全球范围内的使用环境，设计和制造的电力转向装置不仅要适应约−40℃的极端寒冷条件，还需承受≥100℃的高温工况（主要源于发动机舱内的热辐射和路面传导的热量）。

（2）解决方法

为解决润滑脂在低温环境下启动特性不佳的问题，开发了一种基于低黏度基油的润滑脂配方体系。通过选用运动黏度较低的基油（在−40℃条件下运动黏度小于或等于 6000mm^2/s），有效提升了润滑脂的低温流动性，使其相较于传统润滑脂基油更适合应用于极端寒冷环境。然而，低黏度基油在滑动表面容易形成边界润滑，可能导致油膜破裂，从而缩短机器使用寿命。为此，进一步开发了掺入特定二脲化合物及多种功能性添加剂（包括油溶性有机钼络合物、油溶性有机二硫代氨基甲酸锌化合物、油溶性有机二硫代磷酸锌化合物以及无机硫化合物）的解决方案。该方案不仅能够显著降低油膜破裂的风险，还能有效延长机械设备的使用寿命，满足严苛工况下的性能需求。

（3）关键原料特性

① 增稠剂

• 胺 A：平均分子量为 130、主要含（至少 90％）8 个碳的饱和烷基的直链伯胺（工业级辛胺）。

• 胺 B：平均分子量为 270、主要含（至少 90％）18 个碳的饱和烷基的直链伯胺（工业级硬脂胺）。

• 胺 C：平均分子量为 255、含有约 50％ 18 个碳的不饱和烷基和 14-18 个碳的饱和或不饱和烷基的直链伯胺（工业级牛油胺）。

• 胺 D：平均分子量为 260、主要含（至少 70％）18 个碳的不饱和烷基的直链伯胺（工业级油胺）。

• 二异氰酸酯。

② 基础油

• 合成烃油 A：40℃下的运动黏度为 14.94mm^2/s，倾点为−67.7℃，在−40℃下的运动黏度为 3300mm^2/s。

• 合成烃油 B：40℃下的运动黏度为 396.2mm^2/s，倾点为−36℃。

• 矿物油：40℃下的运动黏度为 300mm^2/s，倾点为−57.7℃，在−40℃下的运动黏度为 4500mm^2/s。

③ 添加剂

• 添加剂 A：一种油溶性有机钼化合物，其为一种有机钼络合物。

• 添加剂 B：一种油溶性的 Zn-DTP，即二硫代磷酸锌盐。

• 添加剂 C：一种油溶性 Zn-DTC（二硫代氨基甲酸锌）。

• 添加剂 D：硫代硫酸钠。

（4）典型润滑脂配方（见表 5-54）

表 5-54　典型润滑脂配方

项目		实施例 1	实施例 2	实施例 3	实施例 4
增稠剂配比（摩尔比）	二异氰酸酯	1.0	1.0	1.0	1.0
	胺 A	1.25	0.75	0.75	0.75
	胺 B	—	0.25	—	—
	胺 C	—	0.75	0.625	—
	胺 D	0.75	0.25	0.625	1.25
润滑脂配比（质量分数）/%	增稠剂	9.5	7.5	8.5	8.0
	矿物油	—	—	—	5.0
	合成烃油 A	87.0	84.5	87.5	83.0
	合成烃油 B	—	5.0	—	—
	添加剂 A	1.25	1.0	2.0	1.5
	添加剂 B	0.75	0.5	0.7	1.0
	添加剂 C	0.75	0.5	1.0	1.0
	添加剂 D	0.75	1.0	0.3	0.5

（5）制备方法

按照预定的配混比例，将基油与二异氰酸酯加入气密润滑脂试生产装置中，在搅拌的同时加热至 60℃。随后，通过料斗加入由多种胺类化合物与基油制备的起始材料，并进行充分混合以引发反应。为确保反应完全，继续在搅拌状态下将混合物加热至 170℃并保持 30min，之后冷却至 80℃，按配混比例加入所需添加剂。此外，作为氧化抑制剂，额外添加 1.0%的辛基二苯胺（相对于配方总量以外的部分）。待混合物冷却至约 60℃后，将其通过三辊机进行精细加工，最终制得润滑脂。

（6）典型润滑脂理化数据（见表 5-55）

表 5-55　典型润滑脂理化数据

项目	实施例 1	实施例 2	实施例 3	实施例 4
锥入度/0.1mm	283	323	302	307
滴点/℃	238	222	201	212
油分离/%	2.8	3.0	3.3	3.5
基油的运动黏度（40℃）/(mm²/s)	14.94	17.69	14.94	16.4
基油的运动黏度（−40℃）/(mm²/s)	3300	4475	3300	4240

项目	实施例 1	实施例 2	实施例 3	实施例 4
基油倾点/℃	−67.7	−58.3	−67.7	−55.4
电力转向装置试验(−40℃)	1.25	1.28	1.12	1.32
电力转向装置试验(−20℃)	0.43	0.45	0.41	0.49
电力转向装置试验(0℃)	0.3	0.28	0.28	0.29
电力转向装置试验(20℃)	0.25	0.21	0.24	0.23
电力转向装置试验(50℃)	0.22	0.16	0.18	0.18
耐久试验(120℃,1.5×10^6 转)	—	—	正常	正常
耐久试验(120℃,3.0×10^6 转)	—	—	正常	正常

(7) 产品应用领域

适用于新能源汽车的电动转向装置。

(8) 产品特点

该产品以聚脲增稠剂稠化合成油为基础,并复配抗磨、抗氧化等高性能添加剂,通过独特工艺精心制备而成。该润滑脂在更宽广的温度范围内展现出稳定的低扭矩性能,尤其在低温条件下表现出优异的扭矩特性。此外,其在润滑表面具备卓越的润滑效果,扭矩变化极小,同时具备出色的高温使用寿命。

5.3.5.3 高速聚脲润滑脂(三)

(1) 技术难点

近年来,随着电动汽车、混合动力汽车以及插电式混合动力汽车的逐步普及,其驱动电机的高输出化趋势日益显著。在这一背景下,驱动电机中所使用的轴承相较于传统型号展现出更高的旋转速度,从而更容易产生热量积累。特别是在轴承 DN 值超过 100000 的高速旋转工况下,高温环境可能导致润滑脂油膜破裂,进而引发早期胶合现象,最终对轴承的耐久性能造成不利影响。

(2) 解决方法

在由基础油与聚脲系增稠剂组成的润滑脂中,通过激光衍射散射法测定其中脲系增稠剂颗粒的粒径,并将颗粒平均粒径调整至规定范围。此类润滑脂可有效改善高速旋转条件下出现的油膜破裂及咬粘耐久性等问题。

(3) 关键原料特性

① 增稠剂 脲系增稠剂,由十八烷基胺、环己胺和 MDI 反应制得。

② 基础油

- 聚 α-烯烃（PAO）：40℃运动黏度 47mm²/s，100℃运动黏度 7.8mm²/s，黏度指数 137。
- 矿物油：40℃运动黏度 138.0mm²/s，100℃运动黏度 14.5mm²/s，黏度指数 104。

③ 添加剂

- 抗氧化剂：4,4'-二壬基二苯胺。
- 防锈剂：烯基丁二酸多元醇酯。

（4）典型润滑脂配方（见表 5-56）

表 5-56 典型润滑脂配方 　　　　　　单位:%（质量分数）

项目	实施例 1	实施例 2	比较例 1	比较例 2
PAO	87.30	—	87.30	—
矿物油	—	85.30	—	85.30
脲系增稠剂	9.70	9.70	9.70	9.70
添加剂	3.00	5.00	3.00	5.00
聚脲增稠剂颗粒的算术平均粒径/μm	0.6	0.6	90	90

（5）制备方法

将聚 α-烯烃（PAO）92.04 质量份加热至 70℃后，加入二苯基甲烷-4,4'-二异氰酸酯（MDI）7.96 质量份，充分混合后制备溶液 A。另取聚 α-烯烃（PAO）87.94 质量份加热至 70℃，依次加入环己胺 2.01 质量份和硬脂胺 10.05 质量份，充分混合后制备溶液 B。随后，将加热至 70℃的溶液 A 以 150 L/h 的流量，以及加热至 70℃的溶液 B 同样以 150 L/h 的流量，通过各自的溶液导入管同时导入反应容器中，在容器内完成脲润滑脂的合成。

（6）典型润滑脂理化数据（见表 5-57）

表 5-57 典型润滑脂理化数据

项目	实施例 1	实施例 2	比较例 1	比较例 2	试验方法
聚脲增稠剂颗粒的算术平均粒径/μm	0.6	0.6	90	90	
工作锥入度(25℃)/0.1mm	272	291	265	280	
滴点/℃	>260	>260	>260	>260	
轴承寿命(150℃,DN 值 90000)	825	601	818	541	ASTM D1741
轴承寿命(160℃,DN 值 200000)	2256	2068	1181	1341	ASTM D3336

（7）产品应用领域

该产品适用于 DN 值超过 100000 的高速旋转轴承，尤其在 DN 值达到 200000、300000、500000 乃至 1000000 及以上的工况下，可为轴承提供卓越的润滑性能。具体而言，该产品适用于电动汽车、混合动力汽车以及插电式混合动力汽车中驱动电机轴承的润滑需求，同时也适用于工作机械主轴电机轴承的润滑场景。

（8）产品特点

该产品以聚脲稠化精制油为基础原料，复配抗氧化剂、防锈剂、极压抗磨剂等多种高性能添加剂精心制备而成。该润滑脂能够有效改善高速旋转轴承在运行过程中出现的油膜破裂问题，同时显著提升其抗咬粘性能及耐久性等关键指标。

第**6**章
未来润滑脂发展趋势

6.1
基于 AI 技术的润滑脂产品预测

随着工业技术的不断进步，基于 AI 技术的润滑脂稳定性预测成为行业前沿的研究方向之一。通过建立润滑脂成分-结构-性能数据库，并训练神经网络模型，可以实现对润滑脂性能变化的高精度预测。这种方法不仅能够更准确地评估润滑脂在不同工况下的表现，还为产品开发和应用提供了有力支持。

（1）数据收集

数据收集是构建稳定性和性能预测模型的基础。研究人员需要广泛收集润滑脂样品的成分、结构和性能数据，包括基础油、稠化剂和添加剂的详细信息，以确保数据库的全面性和代表性。具体操作包括：

① 样本采集　从不同制造商和应用场景中采集大量润滑脂样品，涵盖各种基础油、添加剂和稠化剂组合。例如，可以从汽车制造、风电场、钢铁厂等不同领域获取样品，确保数据的多样性和代表性。

② 参数测量　详细记录每个样品的关键参数，如皂纤维长径比、基础油黏度指数、添加剂浓度等。这些参数对于理解润滑脂的微观结构和宏观性能至关重要。例如，皂纤维长径比直接影响润滑脂的抗剪切能力和稳定性；基础油黏度指数则决定了润滑脂在不同温度下的流动性。

③ 性能测试　对每个样品进行多维度性能测试，包括剪切试验、高温试验、压力试验、油分离试验和轴承寿命试验等。这些测试结果将作为模型训练的重要依据，确保预测的准确性。例如，通过剪切试验可以了解润滑脂在高负荷条件下的抗剪切能力；通过高温试验可以评估其在极端温度下的热稳定性和抗氧化性能。

（2）模型训练

在数据收集完成后，下一步是使用 AI 技术算法训练神经网络模型，优化预测精度。具体步骤如下：

① 特征选择　从收集的数据中提取关键特征，如皂纤维长径比、基础油黏度指数、添加剂浓度等。这些特征将作为模型的输入变量，用于预测润滑脂的性能变化。

② 算法选择　根据问题的特点选择合适的 AI 技术算法，如支持向量机（SVM）、随机森林（Random Forest）或深度神经网络（DNN）。这些算法能够处理复杂的非线性关系，提高预测的准确性。

③ 模型训练与验证　使用交叉验证方法对模型进行训练和验证，确保其具有良好的泛化能力。例如，可以将数据集分为训练集和测试集，通过多次迭代训练和验证，优化模型参数，降低过拟合风险。

④ 误差控制　通过调整模型参数和增加正则化项，确保预测误差控制在 $\pm 5\%$ 以内。这使得模型能够在实际应用中提供可靠的预测结果，指导新产品开发和选型。

（3）应用实例

通过 AI 技术模型预测不同工况下润滑脂的性能变化，可以为新产品开发和选型提供重要参考。具体应用实例包括以下几种：

① 新产品开发　在研发新型润滑脂时，可以通过模型预测其在不同工况下的性能表现，提前发现潜在问题并进行优化。例如，某润滑油企业利用该模型成功开发了一款适用于高温环境的高性能润滑脂，显著提高了设备的使用寿命。

② 配方优化　通过对现有产品的性能预测，可以优化润滑脂的配方，提高其综合性能。例如，通过深入研究润滑油脂的极压抗磨性能，某汽车制造企业发现特定的极压抗磨剂能够显著提升润滑脂的抗磨性能。该企业通过优化润滑油脂配方，添加了如稠化剂、基础油、极压抗磨剂及防锈防腐剂等关键成分，从而显著降低了摩擦系数，提高了传动效率，并延长了相关零部件的使用寿命。这一创新不仅优化了产品配方，还显著提升了市场竞争力。

③ 故障预警　在实际应用中，智能系统可以根据实时数据调整润滑策略，提前预警潜在故障，减少停机时间。例如，在风力发电机齿轮箱中，智能系统可以根据模型预测润滑脂的性能变化，及时调整注脂周期，避免因润滑不良导致的设备损坏。

（4）技术优势与前景

基于 AI 技术的稳定性预测技术具有以下显著优势：

① 高精度预测　通过大量的实验数据和先进的 AI 技术算法，实现了对润滑脂性能变化的高精度预测，误差控制在 $\pm 5\%$ 以内。

② 快速响应　相比传统的实验方法，AI 技术模型可以在短时间内完成预测，大大缩短了产品研发周期。

③ 个性化定制　根据不同应用场景的具体需求，智能系统可以为用户提供个性化的润滑方案。例如，在汽车制造中，根据不同的车型和使用环境，推荐最适合的润滑脂产品，确保车辆在各种条件下都能保持最佳性能。

未来，随着技术的不断进步，基于 AI 技术的稳定性预测将在以下几个方面发挥更大的作用：

① 智能润滑系统设计　结合数字孪生技术和物联网，实现润滑系统的全生命周期管理，提升设备的可靠性和效率。

② 极端环境适应性研究　研究润滑脂在高温、高压、低温等极端环境下的结构变化，特别是超低温润滑脂在 $-70℃$ 以下的低温环境中保持其润滑性能的能力，为航空航天、深海采矿等特殊领域提供技术支持。

③ 环保型润滑脂开发　通过深入理解润滑脂的微观结构和行为，开发出更多高性能、环保型润滑脂产品，满足可持续发展的要求。

④ 智能润滑系统　利用压电陶瓷传感器的高灵敏度和宽频响应范围，实时监测油膜电容值（精度 $±5\%$），并结合模糊 PID 算法的自适应调整能力，动态调节润滑剂供给量，从而显著降低设备故障率至 37%。

综上所述，基于 AI 技术的稳定性预测技术为润滑脂的研发和应用提供了新的思路和方法，推动了行业的技术创新和发展。通过不断探索和应用这一先进技术，我们可以期待更多高性能、环保型润滑脂产品的问世，进一步提升机械设备的运行效率和可靠性。

6.2
未来润滑脂发展趋势前瞻

未来润滑脂技术将围绕"高性能化-环境友好化-智能化"三位一体方向演进，具体表现为以下 5 种核心发展路径。

（1）仿生润滑技术突破

基于生物摩擦学机制，人工关节仿生设计正推动润滑脂性能革新。例如，采用聚醚醚酮（PEEK）复刻软骨多孔结构，结合含透明质酸－纳米羟基磷灰石的合成润滑剂，可使人工关节磨损率降低 80%。此类技术将延伸至工业润滑领域，通过构建仿生界面实现摩擦系数 $≤0.005$ 的超滑性能，较传统润滑脂提升两个数量级。

（2）纳米材料技术赋能

① 超精密润滑　金刚石刀具纳米切削技术实现 $0.5nm$ 级表面粗糙度，支撑微机电系统（MEMS）关键部件润滑需求（摩擦副间隙 $3μm$）。

② 分子级调控　全氟聚醚自组装单分子膜使硬盘磁头飞行高度降至 $5nm$，

该技术可移植至精密仪器润滑脂设计。

③ 超润滑材料 基于石墨烯层间剪切强度的原子模拟成果，纳米轴承润滑脂实现摩擦系数 0.0001 量级的工程化应用。

（3）环境友好技术体系

针对全球年产 4000 万吨废润滑剂问题，形成以下三大解决方案：

① 生物降解材料 蓖麻油基润滑剂 28 天降解度达 98%，生态毒性较矿物油降低 3 个数量级。

② 再生技术 分子蒸馏与纳米黏土吸附协同处理，使废机油金属杂质含量从 1200×10^{-6} 降至 50×10^{-6}，再生率突破 85%。

③ 表面工程 激光加工微凹坑使柴油机摩擦功耗降低 18%，结合环保润滑脂可减少 30% 碳排放。

（4）智能抗氧化系统升级

针对 70% 设备故障的氧化问题，构建以下三重防御机制：

① 自由基终止 受阻酚类抗氧化剂在 120℃ 下将润滑脂氧化诱导期（OIT）延长至 300min。

② 金属钝化 苯三唑衍生物使铜离子催化氧化速率降低 90%。

③ 纳米增强 2% CeO_2 纳米颗粒使聚脲脂热分解温度提升 40℃（TGA 测试），层状双氢氧化物（LDHs）的多功能特性（阻燃抑烟、气体阻隔等），形成新一代长效防护体系。

（5）智能化技术融合

量子计算与 AI 技术驱动润滑系统革新。

① 智能感知 嵌入式传感器实时监测黏度（精度 ±2%）、酸值（分辨率 0.1mg KOH/g）等关键参数。

② 自主优化 AI 算法动态调节供油参数，使工业设备能效提升 15%。

润滑脂技术正加速向超低摩擦、环境适应与智能调控深度融合方向发展，预计至 2030 年，新型润滑材料可再降低全球工业能耗 8%～10%，为碳中和目标提供关键支撑。

参考文献

[1] 世界知识产权组织. 2017 年世界知识产权报告 [M]. 瑞士：WIPO Publishing，2017.

[2] 世界知识产权组织. 2019 年世界知识产权报告 [M]. 瑞士：WIPO Publishing，2019.

[3] 世界知识产权组织. 2022 年世界知识产权报告 [M]. 瑞士：WIPO Publishing，2022.

[4] 国家知识产权局.《全球创新指数报告》：中国升至第 12 位 [EB/OL]. (2021-09-21) [2024-07-20]. https：//www. cnipa. gov. cn/art/2021/9/21/art _ 53 _ 170272. html

[5] Lugt P M，Berens F. The Grease Life Factor concept for ball bearings [J]. Tribology International，2022，169：1-5.

[6] Chatra K R S，Lugt P M. The process of churning in a grease lubricated rolling bearing：channeling and clearing [J]. Tribology International，2021，153：106661.

[7] Lugt P M，Van den Kommer A，Lindgren H，et al. The ROF＋ methodology for grease life testing [J]. ELGI Eurogrease，2011：31-40.

[8] Lugt P M，Van den Kommer A，Lindgren H，et al. The ROF＋ methodology for grease life testing [J]. NLGI Spokesman，2013，77：18-27.

[9] Lugt P M，Van Zoelen M T，Vieillard C，et al. Grease performance in ball and roller bearings for all-steel and hybrid bearings [J]. Tribology Transactions，2022，65：1-13.

[10] Lugt P M，Velickov S，Tripp J H. On the chaotic behaviour of grease lubrication in rolling bearings [J]. Tribology Transactions，2009，52 (4)：581-590.

[11] Nijenbanning G，Venner C H，Moes H. Film thickness in elastohydrodynamically lubricated elliptic contacts [J]. Wear，1994，176 (2)：217-229.

[12] Stachowiak G W. How tribology has been helping us to advance and to survive [J]. Friction，2017，5 (3)：233-247.

[13] Autumn K，Liang Y A，Hsieh S T，et al. Adhesive force of a single gecko foot-hair [J]. Nature，2000，405 (6787)：681-685.

[14] Izadi H，Stewart K M E，Penlidis A. Role of contact electrification and electrostatic interactions in gecko adhesion [J]. Journal of the Royal Society Interface，2014，11 (98)：20140371.

[15] Marx N，Guegan J，Spikes H A. Elastohydrodynamic film thickness of soft EHL contacts using optical interferometry [J]. Tribology International，2016，99：267-277.

[16] Johnston G J，Wayte R，Spikes H A. The measurement and study of very thin lubricant films in concentrated contacts [J]. Tribology Transactions，1991，34 (2)：187-194.

[17] Cann P M，Spikes H A. The development of a spacer layer imaging method (SLIM) for mapping elastohydrodynamic contacts [J]. Tribology Transactions，1996，39 (4)：915-921.

[18] Chua W-H，Stachowiak G W. The study of the dynamic thickness of organic boundary films under metallic sliding contact [J]. Tribology Letters，2010，39：151-161.

[19] Woloszynski T，Podsiadlo P，Stachowiak G W. Efficient solution to the cavitation problem

in hydrodynamic lubrication [J]. Tribology Letters, 2015, 58 (1): 1-11.

[20] Hsu S M, Zhang J, Yin Z. The nature and origin of tribochemistry [J]. Tribology Letters, 2002, 13 (2): 131-139.

[21] Ballantine G C, Stachowiak G W. The effects of lipid depletion on osteoarthritic wear [J]. Wear, 2002, 253: 385-393.

[22] Graindorge S L, Stachowiak G W. Changes occurring in the surface morphology of articular cartilage during wear [J]. Wear, 2000, 241: 143-151.

[23] Wolski M, Podsiadlo P, Stachowiak G W. Applications of the variance orientation transform method to the multi-scale characterization of surface roughness and anisotropy [J]. Tribology International, 2010, 43: 2203-2215.

[24] Wolski M, Podsiadlo P, Stachowiak G W. Directional fractal signature analysis of self-structured surface textures [J]. Tribology Letters, 2012, 47 (3): 323-340.

[25] Wolski M, Podsiadlo P, Stachowiak G W. Analysis of AFM images of self-structured surface textures by directional fractal signature method [J]. Tribology Letters, 2013, 49: 465-480.

[26] Podsiadlo P, Stachowiak G W. Directional multiscale analysis and optimization for surface textures [J]. Tribology Letters, 2013, 49: 179-191.

[27] Fan G L, Li F, Evans D G, et al. Catalytic application of layered double hydroxides: recent advances and perspectives [J]. Chemical Society Reviews, 2014, 43: 7040-7060.

[28] Quiñonez A F. Analysis of wide EHL rolling contacts with small superimposed transverse speed oscillation [J]. Tribology International, 2019, 136: 207-215.

[29] Maruyama T, Saitoh T. Oil film behaviour under minute vibrating conditions in EHL point contacts [J]. Tribology International, 2010, 48 (2): 1279-1286.

[30] Hooke C J. The minimum film thickness in line contacts during reversal of entrainment [J]. Journal of Tribology, 1993, 115 (2): 191-199.

[31] Glovnea R P, Spikes H A. Behavior of EHD films during reversal of entrainment in cyclically accelerated/decelerated motion [J]. Tribology Transactions, 2002, 45 (2): 177-184.

[32] Fryza J, Sperka P, Krupka I, et al. Effects of lateral harmonic vibrations on film thickness in EHL point contacts [J]. Tribology International, 2018, 117: 236-249.

[33] Quiñonez A F. Numerical analysis of transverse reciprocating velocity effects in EHL point contacts [J]. Tribology International, 2018, 126: 1-8.

[34] Nijenbanning G, Venner C H, Moes H. Film thickness in elastohydrodynamically lubricated elliptic contacts [J]. Wear, 1994, 176: 217-229.

[35] Shirzadegan M, Almqvist A, Larsson R. Fully coupled EHL model for simulation of finite-length line cam-roller follower contacts [J]. Tribology International, 2016, 103: 584-598.

[36] Hooke C J. The behaviour of low-amplitude roughness under line contacts [J]. Proceedings of the Institution of Mechanical Engineers, Part J: Journal of Engineering Tribology, 1999, 213: 275-286.

[37] RUDNICK L R. 润滑剂添加剂化学及应用 [M]. 北京: 中国石化出版社, 2016.

[38] 陆园, 战力英, 宫青海, 等. 抗氧剂的分类、作用机理及研究进展 [J]. 塑料助剂, 2016

（116）：43-50.

[39] 欧阳平，邢晓晨，张贤明，等．抗氧剂的研究现状及发展趋势 [J]．应用化工，2015，44（2）：344-348.

[40] 蔡宏国．维生素 E 作为聚合物抗氧剂的研究与应用现状 [J]．中国塑料，2015，29（5）：14-18.

[41] 温永亮．新型抗氧剂的开发与应用进展 [J]．山东化工，2017，46（24）：79-82.

[42] 王丽娟，刘维民．润滑油抗氧剂的作用机理 [J]．润滑油，1998，13（1）：55-58.

[43] 曾金，姜旭峰．润滑油抗氧剂简介 [J]．合成润滑材料，2014，41（1）：12-13.

[44] 薛卫国．胺类润滑油抗氧剂研究进展 [J]．润滑油与燃料，2014，24（122）：15-21.

[45] 王迪迪．抗氧剂 1076 的合成工艺优化及其性能研究 [D]．天津：天津工业大学，2013.

[46] 岳珊珊，张浩，宋应金，等．复合抗氧剂对润滑油氧化的影响 [J]．化学与黏合，2019，41（6）：447-456.

[47] 姚俊兵，AGUILAR G，DONNELLY S G，等．润滑油抗氧剂协同作用研究 [J]．润滑油，2009，24（4）：38-44.

[48] 李中映，于方波，刘明月．液体亚磷酸酯类抗氧剂研究进展 [J]．塑料助剂，2020（144）：1-6.

[49] Kovanda F, Jindova E, Lang K, et al. Preparation of layered double hydroxides intercalated with organic anions and their application in LDH/poly（butyl methacrylate）nanocomposites [J]. Applied Clay Science，2010，48（1-2）：260-270.

[50] Cavani F, Trifiro F, Vaccari A. Hydrotalcite-type anionic clays：Preparation，properties and applications [J]. Catalysis Today，1991，11：173-301.

[51] 王夕明，王兆坤，杨洪滨，等．一种高速动车组滚动轴承润滑脂组合物及制备方法：CN109135886B [P]．2021-10-22.

[52] 王夕明，张晓凯，李勇，等．一种高速铁路轴箱双列圆锥滚子轴承润滑脂组合物及制备方法：CN106867633B [P]．2019-07-26.

[53] 李勇，刘振国，高艳青，等．破碎机上臂架轴套润滑脂组合物及制备方法：CN104164290B [P]．2017-05-31.

[54] 李勇，高艳青，郭振俊，等．起重机伸缩臂润滑脂组合物及制备方法：CN103555408B [P]．2015-09-09.

[55] 李勇，高艳青，郭振俊，等．矿山润滑脂的组合物及制备方法：CN102899135B [P]．2014-10-29.

[56] 李勇，马爱民，莫林和，等．高温抗水长寿命复合锂钙基润滑脂及制备方法：CN102286306B [P]．2013-08-07.

附录 1 润滑脂 IPC 分类查询

[01] IPC 分类查询

[01] 部——人类生活必需

[02] 部——作业；运输

[03] 部——化学；冶金

[04] 部——纺织；造纸

[05] 部——固定建筑物

[06] 部——机械工程；照明；加热；武器；爆破

[07] 部——物理

[08] 部——电学

[02] C 部——化学；冶金——C10

C10 石油、煤气及炼焦工业；含一氧化碳的工业气体；燃料；润滑剂；泥煤

C10B 含碳物料的干馏生产煤气、焦炭、焦油或类似物（油的裂化入 C10G；矿石的地下气化入 E21B43/295）〔5〕

C10C 焦油、焦油沥青、石油沥青、天然沥青的加工；焦木酸

C10F 泥煤的干燥或加工〔5〕

C10G 烃油裂化；液态烃混合物的制备，例如用破坏性加氢反应、低聚反应、聚合反应（裂解成氢或合成气入 C01B；气态烃裂化或高温热解成一定或特定结构的单个烃或其混合物入 C07C；裂化成焦炭入 C10B）；从油页岩、油矿或油气中回收烃油；含烃类为主的混合物的精制；石脑油的重整；地蜡〔6〕

C10H 乙炔的湿法生产〔5〕

C10J 由固态含碳物料通过包含氧气或蒸汽的部分氧化工艺生产含有一氧化碳和氢气的气体（矿物地下气化入 E21B43/295）；空气或其他气体的增碳〔5〕

C10K 含一氧化碳可燃气体化学组合物的净化和改性

C10L 不包含在其他类目中的燃料；天然气；不包含在 C10G 或 C10K 小类中的方法得到的合成天然气；液化石油气；在燃料或火中使用添加剂；引火物〔5〕

C10M 润滑组合物（钻井用组合物入 C09K8/02）；在润滑组合物中化学物质或单独使用或用作润滑组分（脱模，即金属脱模剂入 B22C3/00，一般塑料或塑态物质的脱模剂入 B29C33/56，玻璃脱模剂入 C03B40/02；纺织品润滑剂入 D06M11/00、D06M13/00、D06M15/00；显微镜检查法用浸液油入 G02B21/33）〔4〕

C10N 与 C10M 小类有关的引得表〔4〕

[03] C 部——化学；冶金——C07

C07 有机化学〔2〕

C07B 有机化学的一般方法；所用的装置（用调聚反应制备羧酸酯入 C07C67/47；制备高分子化合物的工艺，例如调聚反应，如 C08F，C08G）

C07C 无环或碳环化合物（高分子化合物入 C08；有机化合物的电解或电泳生产入 C25B3/00，C25B7/00）

C07D 杂环化合物（高分子化合物 C08）〔2〕

C07F 含除碳、氢、卤素、氧、氮、硫、硒或碲以外的其他元素的无环、碳环或杂环化合物（含金属的卟啉入 C07D487/22；高分子化合物入 C08）

C07G 未知结构的化合物（未确定结构的磺化脂肪、油或蜡入 C07C309/62）

C07H 糖类；及其衍生物；核苷；核苷酸；核酸（糖醛酸或糖质酸的衍生物入 C07C、C07D；糖醛酸、糖质酸入 C07C59/105，C07C59/285；氰醇类入 C07C255/16；烯糖类入 C07D；未知结构的化合物入 C07G；多糖类，有关的衍生物入 C08B；有关基因工程的 DNA 或 RNA，载体，例如质粒，或它们的分离、制备或纯化入 C12N15/00；制糖工业入 C13）〔2〕

C07J 甾族化合物（闭联-甾族化合物入 C07C）〔2〕

C07K 肽（含有 β-内酰胺的肽入 C07D；在分子中除了形成本身的肽环外不含有任何其他的肽键的环状二肽，如哌嗪-2，5－二酮入 C07D；环肽型麦角生物碱入 C07D519/02；单细胞蛋白质、酶入 C12N；获得肽的基因工程方法入 C12N15/00）〔4〕

［04］C 部——化学；冶金——C10M

C10 石油、煤气及炼焦工业；含一氧化碳的工业气体；燃料；润滑剂；泥煤

C10M 润滑组合物（钻井用组合物入 C09K8/02）；在润滑组合物中化学物质或单独使用或用作润滑组分（脱模，即金属脱模剂入 B22C3/00，一般塑料或塑态物质的脱模剂入 B29C33/56，玻璃脱模剂入 C03B40/02；纺织品润滑剂入 D06M11/00、D06M13/00、D06M15/00；显微镜检查法用浸液油入 G02B21/33）〔4〕

C10M101/00 以矿物油或脂肪油基料为特征的润滑组合物（含水高于 10 者入 C10M173/00）〔4〕

C10M103/00 以无机材料基料为特征的润滑组合物（含水高于 10 者入 C10M173/00）〔4〕

C10M105/00 以非高分子有机化合物基料为特征的润滑组合物〔4〕

C10M107/00 以高分子化合物基料为特征的润滑组合物〔4〕

C10M109/00 以未知或不完全确定结构的化合物作基料为特征的润滑组合物（C10M101/00 优先）〔4〕

C10M111/00 以 C10M101/00～C10M109/00 一个以上的大组包括的两种或两种以上化合物的混合物作基料为特征的润滑组合物，其中每种化合物均是必不可少的〔4〕

C10M113/00 以无机材料作增稠剂为特征的润滑组合物〔4〕

C10M115/00 以除羧酸或其盐以外的非高分子有机化合物作增稠剂为特征的润滑组合物〔4〕

C10M117/00 以非高分子羧酸或其盐作增稠剂为特征的润滑组合物〔4〕

C10M119/00 以高分子化合物作增稠剂为特征的润滑组合物〔4〕

C10M121/00 以结构未知或不完全确定的化合物作增稠剂为特征的润滑组合物〔4〕

C10M123/00 以包含在 C10M113/00～C10M121/00 一个以上大组中的两种或两种以上的化合物作增稠剂为特征的润滑组合物，其中每种化合物都是必不可少的（涂以有机化合物的无机材料如 C10M113/16）〔4〕

C10M125/00 以添加剂是无机材料为特征的润滑组合物〔4〕

C10M127/00 以添加剂是非高分子烃为特征的润滑组合物（石油馏分入 C10M159/04）〔4〕

C10M129/00 以添加剂是含氧非高分子有机化合物为特征的润滑组合物〔4〕

C10M131/00 以含卤素的非高分子有机化合物作添加剂为特征的润滑组合物〔4〕

C10M133/00 以含氮的非高分子有机化合物作添加剂为特征的润滑组合物〔4〕

C10M135/00 以含硫、硒或碲的非高分子有机化合物作添加剂为特征的润滑组合物〔4〕

C10M137/00 以含磷的非高分子有机化合物作添加剂为特征的润滑组合物〔4〕

C10M139/00 以不包含在 C10M127/00～C10M137/00 组中的元素的非高分子有机化合物作添加剂为特征的润滑组合物〔4〕

C10M141/00 以包含在 C10M125/00～C10M139/00 一个以上大组中的两种或多种化合物的混合物作添加剂为特征的润滑组合物，这些化合物的每一种均是主要成分〔4〕

C10M143/00 以高分子烃或由氧化改性的高分子烃作添加剂为特征的润滑组合物〔4〕

C10M145/00 以含氧的高分子化合物作添加剂为特征的润滑组合物（氧化的烃入 C10M143/18）〔4〕

C10M147/00 以含卤素的高分子化合物作添加剂为特征的润滑组合物〔4〕

C10M149/00 以含氮的高分子化合物作添加剂为特征的润滑组合物〔4〕

C10M151/00 以含硫、硒或碲的高分子化合物作添加剂为特征的润滑组合物〔4〕

C10M153/00 以含磷的高分子化合物作添加剂为特征的润滑组合物〔4〕

C10M155/00 以含 C10M143/00～C10M153/00 组中不包含的元素的高分子化合物作添加剂为特征的润滑组合物〔4〕

C10M157/00 以包括在 C10M143/00～C10M155/00 一个以上大组中两种或多种高分子化合物的混合物作添加剂为特征的润滑组合物，这些化合物的每一种

均是主要成分〔4〕

C10M159/00 以结构未知或不完全确定的添加剂为特征的润滑组合物（链中碳原子少于 30 的、结构未知或不完全确定的羧酸入 C10M129/56）〔4〕

C10M161/00 以高分子和非高分子化合物的混合物作添加剂为特征的润滑组合物，这些化合物的每一种均是主要成分〔4〕

C10M163/00 以一种结构未知的或不完全确定的化合物和一种非高分子化合物的混合物作添加剂为特征的润滑组合物，这些化合物的每一种均是主要成分〔4〕

C10M165/00 以一种高分子化合物和一种结构未知的不完全确定的化合物的混合物作添加剂为特征的润滑组合物，这些化合物的每一种均是主要成分〔4〕

C10M167/00 以一种高分子化合物、一种非高分子化合物和一种结构未知的或不完全确定的化合物的混合物作添加剂为特征的润滑组合物，这些化合物的每一种均是主要成分〔4〕

C10M169/00 以从包括在前述各组中的基料、增稠剂或添加剂中至少选择两类成分的混合物作组分为特征的润滑组合物，这些化合物的每一种均是主要成分〔4〕

C10M169/02 基料和增稠剂的混合物〔4〕

C10M169/04 基料和添加剂的混合物〔4〕

C10M169/06 增稠剂和添加剂的混合物〔4〕

C10M171/00 纯粹以物理性能指标为特征的润滑组合物，如所含的作用基料、增稠剂或添加剂的组分完全是以它们某些特定的物理性能的数值为特征，即所含的组分在物理上很明确，但对其化学本质没有作明确说明或只作十分含糊的说明（化学上明确的组分入 C10M101/00 ～ C10M169/00；石油馏分入 C10M101/02、C10M121/02、C10M159/04）〔4〕

C10M173/00 含水量大于 10 的润滑组合物〔4〕

C10M175/00 加工用过的润滑剂，以回收有用的产品〔4〕

C10M177/00 制备润滑组合物的专用方法；用对组分的或整个润滑组合物的后处理进行其他类中所不包括的化学改性〔4〕

［05］C 部——化学；冶金——C10N

C10 石油、煤气及炼焦工业；含一氧化碳的工业气体；燃料；润滑剂；泥煤

C10N 与 C10M 小类有关的引得表〔4〕

C10N10/00 金属本身或以化合物形式存在的金属〔4〕

C10N20/00 润滑组合物的特定的物理性能〔4〕

C10N30/00 用赋予润滑组合物特性的添加剂改进特定的物理性能或化学性能，如多功能的添加剂〔4〕

C10N40/00 润滑组合物的特定用途或应用〔4〕

C10N50/00 被润滑的材料上所用润滑剂的形态〔4〕

C10N60/00 润滑组合物成分的化学后处理〔4〕

C10N70/00 特殊的制备方法〔4〕

C10N80/00 被润滑材料的特殊预处理，如金属的磷化或渗铬〔4〕C11B

[06] C 部——化学；冶金—— C10N10

C10 石油、煤气及炼焦工业；含一氧化碳的工业气体；燃料；润滑剂；泥煤

C10N 与 C10M 小类有关的引得表〔4〕

C10N10/00 金属本身或以化合物形式存在的金属〔4〕

C10N10/02 第 1 或 11 族［4］

C10N10/04 第 2 或 12 族［4］

C10N10/06 第 3 或 13 族［4］

C10N10/08 第 4 或 14 族［4］

C10N10/10 第 5 或 15 族［4］

C10N10/12 第 6 或 16 族［4］

C10N10/14 第 7 族［4］

C10N10/16 第 8、9 或 10 族［4］

[07] C 部——化学；冶金——C10N20

C10 石油、煤气及炼焦工业；含一氧化碳的工业气体；燃料；润滑剂；泥煤

C10N 与 C10M 小类有关的引得表〔4〕

C10N20/00 润滑组合物的特定的物理性能〔4〕

C10N20/02 黏度；黏度指数〔4〕

C10N20/04 分子量；分子量分布〔4〕

C10N20/06 特殊形状或尺寸的颗粒〔4〕

[08] C 部——化学；冶金——C10N30

C10 石油、煤气及炼焦工业；含一氧化碳的工业气体；燃料；润滑剂；泥煤

C10N 与 C10M 小类有关的引得表〔4〕

C10N30/00 用赋予润滑组合物特性的添加剂改进特定的物理性能或化学性能，如多功能的添加剂〔4〕

C10N30/02 倾点；黏度指数〔4〕

C10N30/04 清洁或分散性能〔4〕

C10N30/06 润滑性；膜强度；抗磨性；耐极压性〔4〕

C10N30/08 耐温极限〔4〕

C10N30/10 氧化的抑制；如抗氧剂〔4〕

C10N30/12 耐腐蚀性，如防锈剂、防腐剂〔4〕

C10N30/14 金属钝化〔4〕

C10N30/16 抗菌剂；杀生物的〔4〕

C10N30/18 抗发泡性〔4〕

C10N30/20 颜色，如染料〔4〕

C10 石油、煤气及炼焦工业；含一氧化碳的工业气体；燃料；润滑剂；泥煤

C10N 与 C10M 小类有关的引得表〔4〕

C10N40/00 润滑组合物的特定用途或应用〔4〕

C10N40/02 轴承〔4〕

C10N40/04 油浴；齿轮箱；自动变速装置；牵引联动装置〔4〕

C10N40/06 仪器或其他精密设备，如阻尼液〔4〕

C10N40/08 液压液，如刹车液〔4〕

C10N40/10 磨合用润滑油〔4〕

C10N40/12 燃气轮机〔4〕

C10N40/13 飞机透平〔5〕，在航空发动机中，润滑油的性能至关重要，尤其是在苛刻的运行环境下，需要具备优异的高温抗氧性能和极压抗磨性能。

C10N40/14 电或磁方面〔4〕

C10N40/16 电介质；绝缘油〔4〕

C10N40/18 与磁带或唱片上的录音有关〔4〕

C10N40/20 金属加工〔4〕

C10N40/22 主要用来切削材料〔4〕

C10N40/24 主要在切削材料以外；冲压金属〔4〕

C10N40/25 内燃机〔5〕

C10N40/26 双冲程〔4，5〕

C10N40/28 旋转的〔4，5〕

C10N40/30 冷冻机润滑剂〔5〕

C10N40/32 钢丝、绳或缆索润滑剂〔5〕

C10N40/34 润滑的密封胶〔5〕

C10N40/36 脱模剂〔5〕

C10 石油、煤气及炼焦工业；含一氧化碳的工业气体；燃料；润滑剂；泥煤

C10N 与 C10M 小类有关的引得表〔4〕

C10N50/00 被润滑的材料上所用润滑剂的形态〔4〕

C10N50/02 溶解或悬浮在载体中，然后载体蒸发后留下润滑涂层〔4〕

C10N50/04 空气溶胶〔4〕

C10N50/06 气相，至少在工作条件时〔4〕

C10N50/08 固相〔4〕

C10N50/10 半固相；油脂状〔4〕

［11〕C 部——化学；冶金——C10N60

C10 石油、煤气及炼焦工业；含一氧化碳的工业气体；燃料；润滑剂；泥煤

C10N 与 C10M 小类有关的引得表〔4〕

C10N60/00 润滑组合物成分的化学后处理〔4〕

C10N60/02 还原，如加氢〔4〕

C10N60/04 氧化，如臭氧化〔4〕

C10N60/06 用环氧化合物〔4〕

C10N60/08 卤化〔4〕

C10N60/10 用硫或含硫化合物〔4〕

C10N60/12 用磷或含磷化合物，如 PxSy〔4〕

C10N60/14 用硼或含硼化合物〔4〕

附录 2 全球润滑脂专利检索列表

US2629694A	JP2000198994A	US4022700A	CA513788A
JP2023093885A	JP3462384B2	JPS5269409A	CA653828A
WO2022207407A1	RU2205865C2	US4026890A	CA652228A
JP2021172751A	JP3812995B2	GB1505825A	CA733082A
WO2021144384A1	SK286548B6	US3785979A	CA725138A
US11220650B2	JP3954662B2	GB1403570A	CA630598A
EP3428250A1	US5650380A	US3763042A	CA680230A
EP3428251A1	JPH08225793A	US3766070A	CA630666A
JP2018168221A	CN1056173C	US3766071A	CA589033A
WO2018100020A1	JP3402407B2	US3712864A	CA662869A
WO2017125581A1	US5854185A	ZA713263B	CA626227A
US10844305B2	CA2145843A1	CA496687A	GB1310253A
WO2016128403A1	EP0661378A1	CA521392A	US3689413A
US10752859B2	JP3345129B2	CA537869A	GB1076088A
JP2016121336A	HK1009341A1	CA563689A	US3370007A
JP2016044265A	GB2278612A	CA563731A	US3386916A
JP2015160909A	JPH06184577A	CA545523A	GB1088259A
RU2016119816A	JP2692054B2	CA362065A	US3293180A
JP2015071654A	JP2864473B2	CA508611A	GB1042907A
CN104981536A	CA2070021A1	CA532470A	GB1071324A
WO2014096258A1	JPH0586389A	CA506168A	GB1145788A
IN4606CHN2014A	JPH059489A	CA527668A	GB1041334A
US2014329730A1	CA2068860A1	CA583716A	GB1027964A
JP2013028749A	JPH04293999A	CA546127A	GB1005408A
JP2011012280A	JP2986850B2	CA555428A	US3294683A
JP2012072300A	CA2038759A1	CA510210A	GB1006482A
RU2013104568A	JP2919614B2	CA539694A	US3271309A
JP2011184680A	EP0435745A1	CA506167A	US3036001A
KR101704383B1	CA2031258A1	CA541990A	US3050463A
JP2009235416A	JPH02208395A	CA600965A	US3006848A
JP2010144042A	JPH02208396A	CA733081A	US3116247A

EP2361296A1	JP2546707B2	CA622109A	GB875732A
CN102239240A	JP2535193B2	CA726689A	US3095376A
JP2010106256A	JP2544952B2	CA512109A	GB879896A
JP2010106255A	JPH01170690A	CA571335A	GB901918A
CN102124089A	JPH01139696A	CA386507A	GB901920A
CN102112590A	JPH0465119B2	CA535613A	GB874336A
CN102124087A	JPH0593193A	CA565811A	US2986518A
CN102066534A	EP0244043A2	CA583538A	GB850913A
EP2242823A1	JPS62256893A	CA649973A	US2940928A
CN101910384A	JPS62256892A	CA316393A	US2971911A
JP2014058674A	IE59508B1	CA589004A	US2915470A
CN101541933A	JPS61141795A	CA316148A	US2917457A
CN101528898A	JPS61141794A	CA496686A	US2886524A
AU2007246315A1	PHUM6887Z	CA548135A	US2860104A
CN101395257A	JPS6140399A	CA655252A	US2848417A
CN101189321A	JPS60192798A	CA624533A	US2820009A
US2008161214A1	JPH0332595B2	CA572463A	US2813828A
CN101111591A	EP0096919A2	CA624100A	US2820008A
JP2005132879A	JPS58219299A	CA563683A	US2813829A
CN100510040C	JPS58219298A	CA537868A	US2890171A
CN100366712C	JPS58174496A	CA530599A	US2944970A
PL375721A1	AU1067583A	CA820298A	US2820006A
CN1723268A	CA1197231A	CA531590A	US2831809A
EP1630221A1	ZA83407B	CA633637A	US2679479A
JP2002105474A	JPS57212297A	CA586488A	US2748081A
EP1188814A1	US4261844A	CA534711A	US2652361A
PL194360B1	US4263156A	CA571331A	US2652363A
PL197522B1	ZA791483B	CA649971A	US2652364A
ZA200206944B	US4113640A	CA648838A	US2676149A
JP2000303087A	US4111822A	CA571318A	US2681314A
PL197499B1	US4104177A	CA640053A	US2625510A
JP2000328085A	JPS5375202A	CA641019A	US2637694A
JP2000239685A	US4040968A	CA582905A	US2623853A
JP2000230188A	AU2751177A	CA794335A	US2854409A

US2465961A	US2652365A	CA512108A	US2625508A
GB579870A	US2588556A	US2658869A	US2648633A
US2351384A	US2599683A	US2648634A	US2635078A
US2339715A	US2782165A	US2647872A	US2652362A
US2566793A	US2651616A	US2629691A	US2652366A
US2182137A	US2475589A	US2614076A	US2626899A
US1979943A	US2470965A	US2614079A	US2451895A
AU761760B2	GB1370947A	CA582394A	GB1099620A
US6239085B1	GB1384904A	CA569552A	US3389084A
ZA991151B	CA996537A	CA544803A	US3493507A
EP0903398A2	US3681242A	CA588783A	US3354086A
WO9841599A1	US3929651A	CA548358A	GB984488A
MY116411A	MY7500088A	CA589181A	GB1023379A
CA2196440A1	US3711407A	CA709826A	US3214376A
US5558807A	CA600247A	CA526546A	GB1076845A
CN1069919C	CA749340A	CA546873A	US3223624A
WO9611245A1	CA546874A	CA523696A	US3196109A
WO9535355A1	CA544801A	CA909198A	GB932959A
EP0629689A2	CA658030A	CA603813A	GB926246A
US5385682A	CA611456A	CA533430A	US3036970A
WO9113955A1	CA818486A	CA608006A	GB892266A
JPH0370797A	CA654711A	CA591608A	GB890386A
JPH0364398A	CA750903A	CA623595A	ES250578A1
US5037563A	CA541514A	CA663360A	US3000821A
US5116522A	CA516520A	CA605377A	GB894663A
GB2215346A	CA515719A	CA515717A	GB880301A
JPS6462396A	CA657081A	CA655993A	GB881798A
US4749502A	CA707319A	CA544799A	US3010901A
US4822503A	CA589820A	CA581595A	US3083160A
JPS59109595A	CA586628A	CA544802A	GB829166A
US4392967A	CA581568A	CA654751A	US2988507A
AU529575B2	CA545135A	CA822098A	US2937993A
US4176075A	CA538990A	US3658704A	US2917458A
AU4376179A	CA816069A	US3639644A	US2901432A

GB1604329A	CA523703A	GB1215271A	US2898296A
CA1062695A	CA573757A	US3591499A	GB815874A
GB1503340A	CA682662A	US3433743A	US2918431A
US2940930A	US2816074A	US2719124A	US2828262A
US2850457A	US2903427A	GB764961A	US2976242A
US2929781A	US2892777A	US2892781A	US2863847A
US2946751A	US2850456A	US2801974A	GB776525A
GB814169A	US2824838A	US2801973A	US2861043A
GB793079A	US2844536A	GB748181A	US2929785A
US2867519A	US2824837A	GB741843A	GB792767A
GB793684A	GB765159A	GB740832A	GB749535A
US2935477A	GB760380A	US2751351A	US2850459A
US2959548A	US2801975A	US2739127A	US2754268A
US2854408A	US2801977A	US2758973A	GB754675A
US2976241A	US2801970A	US2746924A	US2799656A
GB793484A	US2872416A	US2820762A	GB765475A
US2750341A	US2710838A	GB745145A	US2825692A
PL190129B1	PH21265A	CA752841A	US3108962A
WO9608708A1	JPH0629347B2	CA736463A	US3137653A
US5512338A	US4961868A	CA610599A	US3170878A
AU3259593A	US5242610A	CA607551A	US3102861A
US4828732A	US5211863A	CA711238A	GB969784A
AU596984B2	US4743386A	CA711235A	GB993061A
US5068045A	US4505962A	CA647567A	GB965922A
NZ225638A	EP0093499A2	CA546109A	US2991249A
ZA865797B	EP0043206A1	CA593928A	GB954431A
US4828734A	US4200542A	CA724648A	US3010897A
US4655948A	US4205114A	CA593929A	US3010898A
US4781850A	AU3508978A	CA711234A	US2898297A
PH23167A	US4079013A	CA711236A	GB832875A
AU4585485A	US3935122A	US3595789A	GB822452A
ZA856388B	US3926820A	US3449248A	GB810704A
ZA856392B	CA1050524A	US3429814A	US2842493A
US4780227A	US3909426A	GB1120282A	US2842494A

US5084194A	US3842008A	US3349034A	US2790767A
US5211860A	US3879305A	GB1083075A	GB785509A
AU3952585A	GB1391382A	GB1076893A	GB794882A
ZA851556B	US3840459A	US3291736A	US2878187A
EP0151859A2	US3809650A	US3293179A	US2878186A
US5595961A	US3705853A	GB1063389A	GB799349A
ZA848748B	ZA713345B	US3227651A	US2950248A
NZ208405A	CA814427A	US3108957A	GB788510A
JPH0579119B2	CA777796A	GB1019419A	US2737493A
EP0134063A2	CA885989A	GB960025A	US2769781A
WO2021133583A1	WO2019089724A1	CA2608181A1	PL190129B1
WO2020131441A1	WO2019014092A1	AU2004291850A1	EP0903398A2
WO2020131440A1	WO2013070588A1	US2005082014A1	EP1002027A1
WO2020131439A1	CA2743826A1	TW546375B	EP0958338A1
US10676689B2	SG188803A1	EP1322732A1	EP0819158A1
US10774286B2	CA2658270A1	US6407043B1	EP0765374A1
WO2023224006A1	EP2735602A1	JP2007204546A	JP4397977B2
WO2023219161A1	JP2012241167A	JP2007186609A	JP4002637B2
WO2023199911A1	JP2012236929A	CN101321851A	JP3910686B2
WO2023190513A1	CN102757846A	CN101341236A	GB2323851A
WO2023182533A1	CN103429721A	JP2007016168A	JP3988899B2
WO2023182532A1	JP2011137173A	JP2007039628A	JP4397975B2
WO2023038149A1	CN103403137A	JP2005232470A	JP3988898B2
JP2023006339A	JP2012180406A	JP2006249376A	JPH10183162A
CN116964181A	CN103415603A	EP1878785A1	JPH10147791A
US2023416633A1	JP2012177105A	JP2006225597A	JP3988897B2
CN114058424A	JP2012111823A	CN101107347A	US5589444A
WO2022009841A1	EP2634239A1	JP2006124429A	JP3320611B2
US2021324294A1	JP2012224834A	US2008219610A1	JP3988895B2
EP4130213A1	EP2631284A1	US2006068996A1	JPH09194867A
WO2021193504A1	EP2612899A1	JP2006096814A	EP0773280A2
JP2021070779A	KR20150051241A	JP2006077091A	JP3752280B2
US2022340833A1	JP2012001680A	US2007155634A1	JP3280548B2
JP2020172571A	JP2011236354A	CA2572269A1	JP3923100B2

US11441091B2	JP2010168593A	JP2006016459A	JPH08209167A
WO2020105702A1	CN102770514A	JP2005306965A	JP3320598B2
JP2020059842A	JP2011173942A	JP2005272764A	JPH08165488A
JP2019163409A	JP2011157477A	JP2005263833A	JP3320569B2
JP2019137806A	JP2011105828A	CN100554387C	US5707944A
CN111278958A	JP2011084646A	JP2005226038A	JP3461226B2
US10844309B2	EP2487228A1	JP2005213377A	JP3561292B2
CN109790483A	JP2011042747A	JP2005213330A	JPH0820788A
US11162051B2	CN102471718A	JP2005213329A	JPH0734083A
JP2018016725A	JP2011037950A	JP2005213289A	JP3223210B2
US11155766B2	JP2011001398A	JP2005120312A	JPH0657283A
CN109415653A	JP2010275448A	CN1539935A	JPH0657284A
CN107177403A	EP2431449A1	JP2004269722A	JPH05230486A
US10947477B2	JP2010248442A	JP2003176490A	JP2544560B2
US11702613B2	JP2010222516A	JP2004204185A	JP2795767B2
JP2017145284A	JP2010215767A	JP2004149620A	GB2260142A
JP2017137455A	JP2010195926A	JP2004123858A	FR2706169A1
JP2016056380A	CN102317419A	JP2004067843A	JP2936084B2
CN107109293A	JP2010185043A	JP2004067711A	JP2989311B2
JP2016117787A	JP2010174221A	JP2003321694A	JP2915611B2
JP2016088998A	JP2009114459A	JP2003183687A	JP2960561B2
CN107148464A	JP2010132746A	JP2003165988A	JPH04252296A
US10876065B2	JP2010090243A	US2003069147A1	JP2977624B2
JP2014159605A	CN102165052A	JP2003082374A	JPH04178499A
US10584750B2	JP2010065194A	JP2003041280A	US5254273A
JP2015151516A	JP2010031123A	JP2003003185A	JP2862612B2
EP3078729A1	JP2010006899A	JP2002371290A	JP2883134B2
JP2013253257A	JP2010024440A	JP2002309278A	JP2892066B2
JP2013253256A	JP2009275176A	JP2002097484A	JP2728736B2
US2015065404A1	EP2298856A1	JP2002053884A	JPH0218497A
JP2015034206A	JP2009209180A	JP2002053890A	JPH024895A
US10077411B2	JP2009203374A	JP2002047499A	JP2572814B2
US2015252282A1	CN101952401A	JP2002038177A	JPH01308497A
KR101795613B1	JP2009155462A	JP2002020776A	JPH01297498A

JP2014148632A	JP2009114354A	JP2001329288A	JPH01284591A
CN104884591A	EP2169036A1	EP1136545A2	JP2553142B2
JP2013091799A	CN101636477A	JP2001335792A	JP2764724B2
EP2933321A1	JP2008239687A	JP2001107073A	JPS63162789A
JP2014109016A	JP2008231310A	JP2001089778A	JPS63162791A
JP2014108999A	EP2135924A1	JP2001064665A	JPS63162790A
EP2927523A1	JP2008208199A	FR2795736A1	JPH0730350B2
JP2014108997A	JP2008189848A	FR2795737A1	JPH0737624B2
JP2014105252A	US2014228135A1	JP2001003070A	JPH0662986B2
CN111334358A	JP2008143979A	JP2000351983A	JPH0434590B2
US2015232784A1	TW200819529A	JP2000328087A	JPS6011591A
US2015247105A1	US2008176776A1	JP2000248290A	JPH0416516B2
JP2014019742A	JP2008088386A	US6232278B1	JPS58219297A
JP2013213139A	JP2008037892A	JP2000239689A	JPH027356B2
US2015024982A1	CN101484559A	JP2000109862A	JPH023438B2
JP2013147548A	EP2039742A1	JP2000053989A	JPH028639B2
JP2012107247A	JP2008013624A	JP2000044977A	JPS5632594A
JP2013104037A	JP2007321042A	US2001002388A1	JPS55131097A
JP2013103966A	JP2007297535A	JP2000026877A	JPS5516066A
JP2013064057A	JP2007297422A	US6251841B1	JPS52146405A
JP2013035882A	CN101400770A	JPH11228983A	JP3819579B2
WO2023191002A1	CN110892047A	JP2016141805A	JP2012136651A
WO2023190808A1	JP2018193524A	JP2014177651A	EP2554644A1
WO2023101031A1	US11198834B2	US10150929B2	CN102803450A
WO2023277044A1	JP2018188541A	WO2015152294A1	CN102099450A
WO2022211119A1	WO2018181431A1	JP2015140415A	CN101990570A
WO2022211117A1	US11028335B2	US10760030B2	JP2008163216A
WO2021200120A1	US11021670B2	US2016177214A1	JP2008143958A
EP4130209A1	CN109937249A	JP2014214264A	JP2008143927A
JP2021161298A	JP2017008335A	JP2014198784A	JP2008127491A
WO2020195509A1	WO2018043744A1	US10240103B2	EP2080799A1
US11555160B2	JP2016153506A	US10266787B2	CN101522869A
US11802254B2	CN108884412A	JP2014031343A	JP2007146017A
US11760951B2	JP2017179158A	JP2013227518A	CN101155902A

US11746303B2	JP2017115109A	EP2821465A1	JP2003055680A
JP2020055952A	JP2017082024A	EP2716745A1	JP4004136B2
EP3851506A1	US10829711B2	TW201249981A	JP4004134B2
CN111902521A	JP2016145292A	KR20140019814A	JP4322335B2
WO2019189234A1	US10704010B2	JP2012207188A	JPH11256184A
US11254892B2	JP2016141803A	JP2012207005A	JP2009120848A
CN110914394A	JP2016141804A	JP2012136649A	TW555848B
JPH09255984A	JPS6047099A	JPS6044593A	JPS54157105A
JPS60170699A	JPH0432879B2	JPS59204695A	US3980572A
CN116904248A	EP3820978A1	WO2011046079A1	JP2008101122A
EP4186966A1	JP2019137736A	JP2010174138A	US2010256027A1
CN115074170A	JP2015147868A	CN102186958A	JP2006182923A
CN115074169A	JP2015147867A	CN102105573A	US2007298988A1
JP2022123601A	JP2013053318A	US2011092399A1	JP2006008818A
JP2022118761A	JP2013121995A	JP2009091464A	JP2005154759A
EP4090723A1	EP2756059A1	JP2009035590A	JP2004162909A
JP2021143310A	JP2013001849A	JP2009013351A	US5916853A
JP2021123691A	KR20140018369A	JP2009013350A	IN191851B
EP4073213A1	JP2012238584A	KR101216353B1	HK1018959A1
CN211358792U	CN103189661A	JP2008274141A	IN175041B
US11274263B2	JP2011148908A	JP2008274140A	KR920701405A
WO2023094322A1	KR20140079141A	KR20100008262A	IN191851B
EP4186966A1	US2016208188A1	CN101983231A	BG102993A
EP4090723A1	DE102012015648A1	KR20090093567A	IN175041B
JP2021143310A	WO2013084596A1	KR20090039238A	BG60784B1
CN114761523A	CN103946354A	KR100916443B1	DE102004021812A1
US11414616B2	JP2013060551A	CN101679899A	KR100513625B1
CN111770979A	CN103781886A	EP2077318A1	EP0892038A1
US11421181B2	CN102789910A	KR20070024164A	EP2341121A1
US10907113B2	US2013008747A1	EP1845150A1	US2011111993A1
US10899990B2	US2010190668A1	US10479955B2	US2018016517A1
WO2019017227A1	JP2015222424A	KR101516951B1	US5227081A
US11162045B2	WO2014092196A1	TW200740986A	JPH04202499A
WO2018079215A1	EP2638203A1	KR101155940B1	EP0479200A1

JP2018062569A	CN102947430A	JP2003003186A	JPH055279B2
CN109072118A	JP2011140566A	JPH1129785A	JPS5584578A
CN108779411A	CN102348763A	JP3720866B2	CA950889A
EP3428253A1	CN101724493A	EP0717099A1	CA737443A
EP2949736A1	CN101724495A	JPH07102272A	CA507761A
EP2949735A1	CN101724494A	EP0648832A1	US3575860A
JP2016006154A	KR101498516B1	JPH0586384A	US3192157A
US2551931A	GB1039166A	US3235496A	US3284357A
WO2023152665A1	GB2409463A	JPS53115705A	US3769212A
CN115968398A	US2004167045A1	US4100081A	AU475710B2
WO2015081223A1	EP0778335A2	JPS51116805A	ZA73934B
CN106221867A	CA2035683A1	CA1061771A	CA983913A
CN103620007A	US5246604A	GB1519616A	US3660288A
JP2016033221A	US5246605A	CA1036147A	US3472770A
CA2801532A1	JPH0447720B2	US3868329A	US3476684A
EP2205707A1	JPS5918797A	GB1421440A	US3376223A
US2009088354A1	US4661276A	US3865736A	US3413222A
US2009088353A1	JPS53115706A	US4165329A	US3281361A
EP2738242A1	JP2007204547A	JPH0326717B2	JPS6044596A
JPH0376357B2			